全国高职高专“十三五”规划教材

会计信息系统操作案例教程

（第二版）

主　编　张兴武　石　焱

中国水利水电出版社
www.waterpub.com.cn
·北京·

内 容 提 要

本书采用“任务驱动、案例教学”的编写方式，以用友最新的ERP-U8V10.1软件为教学平台，介绍了会计信息系统的应用场景及详细操作步骤。案例内容设置贴近企业财务业务的实际操作，每个业务案例既可以独立操作，也可以互相联系使用，满足了不同层次、不同对象的教学需要。最后还有一个全面综合的实训案例帮助学生把书中的概念和工具贯穿为一体，能够较好地满足会计信息系统实操教学的需要。全书共14章，主要内容包括：会计信息系统、系统管理、系统基础设置、总账管理系统初始设置、总账管理系统日常业务处理、总账管理系统期末处理、UFO报表管理系统、薪资管理系统、固定资产管理系统、应收款管理系统、应付款管理系统、供应链管理系统初始设置、供应链管理系统日常业务处理及综合模拟案例。

本书注重“讲、学、做”统一协调；与可操作性相结合，内容新颖，反映新知识、新技术，突出重点，循序渐进，符合教学规律；教材内容已经过7年的教学实践使用，实训内容与会计信息化知识点结合恰当、分析透彻，习题安排合理，案例、实训内容都是经过教学试用后精心挑选和安排的。本书有利于学生增强创新意识、培养实践能力、形成自学能力，有利于学生学以致用，解决实际工作中所遇到的问题，实用性强。

本书适合作为应用类本科、高职高专院校、中等职业学校会计或会计电算化专业、成人高校及本科院校举办的二级职业技术学院和民办高校的会计电算化专业“会计信息系统”课程的实践教材，也可作为在职会计人员会计电算化的培训教材或参考用书，也可作为相关培训班的教学用书。

图书在版编目（CIP）数据

会计信息系统操作案例教程 / 张兴武，石焱主编
. -- 2版. -- 北京 : 中国水利水电出版社，2016.8
全国高职高专“十三五”规划教材
ISBN 978-7-5170-4605-9

Ⅰ. ①会… Ⅱ. ①张… ②石… Ⅲ. ①会计信息－财务管理系统－高等职业教育－教材 Ⅳ. ①F232

中国版本图书馆CIP数据核字(2016)第188522号

策划编辑：雷顺加　　责任编辑：周益丹　　封面设计：李　佳

书　　名	全国高职高专“十三五”规划教材 会计信息系统操作案例教程（第二版） KUAIJI XINXI XITONG CAOZUO ANLI JIAOCHENG
作　　者	主　编　张兴武　石　焱
出版发行	中国水利水电出版社 （北京市海淀区玉渊潭南路1号D座　100038） 网址：www.waterpub.com.cn E-mail：mchannel@263.net（万水） sales@waterpub.com.cn 电话：（010）68367658（营销中心）、82562819（万水）
经　　售	全国各地新华书店和相关出版物销售网点
排　　版	北京万水电子信息有限公司
印　　刷	三河市鑫金马印装有限公司
规　　格	184mm×260mm　16开本　15.5印张　382千字
版　　次	2009年8月第1版　2009年8月第1次印刷 2016年8月第2版　2016年8月第1次印刷
印　　数	0001—3000册
定　　价	35.00元

第二版前言

在互联网快速发展、信息技术日新月异、管理理念层出不穷、企业信息化建设全面推进的新形势下，高职教育作为为社会输送高技能人才的基地，面临着优化课程体系结构，承担着使教学内容更贴近社会、贴近应用的责任。会计信息系统是一门典型的复合学科，其内容随着管理理论、信息技术和财务应用的发展而不断更新，任何一门应用学科，只有紧密结合企业实际，才能使学科发展更具生命力，由此对课程的实践性提出了更高的要求。在现行教育条件下，如何兼顾学科发展的实践性、实训条件的差异性以及相关制度的前沿性，为学习者提供一套先进、可靠、完整、可操作性强的实验体系是《会计信息系统操作案例教程（第二版）》编委共同的目标。

《会计信息系统操作案例教程（第二版）》依据企业发展对会计电算化人才的需求，以财务、业务一体化管理为主导思想，结合新的《企业会计准则》和《应用指南》的相关内容，按照职业教育目标，从应用的角度出发，以实践性为重点，遵循由浅入深、循序渐进的原则，力求通俗易懂、易于操作。本教材选用目前应用最新的用友财务软件（ERP-U8V10.1）的实际操作为代表，描述了会计信息系统的应用场景及详细操作步骤。案例内容设置贴近企业财务业务的实际操作，每个业务案例既可以独立操作，也可以互相连接使用，满足了不同层次、不同对象教学的需要。最后还有一个全面综合的实训案例帮助学生把书中的概念和工具贯穿为一体，能够较好地满足会计信息系统实操教学的需要。

本书可作为普通高等院校本/专科财务会计、企业管理、软件技术、物流管理等相关专业“会计信息系统”课程的实践教材，也可作为在职会计人员会计电算化的培训教材或参考资料。教材内容已经在教学实践过程中应用了 7 年，是 U8.61 的升级版本。

本书力争从任务出发，目的明确，提供实训方案及要求。全书共 14 章，主要内容包括：会计信息系统、系统管理、系统基础设置、总账管理系统初始设置、总账管理系统日常业务处理、总账管理系统期末处理、UFO 报表管理、薪资管理、固定资产管理、应收款管理、应付款管理、供应链管理系统初始设置、供应链管理系统日常业务处理及综合模拟案例。

本书从应用型技能人才需求出发，结合会计电算化专业知识和相关技术，具有较强的实践性特点，与复合性、可操作性相结合，技能应用与理论相结合。本书的编写原则是：以提高技能为目的，理论以必需、够用为度；讲清概念、结合实际、强化训练，突出适应性、实用性和针对性，注重“讲、学、做”的统一协调；以实践应用为主线，以用友 ERP-U8V10.1 教学模拟实验室、常用软件及互联网为教学平台，进行模拟实训教学。有利于学生增强创新意识、培养实践能力、形成自学能力，有利于学生学以致用，解决实际工作中所遇到的问题，实用性强。

本书由国家林业局管理干部学院的张兴武和石焱担任主编，负责组织编写及统稿。各章主要编写人员分工如下：第 1～3 章由石焱编写，第 4～14 章由张兴武编写，教学软件由用友公司提供，赵冬冬负责安装调试。张兴武负责本书的审核、校对工作。两位老师均为专业教师，有丰富的实践、教学经验，对学生的就业前景及技能要求有深入了解。

参加本书编写工作的还有赵冬冬、栾雪婷、章静及何海雁等。

本书可作为应用类本科、高职高专院校、中等职业学校会计或会计电算化专业、成人高校及本科院校举办的二级职业技术学院和民办高校的会计电算化专业“会计信息系统”课程的实践教材；也可作为在职会计人员会计电算化的培训教材或参考用书。建议教学学时为90学时，可根据教学需要和学生实际情况调整学时。

在本书的编写过程中，笔者参考了大量相关技术资料，得到了中国水利水电出版社万水分社杨庆川社长的大力支持和指导，吸取了许多同仁的经验，在此谨表谢意。

由于时间仓促，作者水平有限，难免有不当之处、错误之处，祈望读者指正。

编　者

2016年5月

第一版前言

会计信息系统是一门典型的复合型学科，其内容随着管理理论、信息技术和财务应用的发展而不断更新。任何一门应用学科，只有紧密结合企业实际，才能使学科发展更具有生命力，由此对课程的实践性提出了更高的要求。在现行教育体制下，如何兼顾学科发展的实践性、实训条件的差异性以及相关制度的前沿性，为学习者提供一套先进、可靠、完整、可操作性强的实验体系是本书编写者的共同目标。

本书依据企业发展对会计电算化人才的需求，以财务、业务一体化管理为主导思想，结合新的《企业会计准则》和《应用指南》的相关内容，按照职业教育目标，从应用的角度出发，以实践性为重点，遵循由浅入深、循序渐进的原则，力求通俗易懂，易于操作。本书选用目前应用较为主流的用友财务软件（ERP-U8 V8.61）的实际操作为代表，描述了会计信息系统的应用场景及详细操作步骤。案例内容设置贴近企业财务业务的实际操作，每个业务案例既可以独立操作，也可以互相衔接使用，满足了不同层次、不同对象教学和学习的需要。最后还有一个全面的综合实训案例帮助读者把书中的概念和工具贯穿为一体，能够较好地满足会计信息系统实操教学的需要。

本书力争从任务出发，目的明确，提供丰富的实训方案及要求。全书共 14 章，内容包括：用友 ERP-U8 V8.61 软件安装及常用软件使用、系统管理、系统基础设置、总账管理系统初始设置、总账管理系统日常业务处理、总账管理系统期末处理、UFO 报表管理、薪资管理、固定资产管理、应收款管理、应付款管理、供应链管理系统初始设置、供应链管理系统日常业务处理、财务业务一体综合模拟案例。

本书从应用型技能人才需求出发，结合会计电算化专业知识和相关技术，具有较强的实践性特点，与复合性、可操作性相结合，技能应用与理论相结合。本书的编写原则是：以提高技能为目的，理论以必需、够用为度；讲清概念、结合实际、强化训练，突出适应性、实用性和针对性，注重“讲、学、做”的统一协调；以实践应用为主线，以用友 ERP-U8 V8.61 教学模拟实验室、常用软件及互联网为教学平台，进行模拟实训教学。这有利于学生增强创新意识、培养实践能力、形成自学能力，有利于学生学以致用，解决实际工作中所遇到的问题，实用性强。

本书由国家林业局管理干部学院的张兴武和石焱老师任主编，并组织编写及统稿。各章主要编写人员分工如下：第 1～3 章由石焱编写，第 4～14 章由张兴武编写。教学软件由用友公司提供，赵冬冬老师负责安装调试。石焱和张兴武老师全程均参与了本书的审核、校对工作。两位老师均为专业教师，有丰富的实践、教学经验，对学生的就业前景及技能要求有深入了解。

参加本书编写的还有赵冬冬、陈微、吕致爽、马丽雪、栾雪婷、何海雁等。

本书对本科、高职类会计电算化、电子商务等各专业学习会计信息系统实务的学生，以及社会上在职人员均有极高的实用价值；适合作为应用类本科或高职高专院校、中等职业学校会计或会计电算化专业、成人高校及本科院校举办的二级职业技术学院和民办高校的会计电算化专业“会计信息系统课程”的实践教材；也可作为在职会计人员会计电算化的培训教材或参考资料以及自学用书。建议教学学时为90学时，可根据教学需要和学生实际情况适当调整学时。

在本书的编写过程中，编写人员参考了大量相关技术资料，得到国家林业局管理干部学院黄桂荣副书记、中国水利水电出版社北京万水电子信息有限公司杨庆川总经理、用友软件教育培训事业部马德富总经理的大力支持和指导，吸取了许多同仁的经验，在此谨表谢意。

由于时间仓促，作者水平有限，难免有不当和错误之处，希望广大读者批评指正。

编　者

2009年6月

目录

第一章　会计信息系统

第一节　会计信息系统概述

一、会计信息

数据是反映客观事物的性质、形态、结构和特征的符号，是对客观事物属性的描述。会计数据则是描述企业经营活动中经济业务属性的数据，是用以描述会计事项，反映会计业务发生和完成情况。作为会计加工处理对象的数据，主要包括生产经营过程中产生的引起会计要素增减变动的原始数据，进入会计信息系统的各种原始凭证则是会计数据的载体。

信息是经过加工、处理后的有用的数据，是对数据的综合和解释，是数据加工的“产品”。会计信息是指按会计特有的方式对会计数据经过加工处理后产生的辅助企业管理的会计数据。

会计数据与会计信息并无严格界限，在会计处理过程中，经过加工处理的会计信息，往往又成为后续处理的数据，会计数据和信息的这种交替过程，存在于会计处理的各个环节之中。

二、会计信息系统

会计信息系统 Accounting Information System（AIS）是一门集会计、电子计算机、信息和管理科学为一体的交叉学科，它是现代会计科学的重要组成部分。AIS 是利用信息技术对会计信息进行采集、存储和处理，完成会计核算任务，提供管理、分析与决策相关会计信息的系统，实质是将会计数据转化为会计信息的系统。

会计信息系统的发展可分为三个阶段：会计事务处理系统、会计管理系统和会计决策支持系统。我国运用会计信息系统始于 20 世纪 80 年代初，起初会计信息系统软件由企业与高等院校、科研院所合作研发，后来出现了用友、金蝶等财务软件公司，财务软件的发展逐渐走向规范与成熟。从 20 世纪 90 年代末，传统的财务软件的缺陷渐渐显现出来，企业对系统软件的要求也不断提高，从系统能进行记账与报表输出到系统能够提供业务相关的成本、盈利以及绩效等方面的支持信息，这就促使财务软件逐渐向 ERP 等高度集成化的软件发展，国内各大财务软件厂商也纷纷从单独的财务软件设计转型为 ERP 厂商。

会计信息系统是一种专门用于会计业务处理的应用软件，它是属于管理信息系统中的财务管理子系统。它包括会计核算和管理会计两大部分，前者以账务核算为核心进行账务处理，并且设计工资核算、固定资产核算、成本核算、材料核算、销售核算等专项核算内容；后者的内容有财务情况分析、预测和决策分析、资金管理分析、内部经济核算管理分析等内容。会计信息系统的基本功能结构如图 1-1 所示。

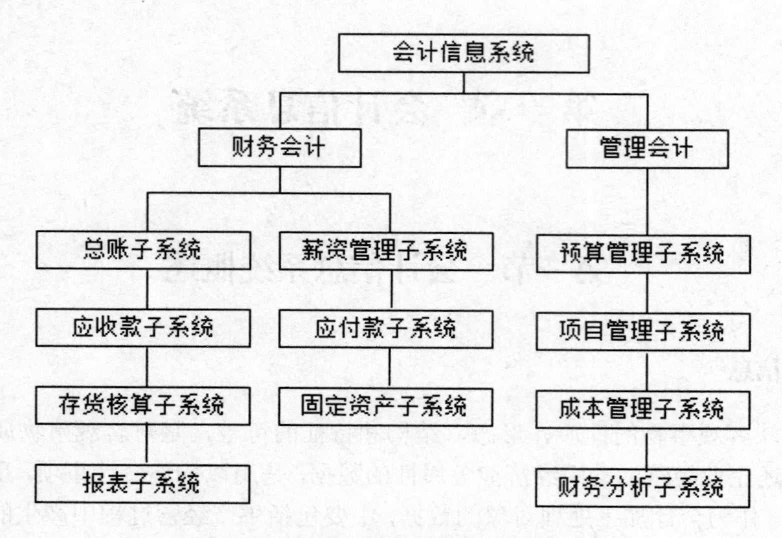

图 1-1 会计信息系统基本功能结构

三、会计信息系统的特点

会计信息系统的基本特点如下：

（1）数据来源广泛、数据量大；

（2）数据结构和数据处理的流程复杂；

（3）数据的全面性、完整性、真实性和可靠性要求高；

（4）数据处理的环节多，很多处理步骤具有周期性；

（5）数据加工处理有严格的制度规定，并要求留有明确的审计线索；

（6）信息输出种类多、数量大、格式上有严格的要求；

（7）数据处理过程的安全性、保密性有严格的要求。

（8）会计信息系统以计算机为计算工具，数据处理代码化、准确性高、速度快、精度高。计算机会计信息系统采用对原始数据编码的方式，以缩短数据项的长度，减少数据占用的存储空间，从而提高了会计数据处理的速度和精度。

（9）数据处理自动化、账务处理一体化。计算机会计信息系统处理过程分为输入、处理和输出三个环节：系统将分散的会计数据统一收集后集中输入计算机，计算机对输入数据自动进行过账、转账和编表处理，最后计算机将所需信息以账表形式打印输出。所有中间环节在机内自动操作，若需要任何中间数据则可通过查询得到，真正实现了数出一门（都来自原始数据）、数据共享（同时产生所需账表）。

新的会计信息管理系统——网络财务会计的发展使会计核算从事后到实时，将实时信息处理嵌入业务处理过程中；使财务管理由静态走向动态，实现了实时监控、实时决策以及财务部门与相关业务部门的同步管理；会计数据由传统的纸质页面数据、电算化初步的磁盘数据到网页数据；将系统各模块的数据集中放在统一的数据库中，保证了系统数据的全面性、准确性，提高了会计信息的质量，同时也实现数据的全面共享和互换；在网络环境下实现物流和信息流的同步。

四、会计信息系统的运行要素

1. 硬件设备

会计信息系统的硬件设备主要是指会计数据输入设备、数据处理设备、数据存储设备和数据输出设备。此外，还有通信设备、网络设备、机房设施等。不同的会计信息系统工作方式决定了企业会计信息系统不同的硬件组合，会计信息系统的硬件组合经历了从简单到复杂、从单一到综合、从单机到网络的过程。

2. 软件系统

软件系统是指控制计算机系统运行的计算机程序和文件资料，也是会计信息系统的核心。软件包括系统软件和应用软件两大类。系统软件是保证会计信息系统能够正常运行的基础软件，如操作系统、数据管理系统等；应用软件主要指会计软件，它是专门用于会计核算和会计管理的软件。

3. 会计人员

会计人员是指会计信息系统的使用人员和管理人员，包括会计主管，系统开发、系统维护、凭证录入、凭证审核、会计档案保管人员等。在会计信息系统中，参与系统开发和应用的人员，不仅有会计专业人员，还有计算机技术人员、网络技术人员和管理专家，这些人员的密切配合与相互协作，成为会计信息系统成功运行的关键。

4. 会计数据

会计数据是会计工作的基本工作对象，也是会计信息系统的主要构成要素。为适应电子计算机的工作特点，会计信息系统从原始单据中接收会计数据，并对输入的数据进行标准化、规范化处理，进行集中化和自动化管理，最后以文件的形式把系统输出的数据作为会计文档保存。

5. 系统规程

系统规程是指各种法令、文件条例和规章制度。主要包括两大类：一是政府的法令、条例，如财政部颁发的《会计电算化管理办法》和《会计电算化工作规范》等；二是基层单位在电算化会计工作中的各项具体规定，如岗位责任制度及会计核算软件操作管理制度及会计档案管理制度等。

第二节　用友 ERP-U8V10.1 系统的主要功能

一、ERP 系统

ERP（Enterprise Resource Planning）是综合应用了客户机/服务器体系、关系数据库结构、面向对象技术、图形用户界面、第四代语言、网络通讯等信息产业成果，以 ERP 管理思想为灵魂的软件产品。

ERP 系统是指建立在信息技术基础上，以系统化的管理思想，为企业决策层及员工提供决策运行手段的管理平台。它是从 MRP（物料需求计划）发展而来的新一代集成化管理信息系统，它扩展了 MRP 的功能，其核心思想是供应链管理。它跳出了传统企业边界，从供应链范围去优化企业的资源。ERP 系统集信息技术与先进管理思想于一身，优化了现代企业的运行模式，反映了时代对于企业合理调配资源的要求，最大化地创造社会财富，成为企业在信息时代生存、发展的基石。它对于改善企业业务流程、提高企业核心竞争力具有显著作用。

ERP 系统是整合了企业管理概念、业务流程、基础数据、人力物力、计算机硬件和软件于一体的企业资源管理系统。会计信息系统是 ERP 系统中的一个子系统，是 ERP 中的重心，它和其他各子系统有机地结合在一起，实现了信息传递、共享和企业内部的过程集成。

二、用友 ERP–U8V10.1 系统的主要功能

用友公司是中国最大的管理软件、ERP 软件、集团管理软件、人力资源管理软件、客户关系管理软件、小型企业管理软件、财政及行政事业单位管理等软件、管理咨询及管理信息化人才培训提供商。用友 U8 软件产品由多个产品组成，各个产品之间相互联系、数据共享，完全实现财务业务一体化的管理。对于企业资金流、物流、信息流的统一管理提供了有效的方法和工具。

用友 ERP-U8V10.1 系统主要包括以下产品：财务管理、供应链管理、生产制造、人力资源、决策支持及集团应用。各应用功能的明细模块如表 1-1 所示。

表 1-1　ERP-U8V10.1 主要功能

应用功能	明细模块
财务管理	总账、出纳管理、应收管理、应付管理、固定资产、UFO 报表、网上银行、网上报销、现金流量表、预算管理、成本管理、项目成本、资金管理、报账中心
集团财务	结算中心、网上结算、集团财务、合并报表、集团预算、行业报表
供应链管理	合同管理、售前分析、销售管理、采购管理、委外管理、库存管理、存货核算、质量管理、进口管理、出口管理、序列号、VMI、采购询价、借用归还、售后服务
生产制造	物料清单、主生产计划、需求规划、产能管理、生产订单、车间管理、工序委外、工程变更、设备管理
人力资源	HR 基础设置、人事管理、薪资管理、计件工资（集体计件）、人事合同、考勤管理、保险福利、招聘管理、培训管理、绩效管理、员工自助、经理自助
决策支持	专家财务评估、商业智能—财务主题、供应链主题、生产制造主题、预算主题、成本主题、运行平台、水晶报表
系统管理与应用集成	内控系统、企业门户、系统管理、远程介入、PDM 接口、金税接口、实施工具、EAI 平台、UAP 平台、U8-MA（Mobile Application）

第三节　ERP–U8V10.1 系统运行环境

一、系统运行环境配置

（一）操作系统

1. 配置要求

- Windows 2003 Server Enterprise + SP2（推荐使用）
- Windows 2008 Server Enterprise + SP2（推荐使用）
- Windows 2008 Server Enterprise R2+ SP2（推荐使用）
- Windows 7 + SP1（或更高版本）（推荐使用）
- Windows Vista + SP1（或更高版本）

2. 安装过程

通过鼠标右击“我的电脑\属性\系统属性”的“常规”选项卡，查看计算机上所安装的操作系统是否满足上述要求。推荐使用 Windows XP +SP2（或 SP3）。

（二）数据库

1. 配置要求

- Microsoft SQL Server 2000 + SP4 （或更高版本）（推荐使用）
- Microsoft SQL Server 2005 + SP2 （或更高版本）

2. 安装过程

安装 Microsoft SQL Server 时，推荐安装 SQL Server 2000 + SP4。相应的 SP4 补丁程序可通过网上免费下载。安装 SQL Server 2000 时，可按照操作向导程序进行，安装过程中可设置 SA 密码为空（或者设置密码）。安装完成后，再双击下载的 SP4 补丁程序，将其解压缩，然后双击解压缩文件夹中的“setup”批处理文件，安装 SP4 补丁程序。

提示：如果用户之前安装过 SQL Server，再次安装时可能会出现“从前的安装程序操作使安装程序操作挂起，需要重新启动计算机”提示。可打开“开始→运行”，在“运行”对话框中输入“regedit”命令，打开“注册表编辑器”窗口，找到如下目录：HKEY_LOCAL_MACHINE\SYSTEM\CurrentControlSet\Control\SessionManager，删除“PendingFileRenameOperations”项，然后重新安装 SQL Server 2000 程序。

（三）浏览器

1. 配置要求

Internet Explorer 6.0 + SP1（或更高版本）

2. 安装过程

Windows XP + SP2（或更高版本），操作系统自带 Internet Explorer 6.0，所以不需单独安装。

（四）信息服务器（IIS）

1. 配置要求

IIS5.0 或更高版本。

2. 安装过程

安装 IIS（Internet 信息服务），可通过“控制面板→添加/删除程序→Windows 组件”添加 IIS 组件来安装。安装过程中需要用到 Windows XP 系统安装程序。

（五）.NET 运行程序

1. 配置要求

使用.NET Framework 2.0 Service Pack 1 或更高版本。

2. 安装过程

安装.NET 运行环境：.NET Framework 2.0 Service Pack 1。安装文件位于“光盘\用友 ERP-U8 V10.1 安装程序\3rdPROGRAM\NetFx20SP1_x86.exe”。

二、系统软件安装与补丁安装

（一）系统软件安装

操作步骤为：

（1）双击“光盘”→“用友 ERP-U8V10.1 安装程序”→“setup.exe”文件（标志为一个

U8 图标)，运行安装程序。

（2）根据提示选择“安装 U8V10.1”选项，单击“下一步”按钮根据提示进行操作，直到出现选择安装类型界面，选择“标准”安装类型或“全产品”安装类型。“标准”安装模式为除 GSP、专家财务评估之外的“全产品”安装。

（3）单击“下一步”按钮，进行“系统环境检查”，查看“基础环境”和“缺省组件”是否已经满足所需条件。若有未满足的条件，则安装不能向下进行，并在图中给出未满足的项目，此时可单击未满足的项目链接，系统会自动定位到组件所在位置，让用户手动安装。

（4）单击“安装”按钮，即可进行安装。(此安装过程较长，请耐心等待)。

（5）安装完成后，单击“完成”按钮，重新启动计算机。

（6）系统重启后，出现“正在完成最后的配置……”的提示信息。在其中输入库名称（即为本地计算机名称），SA 口令为空（安装 SQL Server 时设置为空），单击“测试连接”按钮，测试数据库连接。若一切正常，则会提示“连接成功”。

（7）系统提示“是否初始化数据库”，单击“是”按钮，提示“正在初始化数据库实例，请稍候……”。数据库初始化完成后，出现“系统管理”的“登录”窗口，此时即已完成系统软件的安装。(具体安装步骤，详见“光盘中 U8V10.1 安装说明”。)

（二）初始化数据库设置

ERP-U8V10.1 软件安装完成以后，系统会自动配置数据源，数据源名称默认为 default。若提示数据源出现异常，可以对数据源进行重新配置，并对数据库进行初始化。

（1）配置数据源：连接数据库服务器。

菜单路径：开始\程序\用友 ERP-U8V10.1\系统服务\应用服务器配置

在配置工具窗口中，单击“数据库服务器”按钮，进入数据源配置窗口，单击“增加”按钮，建立数据源（任意起名），数据库服务器为计算机名称或 IP 地址，SA 用户密码为安装 SQL Server 数据库时设定的密码，也可在此处修改认证的密码。

（2）初始化数据库：创建数据库结构。

岗位：系统管理员（admin）

菜单路径：开始\程序\用友 ERP-U8V10.1\系统服务\系统管理\系统\初始化数据库

数据库实例为计算机名称，输入 SA 密码后，单击“确定”。

三、系统运行异常问题解决

（1）MS-SQL Server 中的 MSDTC 不可用。

解决方法：在 Windows 控制面板\管理工具\服务中对 Distributed Transaction Coordinator 单击右键进行启动。或者，单击右键选择属性，对启动类型选择手动或自动，在服务状态下单击“启动”按钮，启动成功后，单击“确定”即可。

（2）启用时若提示“其他系统独占使用”，或者在使用过程中，数据库关闭产生的异常或非正常退出，都会在任务表中保存一条记录，认为该用户还在使用系统。

解决方法：在 SQL Server 企业管理器中打开数据库 UFSystem 中的两个表 Ua_Task_common 和 Ua_TaskLog，将其中的记录都删除即可。操作指导：执行“开始\程序\Microsoft SQL Server\企业管理器”操作，双击打开“UFSystem”数据库，再双击其中的表，然后再对 Ua_Task_common 和 Ua_TaskLog 表分别单击右键，选择“打开表\返回所有行”，逐一删除其中记录。

（3）用友 U8“科目（*****）正在被机器（******）上的用户（*****）进行（*****）操作锁定，请稍候再试”。

解决方法：执行在 SQL Server 企业管理器中打开数据库 UFDATA_001_2012 中的表 GL_mccontrol 里的记录并删除。操作同上。

（4）启动 Distributed Transaction Coordinator 服务时，一启动就提示“Windows 不能在本地计算机启动 Distributed Transaction Coordinator，有关更多信息，查阅系统事件日志。如果这是非 Microsoft 服务，请与厂商联系，并参考特定服务错误代码-1073337669”。

解决方法：执行“开始/执行”命令，输入 cmd，确定后进入命令提示窗，输入“msdtcresetlog”命令，执行完成后，即或启动服务。

（5）系统出现其他异常现象时的解决方法：进入 SQL Server 企业管理器中打开“UFDATA_账套号_年度”或“UFSystem”数据库，找到下列对应表单，清除里面的所有记录内容，即可解决。

- Ua_task：功能操作控制表
- Ua_tasklog：功能操作控制表日志
- LockVouch：单据锁定表
- GL_mccontrol：科目并发控制表
- GL_mvocontrol：凭证并发控制表
- GL_mvcontrol：外部凭证并发控制表
- Fa_control：固定资产并发控制表
- FD_LOCKS：并发控制表
- AP_LOCK：操作互斥表
- IA_pzmutex：核算控制表（临时表）
- GL_lockrows：项目维护控制表（临时表）

四、计算机常见问题解决

（1）如何使用搜狗拼音输入法将不会读的字用拼音打出来？

遇到不认识的字，想用拼音打出来，那么先打出字母“u”，然后打组成这个字的各个部分的拼音。例如：垚(zhuang)这个字，由三个“士”组成，在不知道怎么读的情况下，打“ushishishi”就可以出来这个字了；另外如“萌”，它可以分为“草”字头和“日”“月”，那么它的拼音就是“ucaoriyue”。

使用搜狗拼音输入法，“u+各部分拼音”为什么能打出生僻字来？搜狗拼音输入法“U 模式”是专门为输入不会读的字所设计的。

（2）如何恢复已删除的文件？

平时在操作电脑文件时，有时由于不小心误删除了一些重要的文件资料。或者，有时会删除一些自认为没用的文件，不了解某一个文件，便贸然将其删除，这可能导致出现很多问题。以下教大家怎么恢复已删除的文件。

1）打开系统回收站中查看一下是不是还保存在回收站里，若在回收站中，在需要恢复的文件上面点击鼠标右键，然后点击“还原”命令，此文件便还原到删除前的位置了。

2）如果发现回收站里也已经没有了，即已经彻底删除了，这时你通过常规方法就不能将文件恢复了，必须要借助软件。在百度搜索一款名为“删除文件恢复大师”的软件，下载之后安装，安装后打开。

（3）Delete 键删除和 Shift+ Delete 组合键删除有什么不同？

Delete 键删除是把文件删除到回收站；需要手动清空回收站处理掉。

Shift + Delete 组合键删除是把文件删除但不经过回收站，无须再手动清空回收站。

（4）窗口最大化后任务栏被覆盖，如何解决？

1）在任务栏上单击鼠标右键，在弹出的菜单中选择“属性”。

2）在弹出的“任务栏和开始菜单属性”对话框中勾选“锁定任务栏”，然后单击“确定”按钮。

（5）桌面上不显示图标只有任务栏，如何解决？

在桌面空白处单击鼠标右键，在弹出的菜单中选择“查看”→“显示桌面图标”。

（6）为什么 500G 的移动硬盘在使用时发现容量少很多？

一般来说，硬盘格式化后容量会小于标称值，这是因为换算方法不同造成的。硬盘生产厂家一般按 1MB=1000KB 来计算，而在计算机中都是以 1MB=1024KB 来计算的，这样两者间的容量就出现了差异。

（7）拔出 U 盘时仍然出现“现在无法停止‘通用卷’设备”是什么原因？

出现这种现象很可能是一些程序打开了 U 盘中的某些文件，而这些程序和打开的文件仍然建立关联，这时应将相应的程序关闭后再关闭 U 盘。如果不能判定哪些程序被使用，可关闭 Windows 中所有正在运行的程序。切记不要强制拔出，否则可能会造成数据损坏。此外，还可以先注销 Windows 后再从系统托盘弹出 U 盘，一般都能解决此问题。

第二章　系统管理

第一节　知识点

用友 ERP-U8 软件 V10.1 由财务管理、管理会计、供应链管理、生产制造、分销管理、零售管理、决策支持、人力资源管理、行业集团管理等多个子系统组成，各产品之间相互联系、数据共享，从而实现了财务与业务一体化的管理。

一、系统管理概述

系统管理作为一个独立的产品模块，主要是对 U8V10.1 软件所属的各个子系统提供一个公共平台。对整个软件的公共任务进行统一的操作管理和数据维护，它为其他子系统提供了公共账套、年度账及其他相关的基础数据，各子系统的操作员也需要在系统管理中统一设置并分配权限。系统管理的主要功能包括账套管理、年度账套管理、系统操作员及其操作权限的集中管理以及安全机制的统一设立。

1. 账套管理

账套是指一组相互关联的数据。在用友 U8V10.1 管理系统中，可以为多个企业（或企业内多个独立核算的部门）分别建立账套，各账套之间相互独立，互不影响，系统最多允许建立 999 套账。账套管理包括账套的建立、修改、引入和输出等。

2. 年度账管理

在用友 U8V10.1 管理系统中，用户不仅可以建立多个账套，而且每个账套中还可以存放不同年度的会计数据。这样，对不同核算单位、不同时期的数据只需要设置相应的系统路径，即可方便地进行操作。年度账管理包括年度账的建立、引入、输出和结转上年数据，清空年度数据等。

3. 操作员及其权限的集中管理

通过系统操作分工和权限的管理，一方面可以避免与业务无关的人员进入系统；另一方面可以对系统所包含的各个子系统的操作进行协调，以保证各负其责，进而保证系统数据的安全与保密。操作员及其权限管理主要包括设置用户、定义角色及设置用户功能权限。

角色是指在企业管理中拥有某一类职能的人员。设置了角色后就可以定义角色的权限，当用户归属于某一角色后，就相应拥有了该角色的权限。设置角色的方便之处在于可以根据职能统一进行权限的划分，方便授权。

用户和角色的设置可以不分先后顺序，但对于自动传递权限来说，应该先设定角色，然后分配权限，最后进行用户的设置。如果用户的权限与所指定角色的权限不同，可以在权限功能中进行修改。一个角色可以拥有多个用户，一个用户也可以分属多个不同的角色。

4. 设立统一的安全机制

对企业来说，系统运行安全、数据存储安全是必需的，为此，每个应用系统都无一例外地提供了强有力的安全保障机制，如设置对整个系统运行过程的实时监控机制、清除系统运行过程中异常任务、设置系统自动备份计划等。

二、系统管理员与账套主管

鉴于“系统管理”子系统在整个用友 U8V10.1 管理系统中的地位和重要性，因此对登录系统管理的人员作了严格的界定，只允许以系统管理员或账套主管的身份注册进入。

系统管理员是负责整个系统的安全运行和数据维护工作，可以管理该系统中的所有账套。以系统管理员的身份注册进入系统管理，可以进行建立、引入和输出账套，设置用户、角色及其权限，设置自动备份计划，监控系统的运行过程以及清出异常任务等工作。系统管理员的名称是用友系统默认并固定的（用户名为 admin，初始密码为空，可以修改）。

账套主管是负责所管辖账套的维护工作，由系统管理员指定。以账套主管的身份注册进入系统管理，可以进行修改账套，设置该账套操作员的权限，年度账管理等工作。

账套主管可以登录企业平台对有权限的账套进行业务操作，而系统管理员则不能对账套进行业务操作。

三、建立账套

企业在使用商品化的通用会计软件时，应首先在系统中建立核算账套，即根据单位的核算方法、行业特征、管理要求，建立自己的核算账套。账套的具体内容包括：单位的基本信息、核算方法和编码规则等。企业建立账套是一项严肃而重要的工作，需要认真对待，并由专人负责。创建账套的流程如图 2-1 所示。

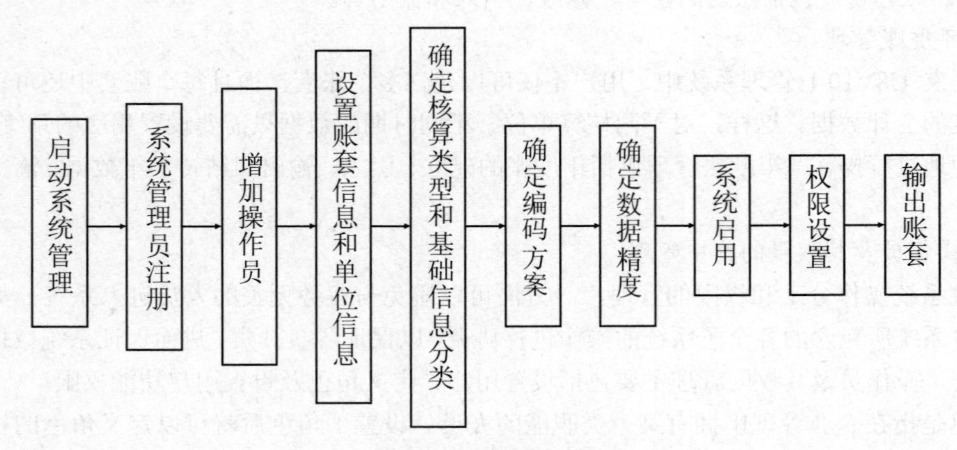

图 2-1　创建账套的流程

第二节　【案例 1】资料

——建立“北京亚新科技有限公司”账套的资料如下：

1. 用户资料

操作人员的用户资料表如表 2-1 所示。

表 2-1　用户资料表

编号	姓名	口令	所属部门	编号	姓名	口令	所属部门
001	王志伟	无	财务部	005	赵斌	无	采购部
002	徐敏	无	财务部	006	李建春	无	销售部
003	谭梅	无	财务部	007	王丹	无	生产部
004	张翔	无	财务部				

2. 权限分配

用户权限的分配如表 2-2 所示。

表 2-2　用户权限分配表

编号	姓名	角色或权限
001	王志伟	账套主管，负责账套初始化、凭证审核、账簿登记、各种账证表的查询及报表管理等账套管理的所有权限
002	徐敏	财务主管，拥有公用目录设置、总账、固定资产、薪资管理和计件工资管理系统的权限
003	谭梅	出纳，拥有出纳签字、库存现金和银行存款日记账及资金日报表的查询打印、支票登记簿、银行对账等出纳的所有权限
004	张翔	公共单据、公用目录设置、应收款管理、应付款管理、存货核算
005	赵斌	公共单据、公用目录设置、采购管理
006	李建春	公共单据、公用目录设置、销售管理
007	王丹	公共单据、公用目录设置、库存管理

3. 账套资料

（1）账套信息。账套号：001；账套名称：北京亚新科技有限公司；启用会计期：2016 年 1 月。

（2）单位信息。单位名称：北京亚新科技有限公司；简称：亚新科技；地址：北京市海淀区知春路 18 号；法人代表：刘丛；邮政编码：100087；电子邮件：yxkj123@sohu.com；联系电话及传真：010-81856518；税号：100010211050266。

（3）核算类型。记账本位币：人民币 RMB；企业类型：工业；行业性质：2007 年新会计制度科目（按行业性质预置科目）；账套主管：王志伟。

（4）基础信息。企业有外币核算业务，进行经济业务处理时，需要对存货和客户进行分类核算，不对供应商进行分类管理。

（5）编码方案。会计科目编码级次：42222；客户分类编码级次：12；存货分类编码级次：123；部门编码级次：12；地区分类编码级次：12；其他按系统默认值。

（6）数据精度。数据精度定义均为默认值 2 位。

（7）启用“总账”和“网上银行”子系统。

第三节 操作指导

一、操作内容

（1）设置操作员。
（2）建立企业账套。
（3）设置操作员操作权限。
（4）备份/引入账套数据。

二、操作步骤

操作准备：安装用友 U8V10.1，将系统日期修改为 2016-01-01。

（一）设置操作员（用户）

设置操作员的工作应由系统管理员（admin）在“系统管理”里“权限”功能中完成。操作步骤为：

（1）单击“开始”按钮，依次指向“程序”→“用友 U8V10.1”→“系统服务”→“系统管理”，进入“系统管理”窗口。

（2）执行“系统”→“注册”命令，打开“登录”对话框，如图 2-2 所示。

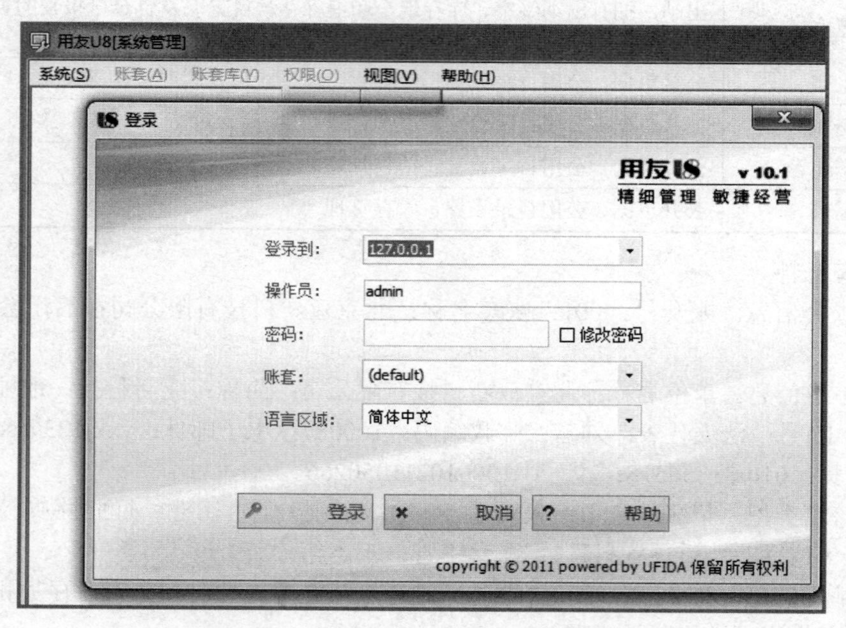

图 2-2 以系统管理员身份登录系统管理界面

（3）输入操作员“admin”（系统管理默认的管理员）。

（4）单击“登录”按钮。

提示：

系统管理员（admin）无预设密码，即系统管理员的初始密码为空。在实际工作中为了确保系统的安全，必须为系统管理员加设密码。

在教学过程中，由于多人共用一套系统，为了方便则建议不给系统管理员加设密码。

只有系统管理员才有权设置操作员。

用友 U8V10.1 系统运行期间禁止修改计算机系统日期。

（5）执行“权限”→“用户”命令，进入“用户管理”窗口。

（6）单击“增加”按钮，打开“操作员详细情况”对话框，如图 2-3 所示。

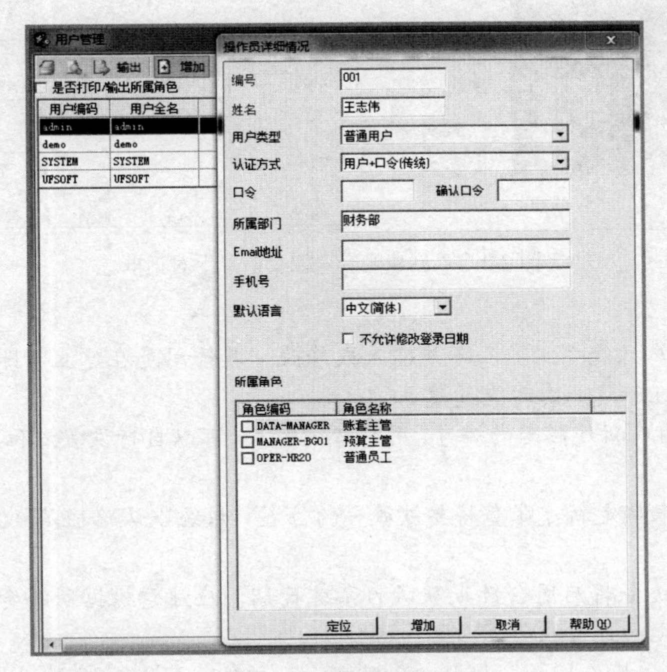

图 2-3　增加操作员

（7）输入信息：编号“001”、姓名“王志伟”、所属部门“财务部”。

（8）单击“增加”按钮，根据【案例 1】资料依次设置其他操作员。

提示：

操作员编号在系统中必须是唯一的，即使是不同的账套，操作员编号也不能重复。

操作员一旦被使用，将不允许删除。

已经使用过又调离本企业的操作员可以通过“修改”→“注销当前用户”的功能进行注销，状态为“注销”的操作员此后不允许在登录本系统。

（二）建立账套

建立账套应由系统管理员（admin）在“系统管理”里“账套”功能中完成，包括账套信息、单位信息、核算类型、基础信息、分类编码方案和数据精度。操作步骤为：

（1）以系统管理员（admin）的身份注册进入“系统管理”。

（2）在“系统管理”窗口中，执行“账套”→“建立”命令，打开“创建账套—建账方式”对话框，选择“新建空白账套”。

（3）单击“下一步”按钮，打开“创建账套—账套信息”对话框，如图 2-4 所示。

（4）根据【案例 1】资料输入账套信息。

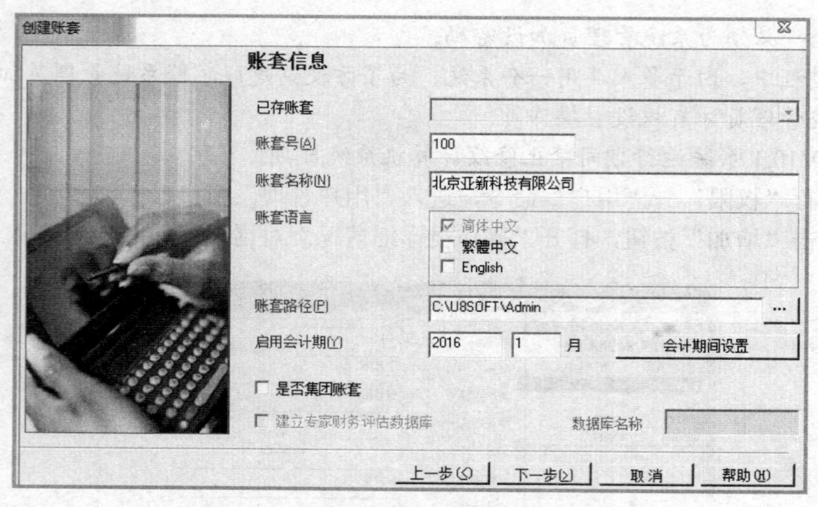

图 2-4 “创建账套—账套信息”对话框

提示：

已存账套：用户只能参照，而不能输入或修改。其作用是在建立新账套时可以明晰已经存在的账套，避免在新建账套时重复建立。

账套号：用来输入新建账套的编号，用户必须输入，可以自行设置三位数字（只能是 001～999 之间的数字）。

账套路径：用来确定新建账套将要被放置的位置，系统默认路径是“C:\U8SOFT\admin”，用户可以修改。

建立账套时系统会将启用会计期默认为系统日期，应注意根据所给资料修改，否则会影响企业的系统初始化和日常业务等内容的操作。

（5）单击“下一步”按钮，打开“创建账套—单位信息”对话框。

（6）根据【案例 1】资料录入单位信息。

（7）单击“下一步”按钮，打开“创建账套—核算类型”对话框，如图 2-5 所示。

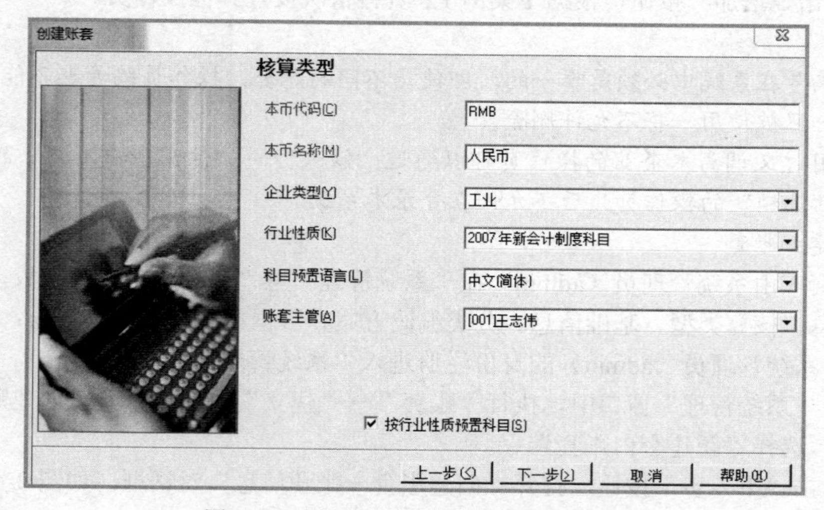

图 2-5 “创建账套—核算类型”对话框

（8）根据【案例 1】资料输入核算类型。

提示：

单位信息中只有“单位名称”是必须录入的，其他栏目都属于任选项。

单位名称应录入其全称，一般打印发票时使用。

用户必须从“行业性质”下拉框中选择输入本单位所处的行业性质，这为下一步“是否按行业预置科目”确定科目范围，并且系统会根据企业所选行业预置一些行业的特定方法和报表。

如果用户希望采用系统预置所属行业的标准一级科目，则在“按行业预置科目”选项前打勾，进入产品后会计科目由系统自动设置；如果不选，则由用户自己设置会计科目。

（9）单击“下一步”按钮，打开“创建账套—基础信息”对话框，根据【案例 1】资料确定基础信息。

（10）单击“下一步”按钮，打开“创建账套—开始”对话框，单击“完成”按钮，系统弹出“可以创建账套了么?”信息提示框，单击“是”按钮，如图 2-6 所示。

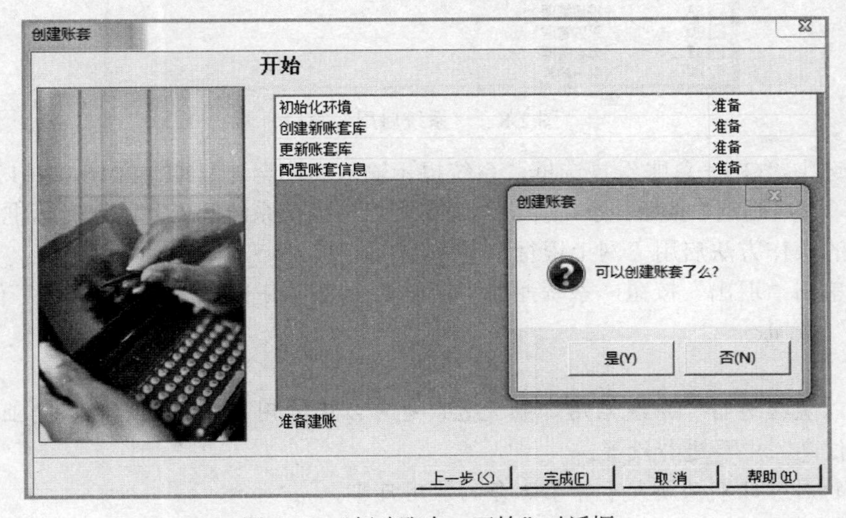

图 2-6 “创建账套—开始”对话框

（11）稍候片刻，系统弹出“编码方案”对话框，根据【案例 1】资料确定编码方案。

（12）单击“确定”按钮，退出，弹出“数据精度”对话框。默认机内预置的数据精度设置。

（13）单击“确定”按钮，创建账套成功。系统弹出信息提示框，如图 2-7 所示。

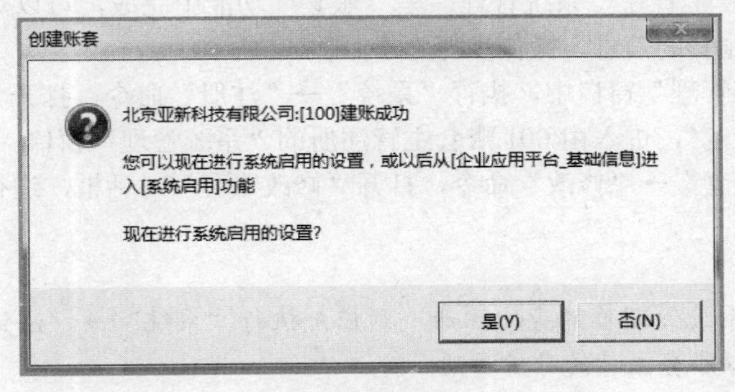

图 2-7 信息提示

（14）单击“是”按钮，进入“系统启用”窗口，如图 2-8 所示。

系统启用

全启 刷新 退出

[100]北京亚新科技有限公司账套启用会计期间2016年1月

系统编码	系统名称	启用会计期间	启用自然日期	启用人
☑GL	总账	2016-01	2016-01-01	admin
☐AR	应收款管理			
☐AP	应付款管理			
☐FA	固定资产			
☐NE	网上报销			
☑NB	网上银行	2016-01	2016-01-01	admin
☐WH	报账中心			
☐SC	出纳管理			
☐CA	成本管理			
☐PM	项目成本			
☐FM	资金管理			
☐BM	预算管理			
☐CM	合同管理			
☐PA	售前分析			
☐SA	销售管理			
☐PU	采购管理			
☐ST	库存管理			
☐IA	存货核算			

图 2-8 “系统启用”窗口

（15）选中“GL—总账”复选框，系统提示输入启用会计日期（2016-01-01）。

（16）单击“确定”按钮，系统弹出“确实要启用当前系统吗？”信息提示框，单击“是”按钮。同样的操作方法启用“网上银行”子系统。

（17）单击“退出”按钮，系统弹出“请进入企业应用平台进行业务操作”信息提示框。单击“确定”按钮。

提示：

此时可以直接进行“系统启用”的设置，也可以不启用，建账之后在“企业应用平台”里的“基础信息”中再进行设置。

各系统的启用日期必须大于等于账套的启用日期。

（三）修改账套

当系统管理员建完账套和账套主管建完年度账后，在未使用相关信息的基础上，需要对某些信息进行调整，以便使信息更真实准确地反映企业的相关内容时，可以进行适当的调整。只有账套主管可以修改其具有权限的年度账套中的信息，系统管理员无权修改。

修改账套由账套主管在“系统管理”里“账套”功能中完成，可以对账套的某些信息进行修改，或者查看账套的信息。操作步骤为：

（1）在“系统管理”窗口中，执行“系统”→“注册”命令，打开“登录”对话框。

（2）单击“确定”，进入由 001 账套主管注册的“系统管理”窗口。

（3）执行“账套”→“修改”命令，打开“修改账套”对话框，进行账套信息的修改或查看操作。

提示：

如果此前是以系统管理员的身份注册，则应先执行“系统”→“注销”命令，注销当前的系统操作员，在以账套主管的身份注册。

系统管理员（admin）和账套主管的登录界面是有差异的，系统管理员登录界面只包括：

服务器、操作员、密码三项，而账套主管则包括：服务器、操作员、密码、账套、会计年度及操作日期六项。

在登录界面操作员可以修改自己相应的密码，但在“系统管理”→“权限”→“用户”中进行修改密码是系统管理员对操作员的一项管理，其具有修改任意操作员的密码的权限。例如，系统管理员可以对离开单位的操作员或不具备权限的操作员进行控制。

企业类型只能由商业企业改为医药流通企业，其他类型不允许修改。

在账套的使用中，可以对本年未启用的会计期间修改其开始日期和终止日期。只有没有业务数据的会计期间可以修改其开始日期和终止日期。

（四）设置操作员权限

功能权限的分配在系统管理中的权限分配设置，数据权限和金额权限在“企业应用平台”→“设置”→“数据权限”中进行分配。对于数据级权限和金额级的设置，必须是在系统管理的功能权限分配之后才能进行。功能级权限设置的操作步骤为：

（1）以系统管理员（admin）的身份注册，进入“系统管理”窗口。

（2）执行“权限”→“权限”命令，进入“操作员权限”窗口。

（3）选择“100 账套”“2016 年度”。

（4）选择操作员“003 谭梅”，单击“修改”按钮，在功能权限列表中，选择相应的权限。

（5）依次展开“财务会计”“总账”，选择“出纳”和“出纳签字”等出纳相关的权限，单击“保存”按钮，如图 2-9 所示。

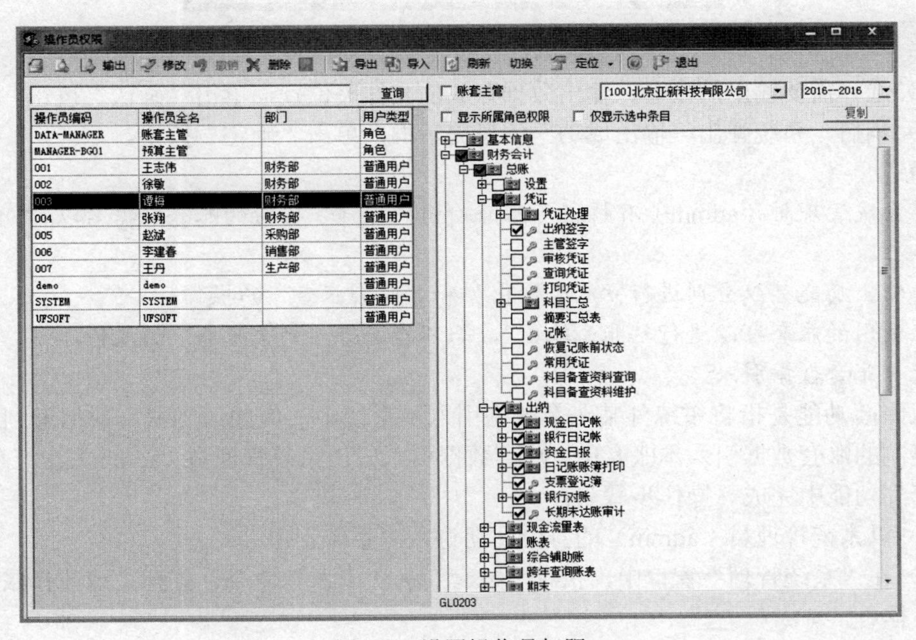

图 2-9 设置操作员权限

（6）同样的方法，根据【案例 1】资料设置其他操作员的权限。

提示：

在“权限”功能中既可以对角色赋权又可以对用户赋权。

系统管理员可以设置或取消某账套的账套主管，对各账套的操作员进行权限设置。账套主管只可以对所管辖账套的操作员进行权限设置。

本实验中账套主管在建账时已经指定，账套主管拥有该账套的所有权限，因此，只对该账套中非账套主管的操作员权限设置。

拥有不同权限的操作员进入系统，所看到的系统界面及可操作的功能是不同的。

（五）账套数据备份

输出账套功能是指将所选的账套数据进行备份输出。为了数据的安全性应定时的将企业数据备份出来存储到不同的介质上（如常见的软盘、光盘、网络磁盘等等）。对于异地管理的公司，此方法还可以解决审计和数据汇总的问题。账套数据备份的操作步骤为：

（1）以系统管理员（admin）的身份注册进入“系统管理”。

（2）在“系统管理”窗口中，执行“账套”→“输出”命令，打开“账套输出”对话框，如图 2-10 所示。

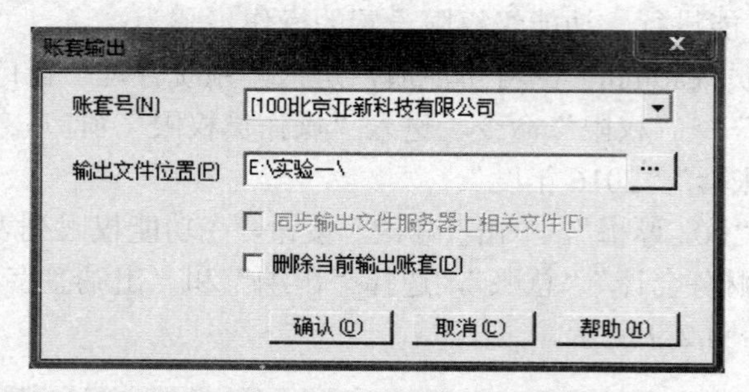

图 2-10 “账套输出”对话框

（3）选择需要输出的账套、输出数据存放的文件夹位置，单击“确认”按钮。

（4）稍后，系统弹出“输出成功”信息提示框，单击“确定”按钮。

提示：

只有系统管理员（admin）有权进行账套输出的操作，备份的账套数据名以“UfErpAct”为前缀。

账套输出功能可以分别进行“账套输出”和“删除账套”的操作。

正在使用的账套可以进行“账套输出”，而不能进行“删除账套”的操作。

（六）账套数据引入

引入账套功能是指将系统外某账套数据引入本系统中。例如：当账套数据遭到破坏时，将最近复制的账套数据引入本账套中。账套数据引入应由系统管理员（admin）在“系统管理”里“账套”功能中完成。操作步骤为：

（1）以系统管理员（admin）的身份注册进入“系统管理”。

（2）在“系统管理”窗口中，执行“账套”→“引入”命令，打开“请选择账套备份文件”对话框。

（3）选择需要引入账套的备份文件，选择账套文件“UfErpAct.Lst”，单击“确定”按钮。系统提示“请选择账套引入的目录，当前默认的目录为……”，单击“确定”按钮，选择账套引入的目录，稍后即可把账套数据引入系统。

提示：

只有系统管理员（admin）有权进行账套引入的操作。

引入以前的账套或自动备份的账套，应先使用文件解压缩功能，将所需账套解完压缩后再引入。

引入账套时，若系统中存在的账套与引入的账套号相同，则系统提示“此项操作会覆盖当前账套的所有信息，继续吗？”。

账套数据备份：备份【案例 1】账套数据。

复习思考题

一、选择题

1．可以注册进入系统管理人员有（　　）。

A．单位负责人　　B．账套主管　　C．出纳　　D．系统管理员

2．建立单位核算账套时，必须设置的基本信息有（　　）。

A．启用会计期　　B．系统管理员　　C．本位币　　D．单位名称

3．（　　）可以指定某账套的账套主管。

A．财务主管　　B．软件操作员　　C．系统管理员　　D．财务总监

4．必须进行数据备份的情况是（　　）。

A．每月结账前和结账后　　C．每天记账工作完成之后

B．更新软件版本或需进行硬盘格式化时　　D．会计年度终了进行结账时

5．关于删除账套，以下说法正确的有（　　）。

A．系统不提供删除账套的功能　　B．只有账套主管才能删除账套

C．正在使用的账套不允许删除　　D．删除账套前系统会进行强制备份

二、判断题

1．操作人员分工是会计电算化必须要进行的工作。（　　）

2．操作员编码可以不唯一。（　　）

3．若要修改账套，必须以系统管理员身份登录。（　　）

4．单位名称可以作为区分不同账套数据的唯一标识。（　　）

5．如果在角色管理或用户管理中已将“用户”归属于“账套主管”角色，则该操作员即已定义为系统内所有账套的账套主管。（　　）

三、简答题

1．简述建立企业账套的流程。

2．设置操作员及权限要注意哪些内容？

3．怎样进行账套数据的备份和引入？

4．系统管理员与账套主管的区别是什么？

5．什么是年度账？年度账与账套关系是什么？年度账的管理包括哪些内容？

第三章　系统基础设置

第一节　知识点

一、企业应用平台

企业应用平台集中了用友 ERP-U8V10.1 管理系统的所有功能，为各子系统提供了一个公共的交流平台。企业能够存储在内部和外部的各种信息，使员工、用户和合作伙伴能够从单一的渠道访问其所需的个性化信息，企业员工还可以定义自己的业务工作场景，设计自己的工作流程，以实现信息的及时沟通，资源的有效利用。与合作伙伴的在线实时的链接，提高了员工的工作效率及企业的总处理能力。企业应用平台的主要功能有：

（1）基础设置：主要实现企业基本信息、基础档案、业务参数、个人参数、单据设置及档案设置等基本参数的设置。

（2）系统服务：主要实现切换到系统管理、服务器配置、工具、权限分配等模块的功能。

（3）业务工作：主要实现用户登录各业务模块，并在各模块之间进行切换的功能。

（4）其他功能：工作场景由“视图”组成，以实现场景驱动业务工作。

二、基本信息与基础档案

用友 ERP-U8V10.1 管理系统由多个子系统组成，这些子系统共享公用的基础信息。新建账套建立以后，需要对公用的基础信息进行统一的设置。因此，企业应根据实际情况把手工资料经过加工整理，再根据本单位建立信息化管理的需要，建立软件系统应用平台，这是手工业务的延续和提高。

基本信息的主要内容有：系统启用、编码方案设置、数据精度设置。

基础档案的主要内容有：

（1）部门档案、人员档案等机构信息设置。

（2）客户分类与档案、供应商分类与档案、地区分类等客商信息设置。

（3）存货分类、计量单位、存货分类等存货信息设置。

（4）会计科目、凭证类别、项目核算等财务信息设置。

（5）结算方式、付款条件、单位开户银行等收付结算信息设置。

（6）购销存系统仓库信息、出入库类型、采购类型、销售类型等业务信息设置。

（7）常用摘要、自定义项等其他设置。

三、数据权限与单据设置

在用友 ERP-U8V10.1 管理系统中可以实现三个层次的权限管理：功能级权限管理、数据级权限管理和金额级权限管理，不同的组合方式将为企业的控制提供有效的方法。

1. 功能级权限管理

提供划分更为细致的功能级权限管理功能，包括各功能模块相关业务的查看和分配权限。

2. 数据级权限管理

主要作用是设置用户、用户组所能操作的档案、单据的数据权限，用于控制后续业务处理允许编辑、查看的数据范围，包括记录级权限分配和字段级权限分配。

3. 金额级权限管理

主要作用是完善内部金额控制，实现对具体金额数量划分级别，对不同岗位和职位的操作员进行金额级别控制，限制他们制单时可以使用的金额数量，不涉及内部系统控制的不在管理范围内。

在用友 ERP-U8V10.1 管理系统中预置了各种单据的模板，企业可以根据需要对报账中心、采购、销售、应收、应付、存货、库存、项目管理等模块中的各种单据进行修改设计。单据设置功能主要有：

（1）单据格式设置：每种单据格式设置分为显示单据格式设置和打印单据格式设置。

（2）单据编号设置：用户可以设置各种类型单据的编码生成原则。

第二节 【案例 2】资料

一、部门档案

公司各部门的档案资料如表 3-1 所示。

表 3-1 公司各部门资料表

部门编码	部门名称	负责人	部门编码	部门名称	负责人
1	管理部		2	采购部	赵斌
101	经理办公室	刘丛	3	销售部	李建春
102	财务部	王志伟	4	生产部	林东

二、人员类别

公司人员类别的资料如表 3-2 所示。

表 3-2 公司人员类别列表

人员类别	档案编码	档案名称	人员类别	档案编码	档案名称
正式工	1011	管理人员	合同工	1021	生产工人
	1012	经营人员			
	1013	车间管理人员			

三、人员档案

公司人员档案的资料如表 3-3 所示。

表 3-3 公司人员档案表

人员编号	人员姓名	性别	人员类别	所属部门	雇用状态	是否是业务员
101	刘丛	男	管理人员	经理办公室	在职	是
102	黄华	男	管理人员	经理办公室	在职	是
103	王志伟	男	管理人员	财务部	在职	是
104	徐敏	女	管理人员	财务部	在职	是
105	谭梅	女	管理人员	财务部	在职	是
106	张翔	男	管理人员	财务部	在职	是
201	赵斌	男	经营人员	采购部	在职	是
202	邹小林	男	经营人员	采购部	在职	是
301	李建春	男	经营人员	销售部	在职	是
302	尹小梅	女	经营人员	销售部	在职	是
401	林东	男	车间管理人员	生产部	在职	是
402	王丹	女	生产工人	生产部	在职	是
421	高峰	男	生产工人	生产部	在职	否
422	杨吉超	男	生产工人	生产部	在职	否

四、客户分类

公司客户分类的资料如表 3-4 所示。

表 3-4 客户分类表

类别编码	类别名称	类别编码	类别名称
1	长期客户	2	短期客户
101	企业单位	3	其他客户
102	事业单位		

五、客户档案

公司客户档案的资料如表 3-5 所示。

表 3-5 客户档案表

客户编号	客户名称	所属分类	税号	开户银行	银行账号	分管部门	专营业务员	发展日期
01	华中信息科技公司	101	11112222	建行	110543982199	销售部	尹小梅	2011-09-01
02	北京昌平商贸公司	3	22223333	招行	403828943234	销售部	李建春	2013-06-01
03	华夏宝乐有限公司	101	33334444	建行	110823516979	销售部	尹小梅	2011-11-01

六、供应商档案

公司供应商档案的资料如表 3-6 所示。

表 3-6　供应商档案表

供应商编号	供应商名称	所属分类	税号	开户银行	银行账号	分管部门	专营业务员	发展日期
01	北京宏达有限公司	00	55556666	建行	110615892368	采购部	赵斌	2011-06-01
02	上海兴盛有限公司	00	66667777	建行	112100032356	采购部	邹小林	2012-07-01
03	光华原材料加工厂	00	77778888	农行	210110107866	采购部	邹小林	2013-08-01

七、存货分类

公司存货分类的资料如表 3-7 所示。

表 3-7　存货分类表

存货分类编码	存货分类名称
1	原材料
2	库存商品
3	其他

八、计量单位

（1）计量单位组，资料如表 3-8 所示。

表 3-8　计量单位组列表

单位组编码	单位组名称	单位组类别
01	数量	无换算率
02	重量	固定换算率

（2）计量单位，资料如表 3-9 所示。

表 3-9　计量单位列表

单位编码	单位名称	所属单位组	单位编码	单位名称	所属单位组
1	箱	01	4	台	01
2	包	01	5	公里	01
3	件	01			

九、存货档案

公司存货档案的资料如表 3-10 所示。

表 3-10 存货档案表

存货编码	存货名称	计量单位	存货分类	税率	存货属性	参考成本
1001	A 材料	箱	1	17%	外购、生产耗用	350.00
1002	B 材料	包	1	17%	外购、生产耗用	30.00
2001	甲产品	件	2	17%	外购、自制、销售	160.00
2002	乙产品	件	2	17%	外购、自制、销售	240.00
3001	运输费	公里	3	17%	外购、销售、应税劳务	

十、外币及汇率

币符：USD；币名：美元；固定汇率：1∶6.50000。

十一、结算方式

公司结算方式的资料如表 3-11 所示。

表 3-11 结算方式列表

结算方式编码	结算方式名称	票据管理
1	现金结算	否
2	支票结算	是
201	现金支票	是
202	转账支票	是
3	其他	否

十二、银行信息

（1）银行档案，资料如表 3-12 所示。

表 3-12 银行档案列表

银行编号	银行名称	个人账号长度	是否定长	企业账号长度	是否定长
03011	北京市建设银行	11	是	12	是

（2）单位开户银行，资料如表 3-13 所示。

表 3-13 单位开户银行列表

编码	银行账号	币种	开户银行	所属银行编码
01	111085219999	人民币	北京市建设银行海淀区分理处	03011

第三节 操作指导

一、操作内容

（1）设置机构人员信息。

（2）设置客户和供应商信息。

（3）设置存货信息。

（4）设置财务和收付结算信息。

二、操作步骤

● 操作准备：引入【案例 1】的账套备份数据。

以账套主管的身份注册“企业应用平台”，在基础档案功能中可以进行相应基础项目的设置。基础档案的信息可以在此设置，也可以在各系统模块中设置。

（一）设置部门档案

操作步骤为：

（1）打开“企业应用平台”注册“登录”对话框。

（2）输入或选择相关信息：操作员“100”；账套“北京亚新科技有限公司”；操作日期“2016-01-01”。

（3）单击“确定”按钮，进入“企业应用平台”。

（4）单击“基础设置”标签，执行“基础档案”→“机构人员”→“部门档案”命令，进入“部门档案”窗口，如图 3-1 所示。

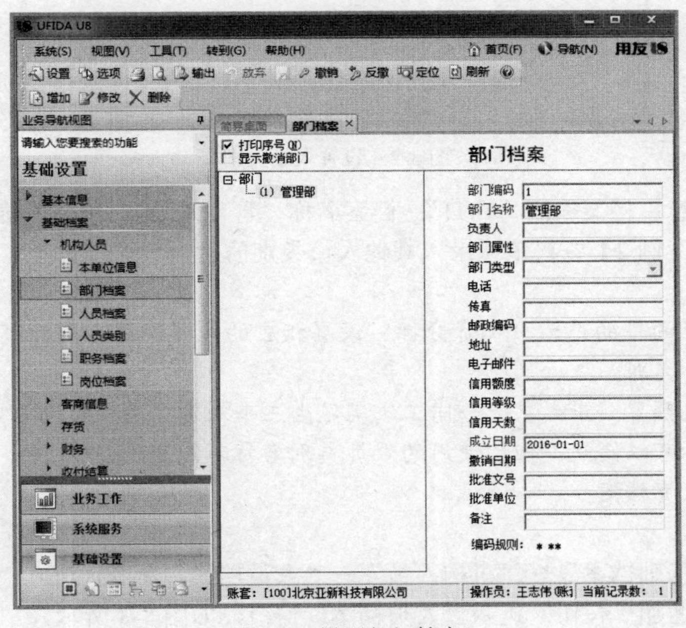

图 3-1 设置部门档案

（5）单击“增加”按钮。

（6）输入信息：部门编码“1”；部门名称“管理部”。单击“保存”按钮。

（7）根据【案例 2】资料依次输入其他部门档案。

提示：

部门编码必须符合编码规则。

部门编码及部门名称必须输入，而其他内容可以为空。

由于此时还未设置“职员档案”，部门中的“负责人”，还不能设置。如果需要设置，应在设置完成“人员档案”后，再回到“部门档案”中，通过“修改”功能补充设置“负责人”并保存。

（二）设置人员类别

操作步骤为：

（1）执行“基础档案”→“机构人员”→“人员类别”命令，进入“人员类别”窗口。

（2）在人员类别列表中单击“正式工”，再单击“增加”按钮，打开“增加档案项”对话框，如图 3-2 所示。

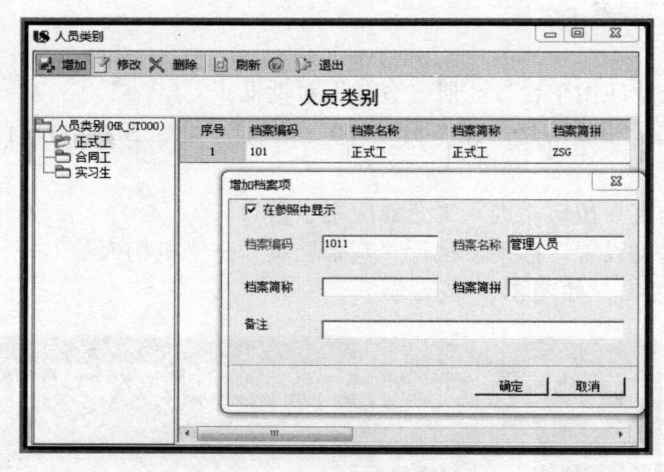

图 3-2　设置人员类别

（3）输入信息：档案编码“1011”；档案名称“管理人员”。单击“确定”按钮。

（4）根据【案例 2】资料依次录入其他人员类别信息。

提示：

人员类别设置的目的是为“工资分摊”设置相应的入账科目，因此可以按不同的入账科目设置不同的人员类别。

新建账套系统预置：正式工、合同工、实习生三个人员类别。可以自定义扩充人员类别。人员类别名称可以修改，但已使用的人员类别名称不能删除。

（三）设置人员档案

操作步骤为：

（1）执行“基础档案”→“机构人员”→“人员档案”命令，进入“人员列表”窗口。

（2）单击“增加”按钮，进入“人员档案”窗口，如图 3-3 所示。

（3）输入或选择相关信息：人员编号“101”；人员姓名“刘丛”；性别“男”；人员类别“管理人员”；所属部门“经理办公室”等信息。单击“保存”按钮。

（4）根据【案例 2】资料依次增加输入其他人员档案信息。

提示：

此处的人员档案应该是企业所有在职人员。

“是否业务员”是指此人员是否可操作 U8 其他的业务产品，如总账、库存等。

“是否操作员”是指此人员是否可操作 U8 产品，可以将本人作为操作员，也可与已有的操作员作对应关系。

“业务或费用部门”是指此人员作为业务员时，所属的业务部门，或当他不是业务员，但其费用需要归集所设置的业务部门，参照部门档案，只能输入末级部门。

如果某员工需要在其他档案或其他单据的“业务员”项目中被参照。需要选中“是否业务员”项。

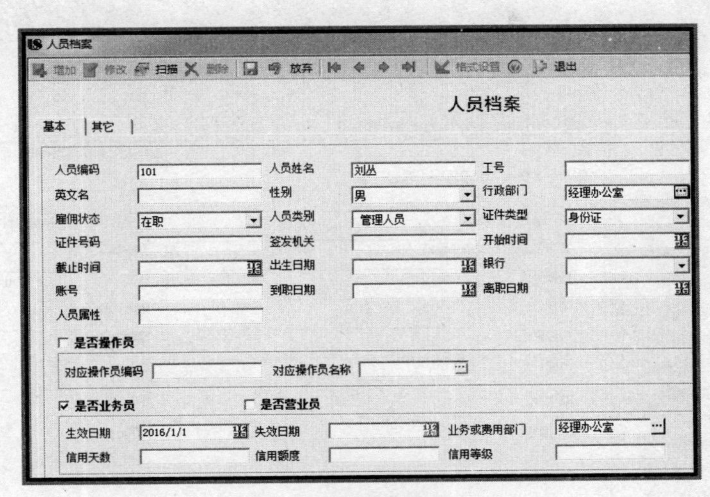

图 3-3　设置人员档案

（四）设置客户分类

操作步骤为：

（1）执行“基础档案”→“客商信息”→“客户分类”命令，进入“客户分类”窗口，如图 3-4 所示。

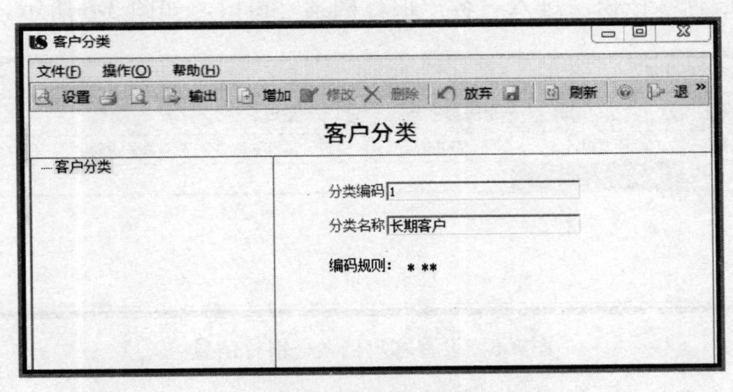

图 3-4　设置客户分类

（2）单击“增加”按钮，输入信息：类别编码“1”；类别名称“长期客户”。单击“保存”按钮。

（3）根据【案例 2】资料依次输入其他客户分类信息。

提示：

客户是否需要分类应在建立账套时确定，设置客户分类后，根据不同的分类建立客户档案。

客户分类编码必须符合编码规则。

（五）设置客户档案

操作步骤为：

（1）执行“基础档案”→“客商信息”→“客户档案”命令，进入“客户档案”窗口。

（2）单击“增加”按钮，打开“增加客户档案”对话框，如图 3-5 所示。

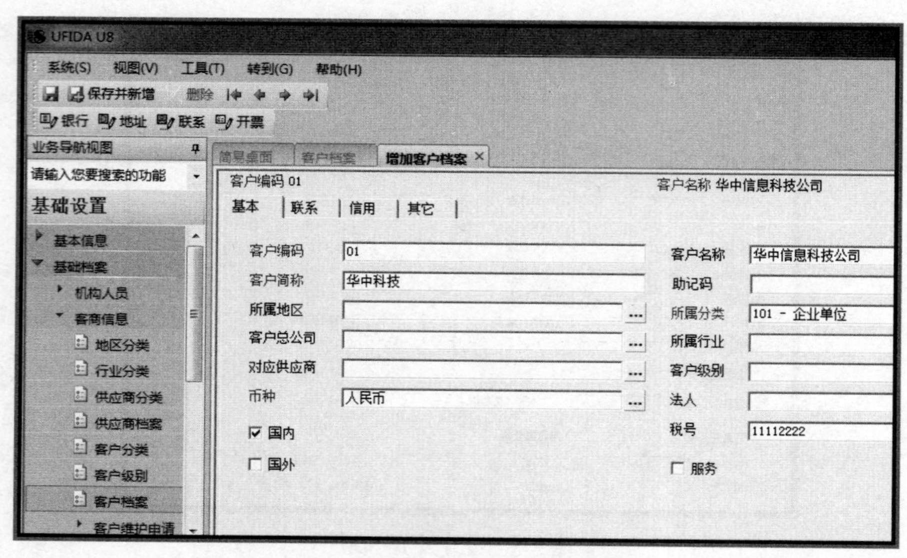

图 3-5 设置客户档案—基本信息

（3）输入或选择相关信息：客户编码“01”；客户名称“华中信息科技公司”；客户简称“华中科技”；所属分类“101”；税号“11112222”；分管部门“销售部”；专营业务“尹小梅”；发展日期“2011-09-01”。

（4）单击“银行”按钮，进入“客户银行档案”窗口，如图 3-6 所示。

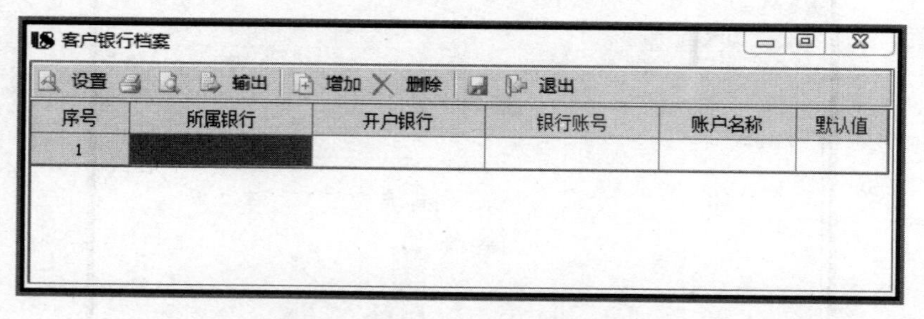

图 3-6 设置客户档案—银行信息

（5）单击“增加”按钮，输入或选择信息：开户银行“建行”；银行账号“110543982199”；默认值“是”。单击“保存”按钮并退出。

（6）在“增加客户档案”窗口单击“保存”按钮，保存该客户的档案信息。

（7）根据【案例 2】资料依次输入其他客户档案信息。

提示：

客户编码是系统识别不同客户的唯一标志，所以编码必须唯一，不能重复或修改。

客户档案必须建立在最末级客户分类之下。

客户档案建立时，有蓝色星号的栏目为必须输入项目。

当启用了“新增客户申请”时，可以选择是否还能在客户档案上直接增加新客户，如果不勾选，则只能通过“新增客户申请”来增加客户档案。

（六）设置供应商档案

操作流程与设置客户档案类似。操作步骤为：

（1）执行“基础档案”→“客商信息”→“供应商档案”命令，进入“供应商档案”窗口。

（2）单击“增加”按钮，打开“修改供应商档案”对话框，如图 3-7 所示。

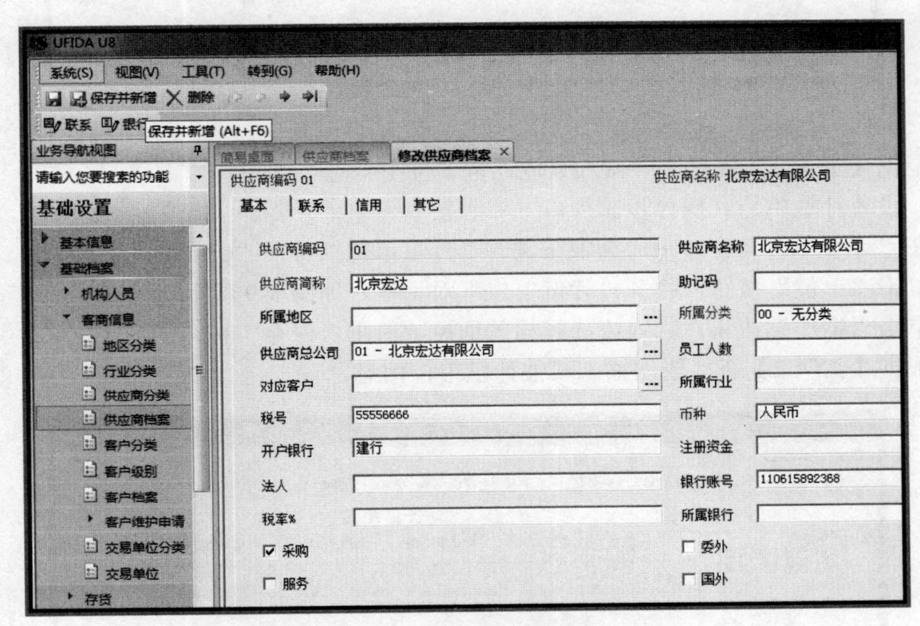

图 3-7　设置供应商档案

（3）输入或选择供应商“北京宏达有限公司”的相关信息，单击“保存并新增”按钮。

（4）根据【案例 2】资料依次输入其他供应商档案信息。

（七）设置存货分类

操作步骤为：

（1）执行“基础档案”→“存货”→“存货分类”命令，进入“存货分类”窗口。

（2）单击“增加”按钮，输入信息：分类编码“1”；类别名称“原材料”。单击“保存”按钮。

（3）根据【案例 2】资料依次输入其他存货分类信息。

（八）设置计量单位

（1）设置计量单位组。操作步骤为：

1）执行“基础档案”→“存货”→“计量单位”命令，进入“计量单位—计量单位组”窗口。

2）单击“分组”按钮，打开“计量单位组”对话框，如图 3-8 所示。

3）单击“增加”按钮，输入或选择信息：计量单位组编码“01”；计量单位组名称“数量”；计量单位组类别“无换算率”。单击“保存”按钮。

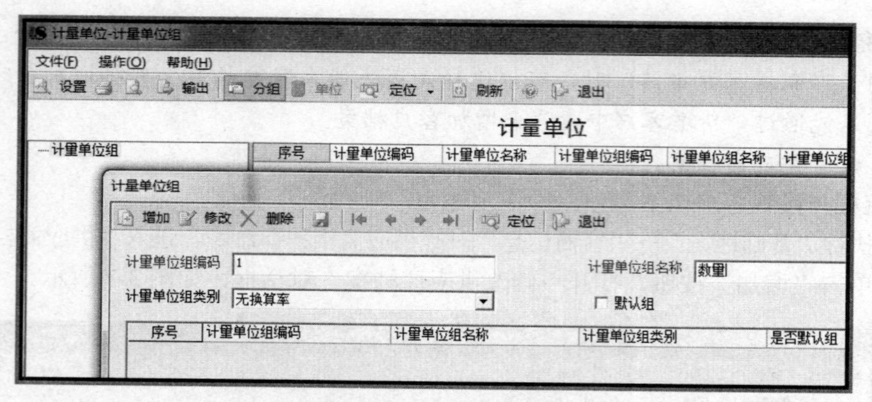

图 3-8 设置计量单位组

4）根据【案例 2】资料依次输入其他计量单位组信息。

（2）设置计量单位。操作步骤为：

1）在“计量单位”窗口中，选中左侧的“计量单位组”→“01 数量”。

2）单击“单位”按钮，打开“计量单位”对话框，如图 3-9 所示。

3）单击“增加”按钮，输入或选择相关信息，单击“保存”按钮。

4）根据【案例 2】资料依次输入其他计量单位信息。

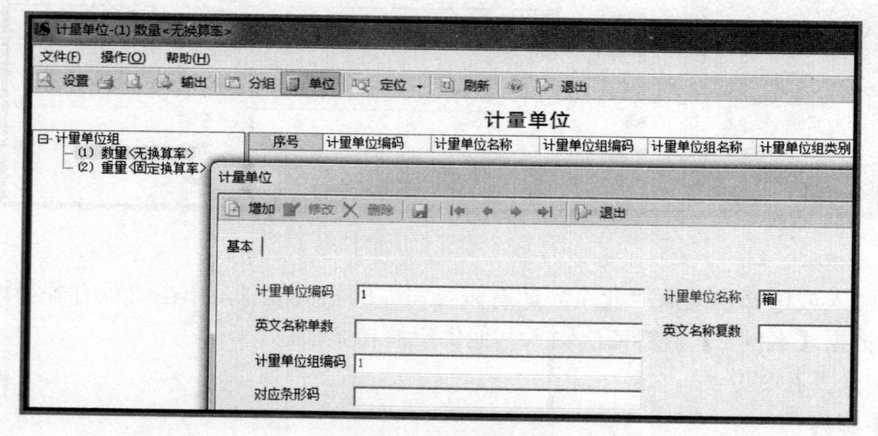

图 3-9 设置计量单位

提示：

在设置计量单位时，必须先设置计量单位分组，再设置各计量单位组中的计量单位内容。

计量单位组保存后不可修改。

计量单位可以根据需要随时增加。

（九）设置存货档案

操作步骤为：

（1）在“存货档案”窗口中，单击“增加”按钮，打开“增加存货档案”对话框，如图 3-10 所示。

（2）分别在“基本”和“成本”页签中输入或选择相关信息：存货编码“1001”；存货名称“A 材料”；计量单位“箱”等。单击“保存”按钮。

简易桌面　存货档案　增加存货档案

存货编码 1001　存货名称 A材料

基本　成本　控制　其它　计划　MPS/MRP　图片　附件

存货编码	1001	存货名称	A材料	规格型号	
存货分类	原材料	存货代码		助记码	
计量单位组	1 - 数量	计量单位组类别	无换算率	英文名	
主计量单位	1 - 箱	生产计量单位		通用名称	
采购默认单位		销售默认单位			
库存默认单位		成本默认辅计量			
零售计量单...		海关编码			
海关计量单位		海关单位换算率	1.00		
销项税率%	17.00	进项税率%	17.00		
生产国别		生产企业			
生产地点		产地/厂牌			

编码	名称	换算率

存货属性

□ 内销	□ 外销	☑ 外购	☑ 生产耗用	□ 委外
□ 自制	□ 在制	□ 计划品	□ 选项类	□ 备件
□ PTO	□ ATO	□ 模型	□ 资产	□ 工程物料
□ 计件	□ 应税劳务	□ 服务项目	□ 服务配件	□ 服务产品
□ 折扣	□ 受托代销	□ 成套件	□ 保税品	

图 3-10　“增加存货档案—基本”页签

（3）根据【案例 2】资料依次输入其他存货档案信息。

提示：

存货档案完成对存货目录的设立和管理，随同发货单或发票一起开具的应税劳务等也应设置在档案中。

系统为存货设置了 24 种属性，同一存货可以设置多个属性，如果没有为存货设置相应的属性，则在填制相应的业务单据时，无法进行参照。

（十）设置外币及汇率

操作步骤为：

（1）执行“基础档案”→“财务”→“外币设置”命令，进入“外币设置”窗口，如图 3-11 所示。

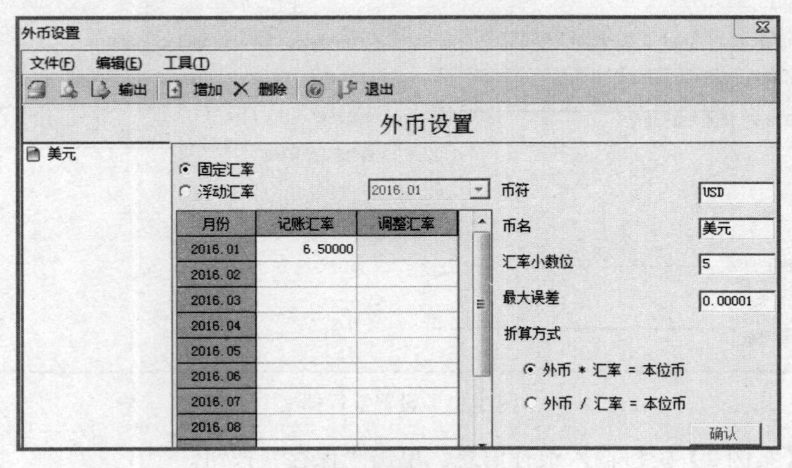

图 3-11　设置外币及汇率

（2）输入信息：币符“USD”；币名“美元”。单击“确认”按钮。

（3）在“2016.01 记账汇率”栏中输入 6.50000，单击“Enter”键确认，退出。

（十一）设置结算方式

操作步骤为：

（1）执行“基础档案”→“收复结算”→“结算方式”命令，进入“结算方式”窗口，如图 3-12 所示。

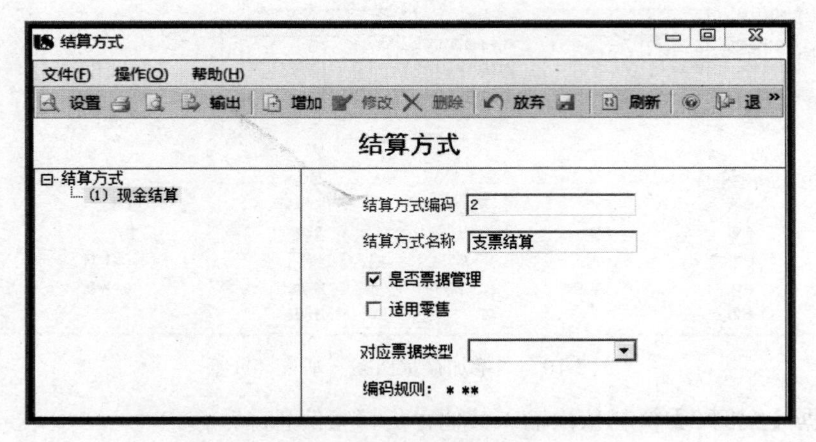

图 3-12 设置结算方式

（2）单击“增加”按钮，输入或选择信息：结算方式编码、结算方式名称、是否票据管理。

（3）单击“保存”按钮。根据【案例 2】资料依次输入其他结算方式信息。

（十二）设置银行信息

（1）设置银行档案。操作步骤为：

1）执行“基础档案”→“收付结算”→“增加银行档案”命令，进入“增加银行档案”窗口，如图 3-13 所示。

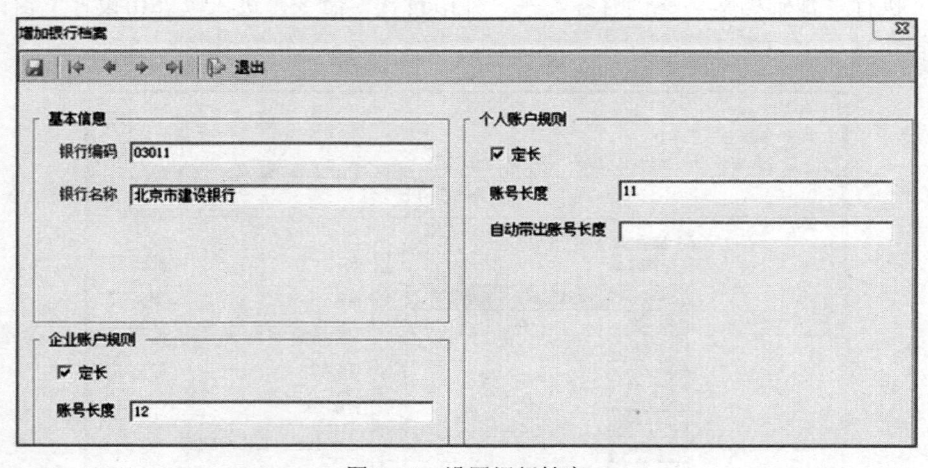

图 3-13 设置银行档案

2）根据【案例 2】资料输入银行信息，单击“保存”按钮。

（2）设置单位开户银行。操作步骤为：

1）执行“基础档案”→“收付结算”→“本单位开户银行”命令，进入“本单位开户银行”窗口。

2）单击“增加”按钮，打开“增加本单位开户银行”对话框。

3）根据【案例 2】资料输入开户银行的信息，单击“保存”按钮。

● 账套数据备份：备份【案例 2】账套数据。

复习思考题

一、选择题

1.（　　）不属于企业基础信息设置。

A．部门档案　　B．职员档案

C．客户档案　　D．多栏账定义

2．下列关于客户分类设置，说法不正确的是（　　）。

A．客户分类的编码级次结构为 23，在屏幕上显示为如下形式“** ***”

B．新增的客户分类的分类编码必须与“编码原则”中设定的编码级次结构相符

C．如果在建账时不选客户分类选项，则在菜单中没有客户分类设置的条目

D．如果在建账时选择了客户分类选项，在进行客户档案设置时也不一定需要设置客户分类的内容

3．用友财务软件中设置部门档案，下列说法错误的有（　　）。

A．部门编号是必须录入，且必须唯一　　B．负责人不能为空

C．部门名称必须录入　　D．部门编号不能修改

4．下列关于会计科目编码的描述中，正确的是（　　）。

A．会计科目编码必须采用全编码

B．一级会计科目编码由财政部统一规定

C．设计会计科目编码应从明细科目开始

D．科目编码可以不用设定

5．总账管理系统中为用户提供了一些灵活的自定义功能，主要有（　　）。

A．自定义凭证类别　　B．定义报表计算公式

C．定义常用摘要　　D．自定义转账凭证

二、判断题

1．在设置供应商分类的前提下，必须先设置供应商分类才能建立供应商档案。　（　　）

2．企业基础信息设置既可以在公共管理模块中进行，也可以在进入各个子系统后进行设置，其结果都是由各个模块共享。　（　　）

3．供应商的编码可以分级进行设置。　（　　）

4．设置存货档案主要是为了便于进行购销存管理，存货档案建立后，可以在供应链管理系统仅新修改和删除。　（　　）

5．对于使用固定汇率作为记账汇率的用户，只需要在账套初始化时进行外币的基础档案设置。　（　　）

三、简答题

1．企业应用平台的主要功能有哪些？

2．什么是系统启用？系统启用要注意哪些问题？

3．为了加强对客户的管理，客户档案中一般需要设置哪些内容？

4．基础档案设置主要有哪些内容？

5．在用友 ERP-U8V10.1 管理系统中可以实现哪些权限管理？

第四章　总账管理系统初始设置

第一节　知识点

总账管理系统是会计信息系统中的核心子系统，与其他子系统之间有着大量的数据传递关系。总账系统的主要任务就是利用建立的会计科目体系，输入和处理各种记账凭证，完成记账、转账、结账以及对账的工作，输出各种总分类账、日记账、明细账及有关辅助账。主要提供凭证处理、账簿处理、出纳管理和期末转账等基本功能，并提供个人、部门、客户、供应商、项目核算等辅助管理功能。在业务处理的过程中，可以随时查询包含未记账凭证的所有账表信息，以满足管理者对信息及时性的要求。

一、总账管理系统与其他子系统之间的关系

总账管理系统是 ERP-U8V10.1 管理软件的核心子系统，可以单独使用，也可以与其他子系统同时使用，总账管理系统与其他子系统之间的关系如图 4-1 所示。

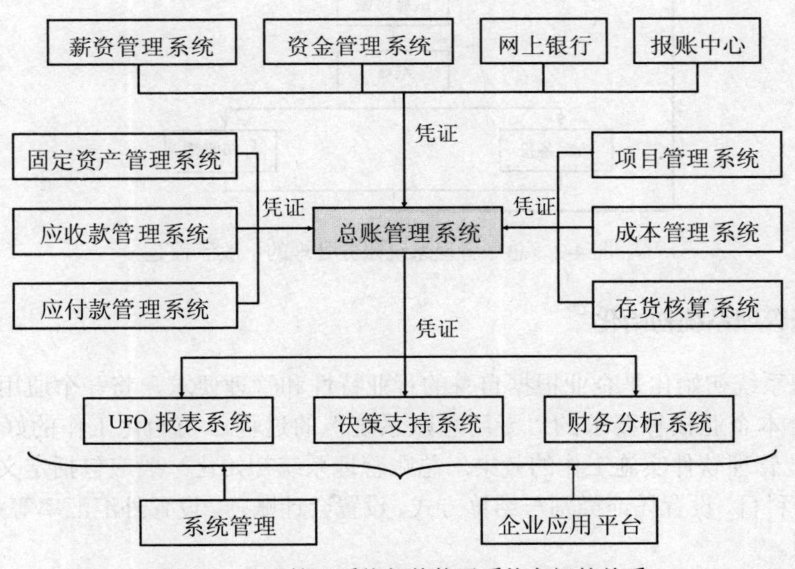

图 4-1　总账管理系统与其他子系统之间的关系

总账管理系统与企业应用平台共享基础数据。总账管理系统需要的基础数据既可以在企业应用平台中统一设置，也可以在总账管理系统中设置，最终都由各子系统共享。

总账管理系统接收薪资管理、固定资产、应收款管理、应付款管理、资金管理、网上银行、报账中心、成本管理、项目管理及存货核算等子系统生成的凭证，并在总账管理系统中进行审核和记账。

总账管理系统向 UFO 报表、决策支持及财务分析等子系统提供会计数据，生成会计报表及其他财务分析表。

二、总账管理系统的处理流程

对于实际业务比较简单、数据量较少的小型企业只使用总账管理系统，按照制单、审核、记账、查账、结账的业务流程进行即可。如果企业核算业务较复杂，建议使用总账系统提供的各种辅助核算进行管理，如项目核算、部门核算、个人往来核算、客户与供应商往来核算。如果企业的往来业务较频繁有较多的客户、供应商，同时有希望系统提供发票处理等业务，可以使用应收、应付款管理系统及供应链管理系统来管理企业的业务。总账管理系统账务处理的一般流程如图 4-2 所示。

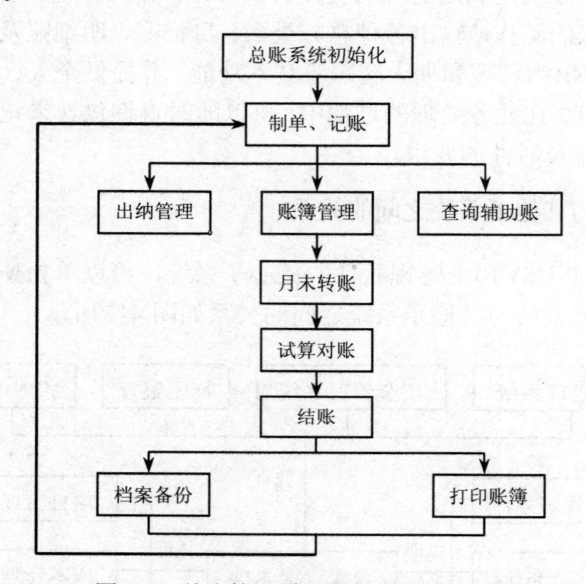

图 4-2　总账管理系统账务处理的一般流程

三、总账管理系统初始化

总账管理系统初始化是企业根据自身的行业特性和管理要求，将一个通用的总账管理系统改造为适合本企业核算要求的“专用总账系统”的过程，初始化工作的好坏，直接影响 ERP-U8V10.1 管理软件实施工作的效果。总账管理系统初始化一般应包括定义基础参数，设置和指定会计科目、设置凭证类别与结算方式、设置会计账簿、设置外汇汇率等业务处理规则，录入期初余额。

（一）设置控制参数

总账管理系统初始化首先进行业务处理控制参数设置，它决定了系统的数据输入、处理、输出的内容和形式。设置业务处理控制参数可以通过“建账向导”和“建账选项”来完成。

在总账管理系统初始化中需要设置的业务控制参数包括：制单控制、凭证控制、外币核算、预算控制、账簿打印格式控制、会计日历控制以及其他参数控制。企业应根据实际情况，在建立账套之前正确选择适合本企业的各种参数以达到会计核算和财务管理的目的。

几个主要的业务控制参数说明如下：

1. 制单序时控制

“制单序时控制”项应和“系统编号”选项联用，如果允许不按序时制单将会出现“凭证假丢失”现象。系统默认为制单序时控制，制单时凭证编号必须按日期顺序排列，例如1月20日编制35号凭证，则1月21日只能开始编制36号凭证，即制单序时。如果有特殊需要可以将其改为不序时制单。

2. 支票控制

选择了支票控制，在制单时使用银行科目编制的凭证，系统会针对票据管理的结算方式进行登记，如果录入支票号在支票登记簿中已存，系统提供登记支票报销的功能；否则，系统提供登记支票登记簿的功能。

3. 赤字控制

选择了赤字控制，在制单时，当“资金及往来科目”或“全部科目”的最新余额出现负数时，系统将予以提示。提供了提示、严格两种方式，可根据需要进行选择。

4. 使用其他系统受控科目

如果某科目为其他系统的受控科目（如客户往来为应收款管理系统的受控科目，供应商往来为应付款管理系统的受控科目），一般来说，为了防止重复制单，应只允许其受控系统来使用该科目进行制单，总账管理系统是不能使用此科目进行制单的，但如果希望在总账管理系统中也能使用这些科目填制凭证，则应选择此项。

5. 出纳凭证必须有出纳签字

选择了出纳凭证必须有出纳签字，出纳人员可以通过出纳签字功能对制单员填制的带有库存现金和银行科目的凭证进行检查核对，主要核对凭证中的出纳科目金额是否正确。审查认为错误或有异议的凭证，应交给填制人员修改后再核对。

6. 现金流量科目必须录现金流量项目

选择现金流量科目必须录现金流量项目后，在录入凭证时如果使用现金流量科目则必须输入现金流量项目及金额。

（二）建立会计科目

建立会计科目在企业应用平台的“基础设置”功能模块中进行。会计科目是填制会计凭证、登记会计账簿、编制会计报表的基础。会计科目是对会计对象具体内容分门别类进行核算所规定的项目。会计科目是一个完整的体系，它是区别于流水账的标志，是复式记账和分类核算的基础。会计科目设置的完整性影响着会计过程的顺利实施，会计科目设置的层次深度直接影响会计核算的详细、准确程度。建立会计科目是会计核算方法之一，总账管理系统一般都提供了符合国家会计制度规定的一级会计科目。明细科目的确定可以根据各企业的情况自行确定，建立会计科目的原则如下：

（1）必须满足会计核算与宏观管理和微观管理的要求。

（2）必须满足编制财务会计报告的要求。

（3）会计科目要保持相对稳定，会计年度中不能删除。一级会计科目符合国家会计制度的规定。

（4）必须保持科目与科目间的协调性和体系完整性。

（5）要考虑与各子系统的衔接。

第二节 【案例3】资料

1. 总账系统的参数

总账系统的参数设置资料如表4-1所示。

表4-1 总账系统参数设置表

选项卡	参数设置
凭证	制单序时控制 支票控制 赤字控制：资金及往来科目；赤字控制方式：提示 可以使用应收、应付和存货受控科目 凭证采用系统编号方式
预算控制	超出预算允许保存
权限	凭证审核控制到操作员 出纳凭证必须经由出纳签字 不允许修改、作废他人填制的凭证 可以查询他人凭证
会计日历	会计日历为1月1日～12月31日 数量、单价小数位均设为2
其他	汇率方式：固定汇率 部门、个人和项目均按编码排序

注：其他参数默认系统设置。

2. 会计科目及2016年1月期初余额

会计科目及2016年1月期初余额的资料如表4-2所示。

表4-2 会计科目及期初余额列表

科目编码	科目名称	辅助账核算	方向	币别/计量	期初余额
1001	库存现金	日记账	借		1 200.00
100101	人民币	日记账	借		1 200.00
100102	美元	日记账、外币核算	借	美元	
1002	银行存款	日记账、银行账	借		230 800.00
100201	建行存款	日记账、银行账	借		230 800.00
10020101	人民币	日记账、银行账	借		230 800.00
10020102	美元	日记账、银行账、外币核算	借	美元	
100202	工行存款	日记账、银行账	借		
1122	应收账款	客户往来	借		30 680.00
1123	预付账款	供应商往来	借		
1221	其他应收款	个人往来	借		5 000.00
1231	坏账准备		贷		153.40

续表

科目编码	科目名称	辅助账核算	方向	币别/计量	期初余额
1402	在途物资		借		
140201	A 材料	数量核算	借	箱	
140202	B 材料	数量核算	借	包	
1403	原材料		借		81 500.00
140301	A 材料	数量核算	借		77 000.00
				箱	220
140302	B 材料	数量核算	借		4 500.00
				包	150
1405	库存商品		借		113 600.00
140501	甲产品	数量核算	借		89 600.00
				件	560
140502	乙产品	数量核算	借		24 000.00
				件	100
1601	固定资产		借		3 948 000.00
1602	累计折旧		贷		672 318.40
2001	短期借款		贷		180 000.00
2202	应付账款	供应商往来	贷		8 190.00
2203	预收账款	客户往来	贷		
2211	应付职工薪酬		贷		6 528.20
221101	工资		贷		
221102	职工福利		贷		6 528.20
221103	工会经费		贷		
221104	职工教育经费		贷		
2221	应交税费		贷		3 230.00
222101	应交增值税		贷		
22210101	进项税额		贷		
22210103	销项税额		贷		
222102	未交增值税		贷		3 230.00
4001	实收资本		贷		3 458 000.00
4104	利润分配		贷		120 360.00
410401	未分配利润		贷		120 360.00
5001	生产成本	项目核算	借		38 000.00
500101	直接材料	项目核算	借		5 000.00
500102	直接人工	项目核算	借		25 000.00

续表

科目编码	科目名称	辅助账核算	方向	币别/计量	期初余额
500103	制造费用	项目核算	借		8 000.00
500104	生产成本转出	项目核算	借		
5101	制造费用		借		
510101	工资		借		
510102	折旧费		借		
510103	其他		借		
6601	销售费用		借		
660101	工资		借		
660102	办公费		借		
660103	业务招待费		借		
660104	差旅费		借		
660105	折旧费		借		
660106	其他		借		
6602	管理费用	部门核算	借		
660201	工资	部门核算	借		
660202	办公费	部门核算	借		
660203	业务招待费	部门核算	借		
660204	差旅费	部门核算	借		
660205	折旧费	部门核算	借		
660206	其他	部门核算	借		

3. 凭证类别

凭证类别设置资料如表 4-3 所示。

表 4-3 凭证类别列表

类别名称	限制类型	限制科目
收款凭证	借方必有	1001、1002
付款凭证	贷方必有	1001、1002
转账凭证	凭证必无	1001、1002

4. 项目目录

项目目录设置资料如表 4-4 所示。

表 4-4 项目目录列表

项目设置步骤	设置内容
项目大类	生产成本

续表

项目设置步骤	设置内容
核算科目	生产成本 直接材料 直接人工 制造费用 生产成本转出
项目分类	1　自制产品 2　加工产品
项目目录	01　甲产品（所属分类：自制产品） 02　乙产品（所属分类：自制产品）

5. 辅助账期初余额

（1）应收账款期初余额，资料如表 4-5 所示。

表 4-5　应收账款期初余额列表

日期	凭证号	业务员	客户名称	摘要	方向	期初余额
2015-12-10	转-25	尹小梅	华中信息科技公司	销售产品	借	9 620.00
2015-12-23	转-102	李建春	北京昌平商贸公司	销售产品	借	21 060.00

（2）其他应收款期初余额，资料如表 4-6 所示。

表 4-6　其他应收款期初余额列表

日期	凭证号	部门	个人	摘要	方向	金额
2015-12-20	付-36	经理办公室	刘丛	出差借款	借	3 000.00
2015-11-27	付-125	采购部	邹小林	职工借款	借	2 000.00

（3）应付账款期初余额，资料如表 4-7 所示。

表 4-7　应付账款期初余额列表

日期	凭证号	业务员	供应商名称	摘要	方向	期初余额
2015-12-15	转-56	邹小林	上海兴盛有限公司	采购原材料	贷	8 190.00

（4）生产成本期初余额，资料如表 4-8 所示。

表 4-8　生产成本期初余额列表

科目名称	甲产品	乙产品	合计
直接材料	2 000.00	3 000.00	5 000.00
直接人工	10 000.00	15 000.00	25 000.00
制造费用	3 500.00	4 500.00	8 000.00
合计	15 500.00	22 500.00	38 000.00

第三节　操作指导

一、操作内容

（1）设置总账管理系统控制参数。
（2）设置会计科目。
（3）设置凭证类别。
（4）设置项目目录。
（5）输入期初余额。

二、操作步骤

● 操作准备：引入【案例 2】的账套备份数据。

（一）设置总账系统参数

——以“001 王志伟”的身份注册进入“企业应用平台”。（操作日期：2016-01-01）

（1）单击“业务工作”标签，执行“财务会计”→“总账”→“设置”→“选项”命令，打开“选项”对话框，如图 4-3 所示。

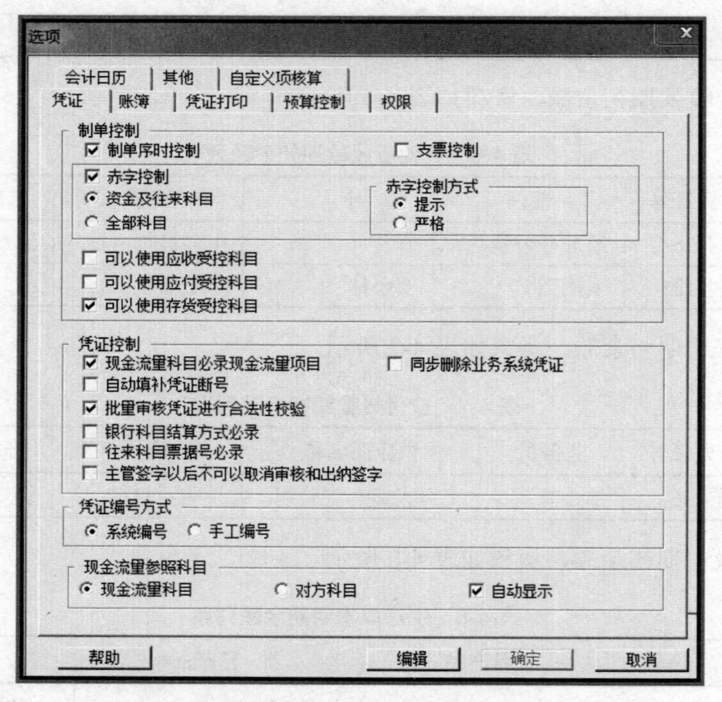

图 4-3　设置总账系统参数对话框

（2）单击“编辑”按钮，分别单击“凭证”“账簿”“会计日历”“其他”等页签，根据【案例 3】资料要求进行相应的设置。

（3）设置完成后，单击“确定”按钮。

（二）设置会计科目

1. 增加会计科目

操作步骤为：

（1）单击“基础设置”标签，执行“基础档案”→“财务”→“会计科目”命令，进入“会计科目”窗口，显示按 2007 年新会计制度预置的科目。

（2）单击“增加”按钮，打开“新增会计科目”对话框，如图 4-4 所示。

（3）输入科目名称：“100101”，科目名称：“人民币”明细科目的相关信息。

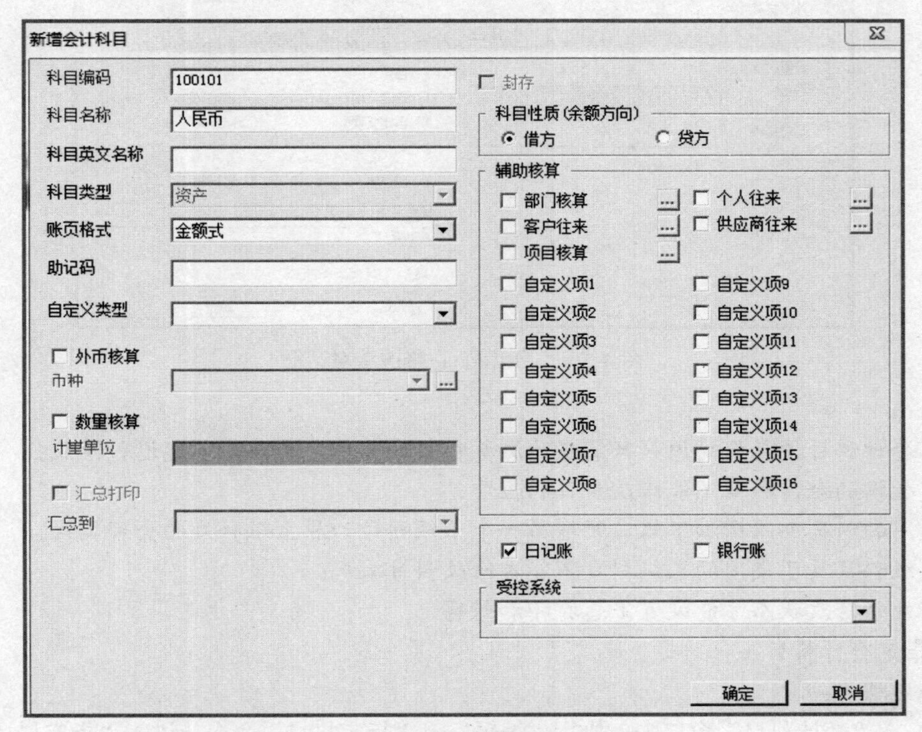

图 4-4 “新增会计科目”对话框

（4）单击“确定”按钮。

（5）继续单击“增加”按钮，根据【案例 3】资料输入其他明细科目的相关信息。

提示：

已使用末级的会计科目不能再增加下级科目。

已经使用的会计科目或非末级会计科目不能被删除。

如果新增会计科目与原有某一科目相同或类似，则可采用复制的方法。

2. 修改会计科目

操作步骤为：

（1）在“会计科目”窗口中，双击“应收账款”科目（或在选中“应收账款”科目后，单击“修改”按钮），打开“会计科目_修改”对话框，如图 4-5 所示。

（2）在“辅助核算”选项组中，选择“客户往来”，单击“确定”按钮。

（3）根据【案例 3】资料修改其他科目的相关信息。

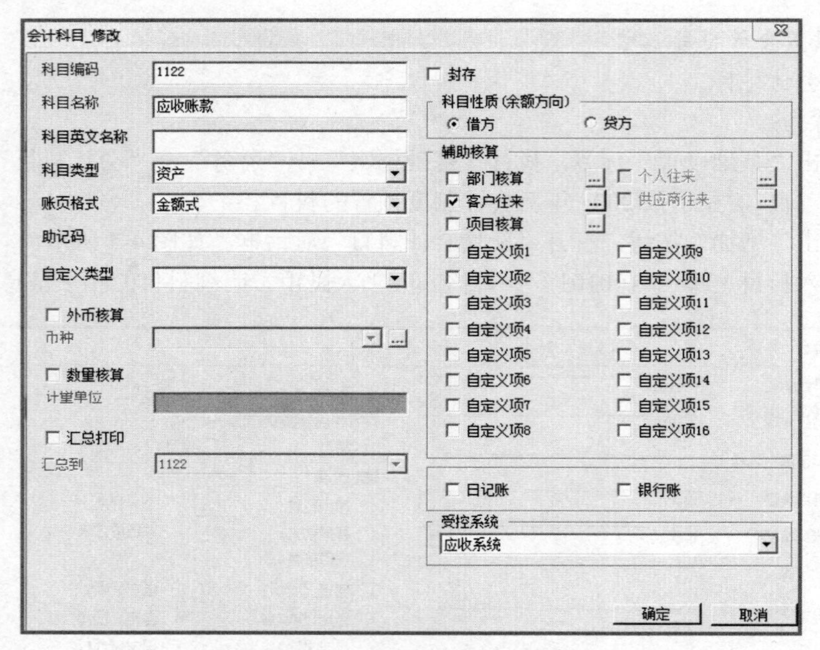

图 4-5 “会计科目_修改”对话框

提示：

没有会计科目设置权的用户只能在此浏览科目的具体定义，而不能进行修改。

已有数据的会计科目不能修改科目的性质。

已使用的科目可以增加下级，新增第一个下级科目为原上级科目的全部属性。

非末级科目及已使用的末级科目不能再修改科目编码。

只有处于修改状态才能设置汇总打印和封存。

3. 指定会计科目

操作步骤为：

（1）在“会计科目”窗口中，执行“编辑”→“指定科目”命令，进入“指定科目”窗口。

（2）单击“现金总账科目”前的单选按钮。

（3）选中“1001 库存现金”，单击“〉”按钮，将“1001 库存现金”由待选科目选入已选科目，如图 4-6 所示。

（4）同样方法，单击“银行总账科目”，将“1002 银行存款”由待选科目选入已选科目。

（5）单击“确定”按钮。

提示：

被指定的“现金总账科目”和“银行总账科目”，必须是一级会计科目。

只有指定现金及银行总账科目，才能进行出纳签字和查看库存现金及银行存款日记账。

在指定现金及银行存款科目之前，应在建立“库存现金”“银行存款”会计科目时选中“日记账”项。

（三）设置凭证类别

操作步骤为：

（1）执行“基础档案”→“财务”→“凭证类别”命令，进入“凭证类别预置”窗口。

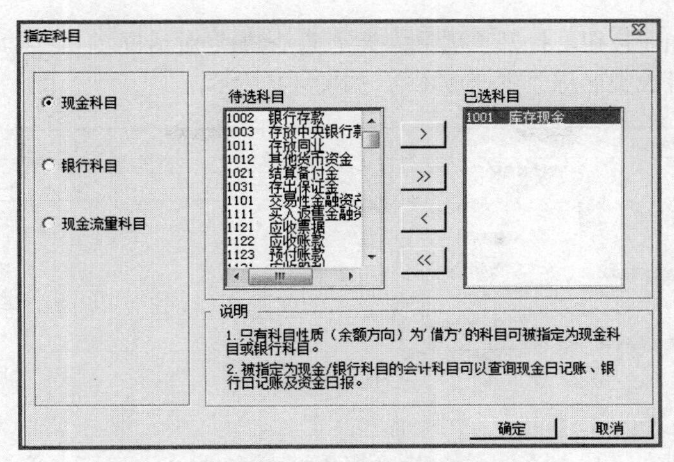

图 4-6 “指定科目”对话框

（2）单击“收款凭证 付款凭证 转账凭证”前的单选按钮。

（3）单击“确定”按钮，打开“凭证类别”对话框，如图 4-7 所示。

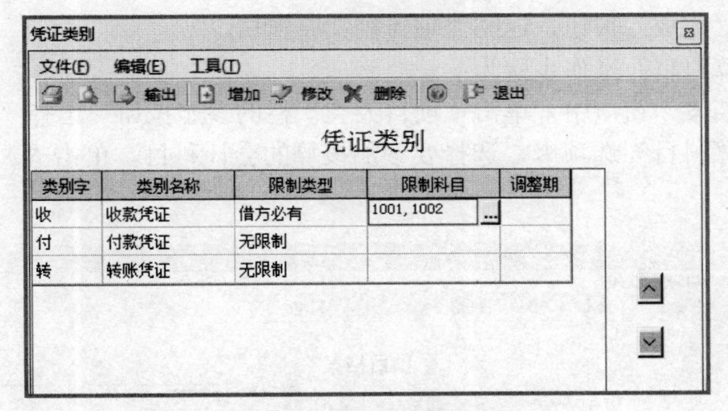

图 4-7 设置凭证类别

（4）单击“修改”按钮。

（5）双击“收款凭证”所在行的“限制类型”栏，单击参照按钮，选择“借方必有”，再在“限制科目”栏内输入“1001，1002”（或单击“限制科目”栏内参照按钮，选择相关会计科目）。

（6）同样的方法，设置“付款凭证”“转账凭证”的相关信息。

（7）单击“退出”按钮。

提示：

已经使用的凭证类别不能被删除，类别字也不能被修改。

限制科目“1001”和“1002”之间的逗号，要在半角状态下输入。

填制凭证时，凭证类别判断或选择如果不符合所设的限制条件，将不能保存。

（四）设置项目目录

（1）定义项目大类。操作步骤为：

1）执行“基础档案”→“财务”→“项目目录”命令，进入“项目档案”窗口。

2）单击“增加”按钮，打开“项目大类定义_增加”对话框。

3）输入新项目大类名称“生产成本”，如图 4-8 所示。

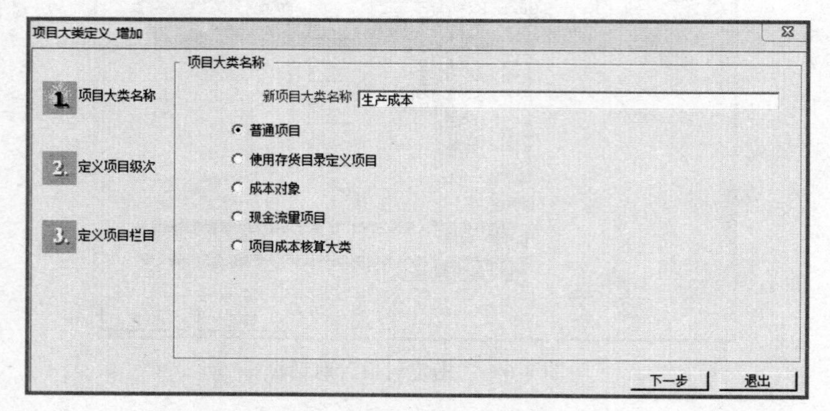

图 4-8 定义项目大类

4）单击“下一步”按钮，其他设置均采用系统默认值。

5）最后单击“完成”按钮，返回“项目档案”窗口。

（2）指定核算科目。操作步骤为：

1）在“项目档案”窗口中，单击“项目大类”栏的参照按钮，选择“生产成本”。

2）单击“核算科目”选项卡，选择要参加核算的会计科目，单击“》”按钮，如图 4-9 所示。

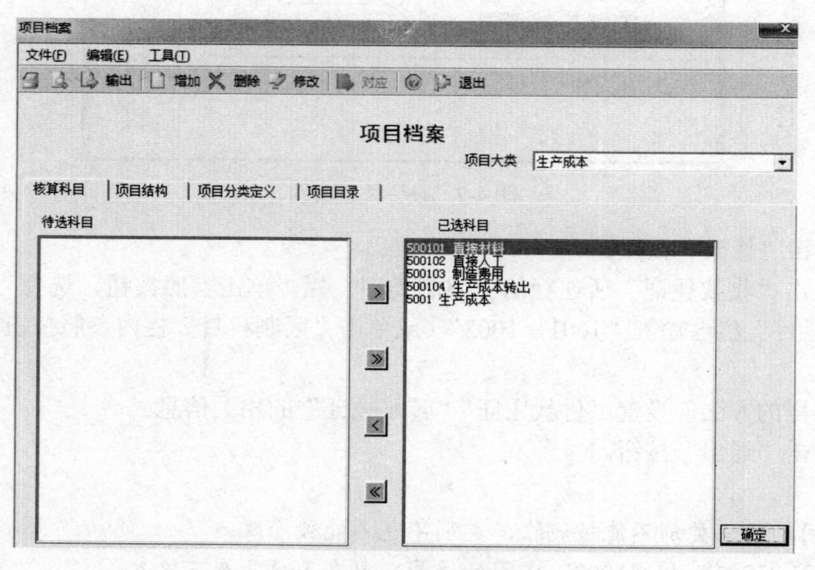

图 4-9 指定核算科目

3）单击“确定”按钮。

（3）定义项目分类。操作步骤为：

1）在“项目档案”窗口中，单击“项目分类定义”选项卡，设置项目分类信息。

2）单击右下角的“增加”按钮。

3）输入信息：分类编码“1”；分类名称“自制产品”。

4）单击“确定”按钮，如图 4-10 所示。

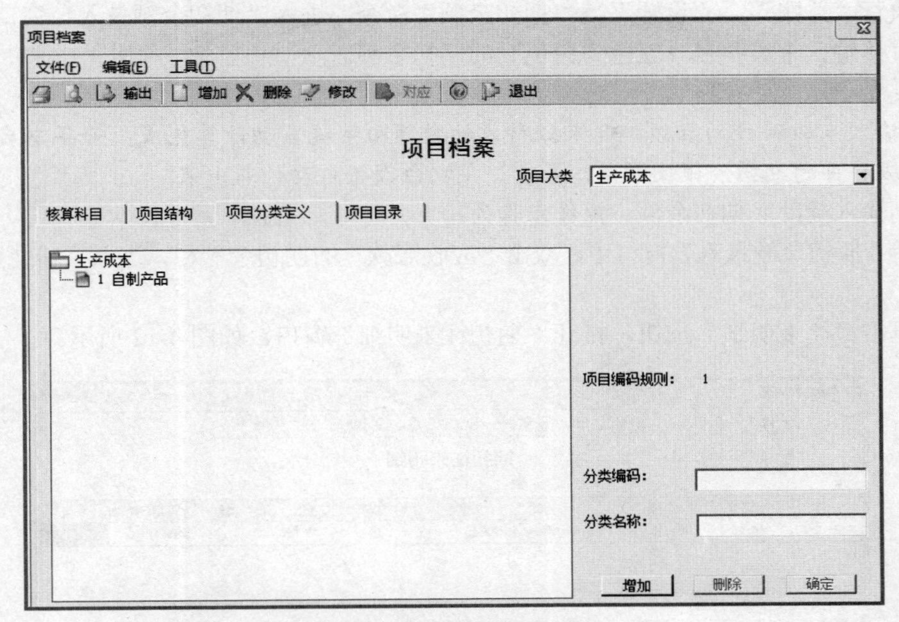

图 4-10　定义项目分类

5）同样的方法，定义“2 加工产品”项目分类。

（4）定义项目目录。操作步骤为：

1）在“项目档案”窗口中，单击“项目目录”选项卡，设置项目目录信息。

2）单击“维护”按钮，进入“项目目录维护”窗口，如图 4-11 所示。

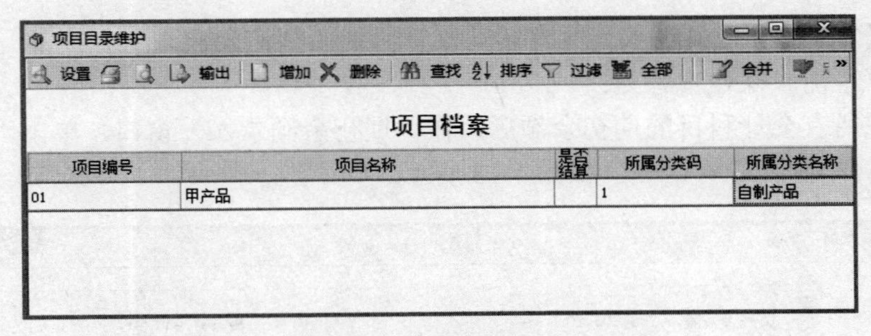

图 4-11　定义项目目录

3）单击“增加”按钮。

4）分别输入项目目录的信息。

5）单击“退出”按钮。

提示：

一个项目大类可以指定多个核算科目，而一个核算科目只能指定一个项目大类。

在每年年初应将已结算或不用的项目删除。

标示结算后的项目将不能再使用。

（五）输入期初余额

（1）输入基本科目期初余额。操作步骤为：

1）执行“总账”→“设置”→“期初余额”命令，进入“期初余额录入”窗口。

2）直接输入末级科目（底色为白色）的期初余额。

提示：

只能输入末级科目的余额，非末级科目的余额由系统自动计算生成。若年中启用，则只要录入末级科目的期初余额及累借、累贷，年初余额将自动计算出来。

（2）输入辅助账期初余额。操作步骤为：

1）在“期初余额录入”窗口中，双击“应收账款”的期初余额栏，进入“辅助期初余额”窗口。

2）单击“往来明细”按钮，打开“期初往来明细”窗口，如图 4-12 所示。

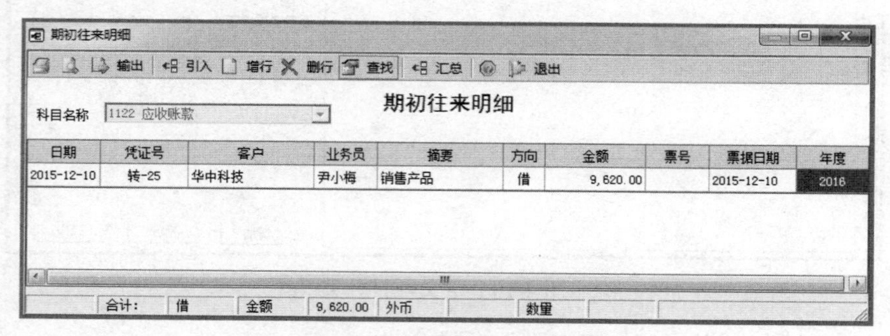

图 4-12 输入往来明细账期初余额窗口

3）单击“增行”按钮，根据【案例 3】资料输入“应收账款”的期初辅助核算信息。

4）单击“汇总”按钮，弹出提示信息“完成了往来明细到辅助期初表的汇总”，单击“确定”按钮，退出。

5）根据【案例 3】资料输入其他有辅助核算科目的期初余额。

（3）试算平衡。操作步骤为：

1）输入完所有会计科目的期初余额后，在“期初余额录入”窗口，单击“试算”按钮，打开“期初试算平衡表”对话框，如图 4-13 所示。

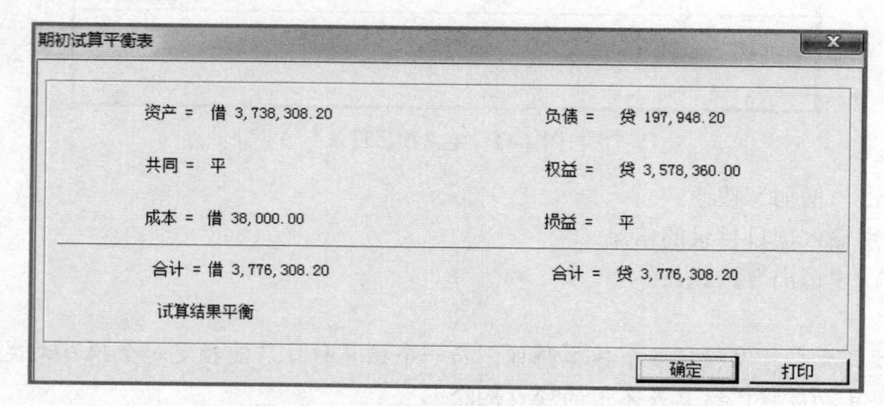

图 4-13 “期初试算平衡表”对话框

2）单击“确定”按钮。若期初余额不平衡，则修改期初余额直到平衡为止。

提示：

期初余额试算不平衡，将不能记账，但可以填制凭证。

已经记过账，则不能再输入、修改期初余额，也不能执行“结转上年余额”功能。

- 账套数据备份：备份【案例3】账套数据。

复习思考题

一、选择题

1. 用友财务软件中，关于科目设置的说法错误的有（　　）。
   A. 助记码是用于帮助记忆科目编码，一般可用科目名称中各汉字拼音头一个字母组成
   B. 一般情况下，现金科目要设为日记账；银行存款科目要设为银行账和日记账
   C. 各个科目都可以输入期初余额
   D. 只能在一级科目设置科目性质，下级科目的科目性质与其一级科目的相同。已有数据的科目不能再修改科目性质

2. 明光公司在工商银行开立了一个日元账户，公司对该账户进行银行存款日记账管理，并定期进行银行对账，则在设置会计科目时，应选择如下（　　）选项。
   A. 外币核算　　B. 项目核算
   C. 日记账　　D. 银行账

3. “管理费用”科目通常设置的辅助核算是（　　）。
   A. 个人往来　　B. 部门核算
   C. 项目核算　　D. 客户往来

4. 如果启用日期是某年的7月，那么在输入期初余额时应该（　　）。
   A. 在年初余额中输入7月的期初余额
   B. 输入1～6月的累计发生额，系统自动计算年初余额
   C. 只在期初余额中输入7月份的余额
   D. 输入年初余额及6月末的借贷累计发生额

5. 输入期初余额的目的是将手工会计业务，转入计算机处理，使两者之间的（　　）具有连续性和继承性。
   A. 账页　　B. 日期　　C. 科目　　D. 账目

二、判断题

1. 期初余额不平衡，不能记账，但能填制凭证。（　　）
2. 已经记过账，则不能再输入或修改期初余额。（　　）
3. 在已使用过的会计科目下增设明细科目时，系统将该科目的数据自动结转到新增加的第一个明细科目上。（　　）
4. 删除会计科目时，应先删除上一级科目，然后再删除本级科目。（　　）
5. 设置不同的凭证类别不会影响会计核算的最终结果。（　　）

三、简答题

1．总账管理系统中提供了哪些辅助核算？各适用于什么对象？
2．在总账管理系统初始化过程中，对该系统所做的进一步控制设置主要有哪些？
3．简述项目辅助核算的设置步骤。
4．指定科目的作用是什么？应如何操作？
5．输入期初余额时应注意哪些问题？应如何输入？

第五章　总账管理系统日常业务处理

第一节　知识点

总账管理系统日常业务处理是通过输入和处理各种记账凭证，完成记账工作、查询和打印输出各种日记账、明细账和总分类账，同时对部门、项目、个人往来和单位往来辅助账进行管理。

一、凭证管理

凭证管理是总账管理系统的核心功能，主要包括填制凭证、审核凭证和记账等。记账凭证是本系统处理的起点，也是所有查询数据的最主要的一个来源。日常业务处理首先从填制凭证开始。

1. 填制凭证

记账凭证的内容一般包括两部分：一是凭证头部分，包括凭证类别、凭证日期、凭证编号和附件张数等；二是凭证部分，包括摘要、会计科目和金额等。如果输入会计科目有辅助核算要求，则应输入辅助核算的内容，如部门、个人、项目、客户、供应商、数量等；如果一个科目同时兼有多种辅助核算，则同时要求输入各种辅助核算的相关内容。

系统提供了出现错误凭证的修改功能，有两种处理方式：

（1）“无痕迹”修改凭证。即不留下任何曾经修改的线索和痕迹，适用于两种情况的错误凭证修改：一是对已经输入但还未审核的机内记账凭证进行修改和删除，并对原计算机自动生成的编号进行断号整理；二是已通过审核但还未记账的凭证不能直接进行修改，但可以取消审核再修改。

（2）“有痕迹”修改凭证。即留下曾经修改的线索和痕迹，通过保留错误凭证和更正凭证的方式留下修改痕迹。如果已经记账的凭证发现有错误，是不能再修改的，对此类错误的修改要求留下审计线索。这时可以采用红字凭证冲销法或者补充凭证法进行更正。

2. 审核凭证

审核是指由具有审核权限的操作员按照会计制度规定，对制单人填制的记账凭证进行检查核对。主要审核记账凭证是否与原始凭证相符，会计分录是否正确等、审查认为错误或有异议的凭证，应打上出错标记，同时可写入出错原因并交与填制人员修改后，再审核。审核凭证主要包括出纳签字和审核员审核两方面工作，进行出纳签字和审核员审核工作时，应注意操作员的更换。

3. 记账

记账是以会计凭证为依据，对经济业务全面、系统、连续地记录到具有账户基本结构的账簿中去的一种方法。在总账管理系统中，记账是由有权限的操作员发出指令，对经审核签字后记账凭证，由计算机按照预先设计的记账程序自动进行合法性检验、科目汇总、登记账簿等操作。

二、出纳管理

总账管理系统为出纳人员提供了一个集成办公环境，包括支票登记簿功能，用来登记支票的领用情况；查询现金日记账、银行存款日记账及资金日报表；进行银行对账，并生成银行存款余额调节表。

三、账簿管理

企业发生的经济业务，经过制单、审核、记账等程序后，就形成了正式的会计账簿。账簿管理包括库存现金和银行存款账簿的查询和输出，基本会计核算账簿的查询和输出以及各种辅助核算账簿的查询和输出。

1. 基本会计核算账簿管理

基本会计核算账簿管理包括总账、余额表、明细账、序时账和多栏账的查询和输出。系统提供了强大的综合查询和输出功能，在查询过程中，可以灵活地运用查询界面提供的工具进行明细、凭证、总账、单据等的联查，并快速切换各窗口。

2. 辅助核算账簿管理

利用辅助核算功能，可以简化会计科目体系，使查询专项信息更为便捷。辅助核算账簿管理包括数量核算、往来部门核算、个人往来核算、客户往来和供应商往来、项目核算账等的查询和输出。

个人往来辅助核算账的管理主要涉及个人往来辅助账余额表、明细账的查询，正式账簿的打印以及个人往来账的清理。部门辅助核算账的管理主要涉及部门总账、明细账的查询，部门收支分析表及正式账簿的打印。当客户往来和供应商往来在总账管理系统中核算时，其核算账簿的管理在总账系统中进行，否则在应收款管理系统和应付款管理系统中进行其核算账簿的管理。项目辅助核算账的管理主要涉及项目总账、明细账、项目统计表的查询和打印。

第二节 【案例4】资料

1. 人员分工

制单人为徐敏，出纳签字为谭梅，审核及记账人为王志伟。

2. 2016年1月北京亚新科技有限公司发生如下经济业务

（1）1月3日，销售部尹小梅报销办公用品费，库存现金支付。（附件1张）

借：销售费用——办公费　　600

　贷：库存现金——人民币　　600

（2）1月5日，财务部谭梅从建行提取人民币备用。（现金支票号X1001，附件1张）

借：库存现金——人民币　　8 000

　贷：银行存款——建行存款——人民币　　8 000

（3）1月8日，采购部赵斌从北京宏达有限公司购进A材料20箱，每箱350元。材料未到，货款尚未支付。（发票号CF1001，附件1张）

借：在途物资——A材料　　7 000

　　应交税费——应交增值税——进项税额　　1 190

　贷：应付账款（北京宏达）　　8 190

（4）1月11日，收到远东集团投入资金10 000美元。（转账支票号Z1001，附件2张）

借：银行存款——建行存款——美元　　65 000（汇率：1∶6.50000）

贷：实收资本　　　　　　　　　　65 000

（5）1 月 15 日，经理办公室黄华报销业务招待费。（转账支票号：Z1002，附件 1 张）

借：管理费用——业务招待费　　　　　　4 000

贷：银行存款——建行存款——人民币　　　　4 000

（6）1 月 18 日，收到从北京宏达有限公司采购的 A 材料 20 箱，每箱 350 元，材料全部验收入库。（附件 1 张）

借：原材料——A 材料　　　　　　　　7 000

贷：在途物资——A 材料　　　　　　　　7 000

（7）1 月 21 日，销售部尹小梅向华中信息科技公司销售甲产品 160 件，每件 200 元，货款尚未收到。（发票号：XF1001，附件 1 张）

借：应收账款（华中科技）　　　　　　32 000

贷：主营业务收入　　　　　　　　　　　27350.43

应交税费——应交增值税——销项税额　　　4649.57

（8）1 月 23 日，经理办公室刘丛报销差旅费 2 800 元，余款退回。（附件 1 张）

借：管理费用——差旅费　　　　2 800

贷：其他应收款（刘丛）　　　　2 800

借：库存现金——人民币　　　　200

贷：其他应收款（刘丛）　　　　200

（9）1 月 25 日，生产部领用 A 材料 5 箱，每箱 350 元，用于生产甲产品。（附件 1 张）

借：生产成本——直接材料　　　　1 750

贷：原材料——A 材料　　　　　　1 750

（10）1 月 30 日，结转本月销售甲产品 160 件，单位成本 160 元。（附件 1 张）

借：主营业务成本　　　　　　25 600

贷：库存商品——甲产品　　　　25 600

第三节　操作指导

一、操作内容

（1）填制凭证。

（2）修改凭证、删除凭证。

（3）出纳签字、审核凭证。

（4）记账。

（5）账簿查询。

二、操作步骤

- 操作准备：引入【案例 3】的账套备份数据。

（一）填制凭证

1. 增加凭证——无辅助核算信息（业务 1）

操作步骤为：

——以“002 徐敏”的身份注册进入“企业应用平台”。（操作日期：2016-01-31）

提示： 因为每张凭证的制单日期不一样，为了减少注册次数，所以把注册总账管理系统的日期设置为“2016-01-31”。这样在填制凭证时可以输入不同的凭证日期。

（1）单击“业务工作”标签，执行“财务会计”→“总账”→“凭证”→“填制凭证”命令，进入“填制凭证”的窗口。

（2）单击“增加”按钮，增加一张空白凭证。

（3）选择或输入信息：凭证类别、制单日期、附单据数、摘要、科目名称、借方金额，点击回车键，摘要自动带入下一行。

（4）输入或选择信息：科目名称、贷方金额。

（5）单击“保存”按钮，弹出“凭证已成功保存！”信息提示框，如图 5-1 所示。

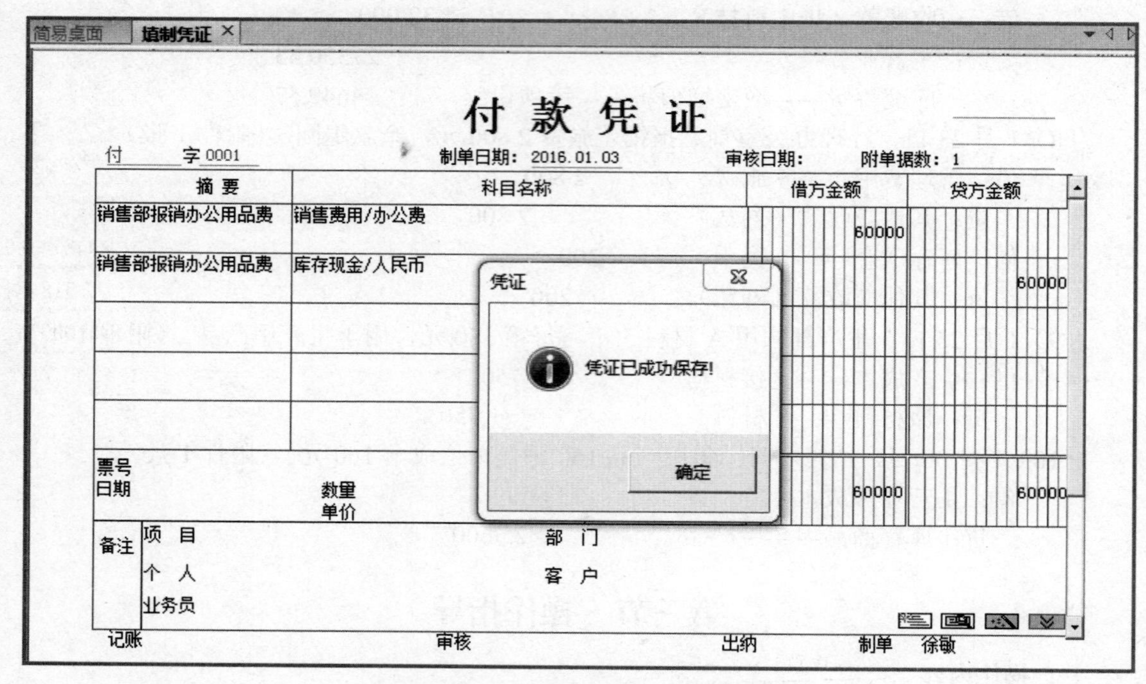

图 5-1 “填制凭证”对话框

（6）单击“确定”按钮。

提示：

采用序时控制时，凭证日期应大于等于总账管理系统启用日期，不能超过业务日期。

凭证一旦保存，其凭证类别、凭证编号不能修改。

摘要可以自行录入，也可预先定义常用摘要，按参照按钮选择输入。

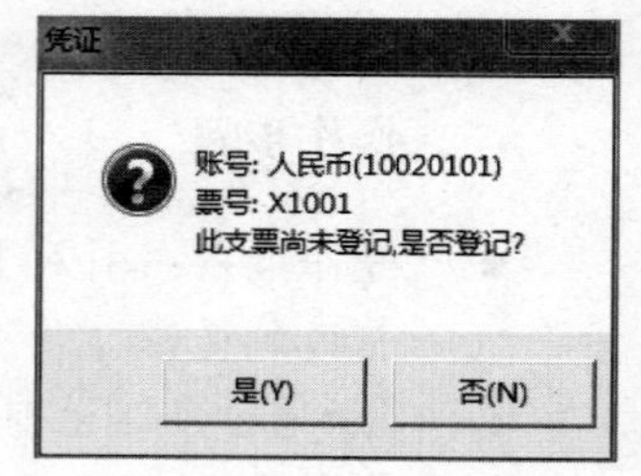

不同行的摘要可以相同，也可以不同，但不能为空。每行摘要将随相应的会计科目在明细账、日记账中出现。

会计科目编码必须是末级科目的编码。既可以手动输入，也可以通过按参照按钮选择输入。

金额不能为零，但可以是红字，红字金额以负数形式输入。如果方向不符，可按空格键调整金额方向。

可按“=”键取当前凭证借贷方金额的差额到当前光标位置。

2. 增加凭证——有辅助核算信息

在凭证的填制过程中，若会计科目为银行科目，且在结算方式设置中确定要进行票据管理，在“选项”中设置“支票控制”，这里就要求输入“结算方式”“票号”及“发生日期”。如果科目设置了辅助核算属性，则在这里要求输入辅助信息，如部门、个人、项目、客户、供应商、数量、自定义项等。录入的辅助信息将在凭证下方的备注中显示。

（1）辅助核算_银行科目（业务2）。操作步骤为：

1）在填制凭证过程中，输入科目“银行存款/建行存款/人民币”，按“Enter”键，打开银行结算“辅助项”对话框，如图5-2所示。

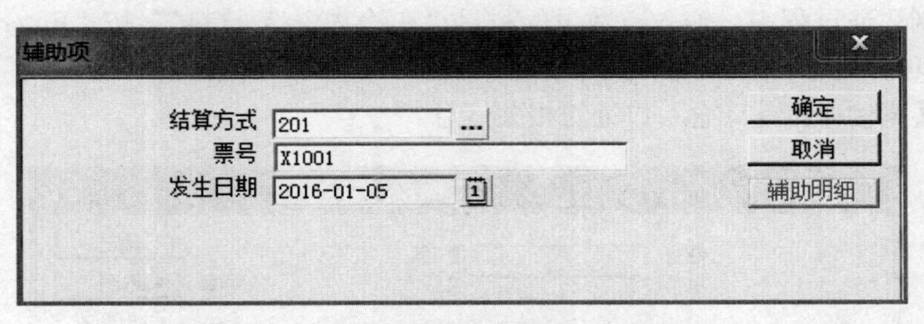

图5-2 银行结算“辅助项”对话框

2）根据【案例4】资料输入支票的相关信息。

3）单击“确定”按钮。

4）凭证输入结束后，单击“保存”按钮，若此张支票未登记，则会弹出“此支票尚未登记，是否登记？”信息提示框。

5）单击“是”按钮，打开“票号登记”对话框，如图5-3所示。

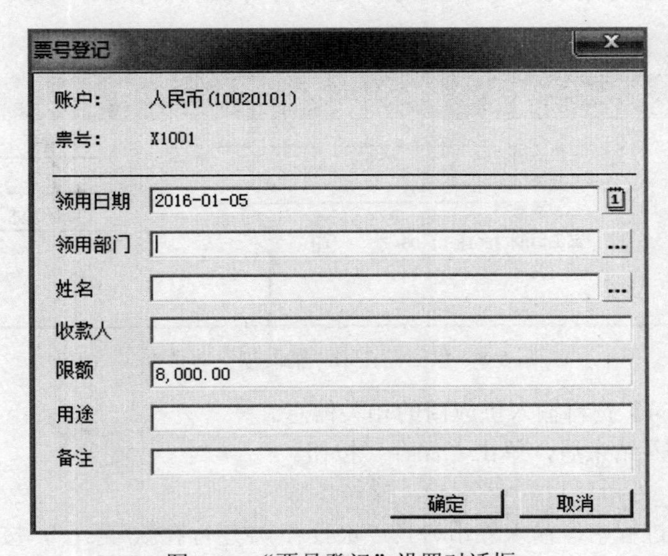

图5-3 “票号登记”设置对话框

6）根据【案例 4】资料输入支票的相关信息。

7）单击“确定”按钮，弹出“凭证已成功保存！”信息提示框。

8）单击“确定”按钮。

提示：

如果在制单时要进行支票登记，则应在“总账”→“设置”→“选项”中选择“支票控制”选项。在制单时，如果所输入的结算方式应使用支票登记簿，在输入支票号后，系统会自动勾销支票登记簿中未报销的支票，并将报销日期填上制单日期。若支票登记簿中未登记该支票，系统将显示“支票登记”录入窗口，同时填上报销日期。

如果某笔涉及银行科目的分录已录入支票信息，并对该支票做过报销处理，修改该分录，将不影响“支票登记簿”中的内容。

（2）辅助核算_供应商往来（业务 3）。操作步骤为：

1）在填制凭证过程中，输入有数量的科目“在途物资/A 材料”，按“Enter”键，打开数量核算“辅助项”对话框，如图 5-4 所示。

2）根据【案例 4】资料输入数量的相关信息。

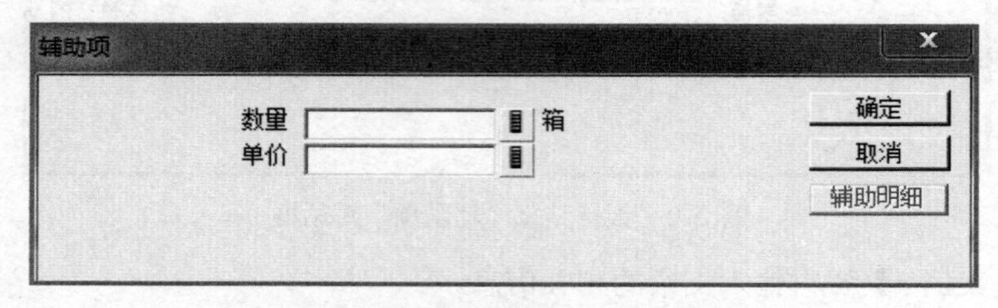

图 5-4 数量核算“辅助项”对话框

提示：系统根据数量×单价，自动计算出金额，并将金额先放在借方，如果方向不符，可将光标移动到贷方后，按空格键即可调整金额的方向。

3）输入科目“应付账款”，按“Enter”键，打开供应商往来“辅助项”对话框，如图 5-5 所示。

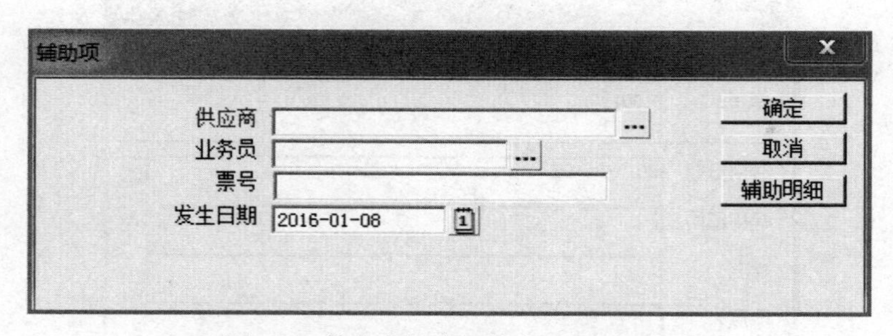

图 5-5 供应商往来“辅助项”对话框

4）根据【案例 4】资料输入供应商的相关信息。

5）全部信息输入结束后，单击“保存”按钮。

（3）辅助核算_外币科目（业务 4）。操作步骤为：

1）在填制凭证过程中，输入外币科目“银行存款/建行存款/美元”，按“Enter”键，系统自动显示外币汇率，同时打开“辅助项”对话框，如图 5-6 所示。

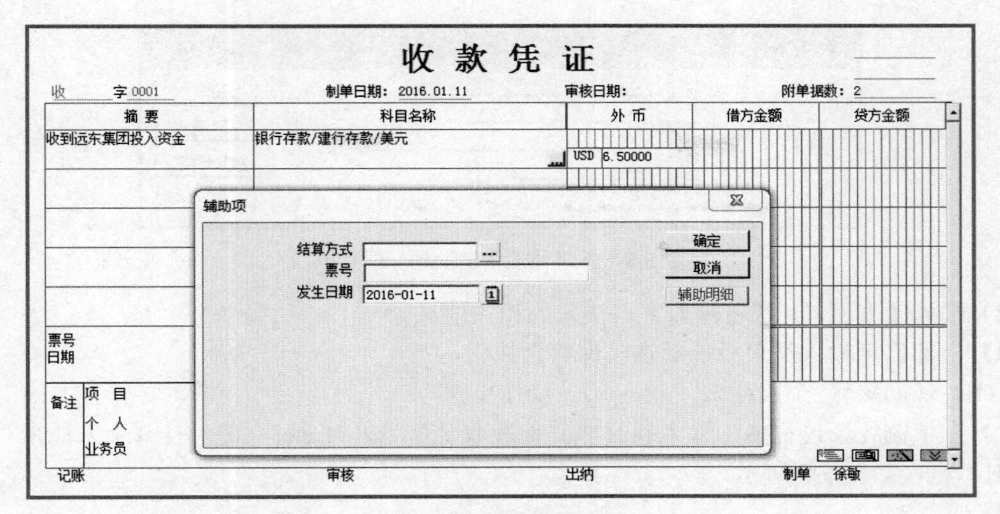

图 5-6 外币科目设置

2）根据【案例 4】资料输入辅助项信息和外币金额，系统自动计算并显示本位币金额。

3）全部信息输入结束后，单击“保存”按钮。

提示：

在“填制凭证”中所用的汇率应先在“基础档案”→“外币设置”中进行定义，以便制单时调用，减少录入汇率的次数和差错。

如果使用固定汇率作为记账汇率，在填制每月的凭证前，应预先在“外币设置”中录入当月的记账汇率。

如果使用变动汇率作为记账汇率，在填制当天的凭证前，应预先在“外币设置”中录入当天的记账汇率。

在制单中使用固定汇率或浮动汇率，应在“总账”→“选项”中的“汇率方式”的设置时确定。

（4）辅助核算_部门核算（业务 5）。操作步骤为：

1）在填制凭证过程中，输入科目“管理费用/业务招待费”，按“Enter”键，打开部门核算“辅助项”对话框，如图 5-7 所示。

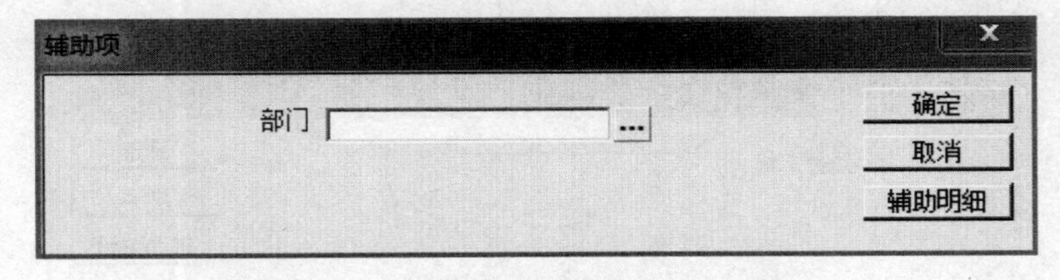

图 5-7 部门核算“辅助项”对话框

2）根据【案例 4】资料输入部门核算的相关信息。

3）全部信息输入结束后，单击“保存”按钮。

（5）辅助核算_客户往来（业务 7）。操作步骤为：

1）在填制凭证过程中，输入科目“应收账款”，按“Enter”键，打开客户往来“辅助项”对话框，如图 5-8 所示。

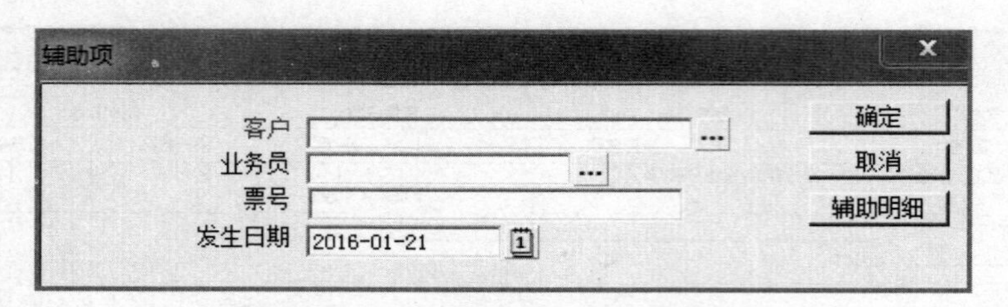

图 5-8 客户往来“辅助项”对话框

2）根据【案例 4】资料输入客户往来的相关信息。

3）全部信息输入结束后，单击“保存”按钮。

（6）辅助核算_个人往来（业务 8）。操作步骤为：

1）在填制凭证过程中，输入科目“其他应收款”，按“Enter”键，打开个人往来“辅助项”对话框，如图 5-9 所示。

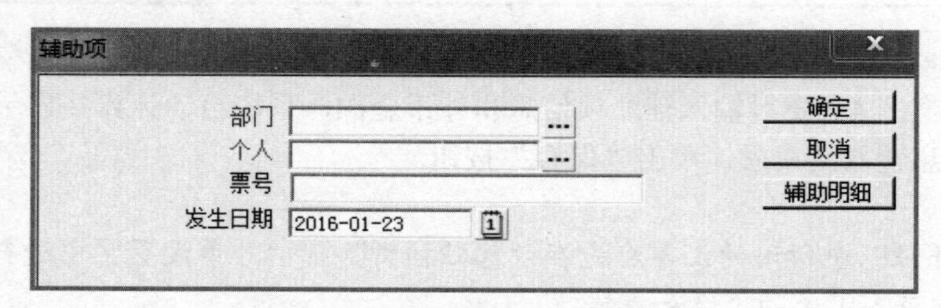

图 5-9 个人往来“辅助项”对话框

2）根据【案例 4】资料输入个人往来的相关信息。

3）全部信息输入结束后，单击“保存”按钮。

提示：输入个人往来信息时，若不输入“部门名称”只输入“个人名称”时，系统将根据个人名称自动输入其所属部门。

（7）辅助核算_项目核算（业务 9）。操作步骤为：

1）在填制凭证过程中，输入科目“生产成本/直接材料”，按“Enter”键，打开项目核算“辅助项”对话框，如图 5-10 所示。

2）根据【案例 4】资料输入生产成本项目核算的相关信息。

3）全部信息输入结束后，单击“保存”按钮。

图 5-10 项目核算“辅助项”对话框

（二）查询凭证

操作步骤为：

（1）执行“总账”→“凭证”→“查询凭证”命令，打开“凭证查询”对话框，如图 5-11 所示。

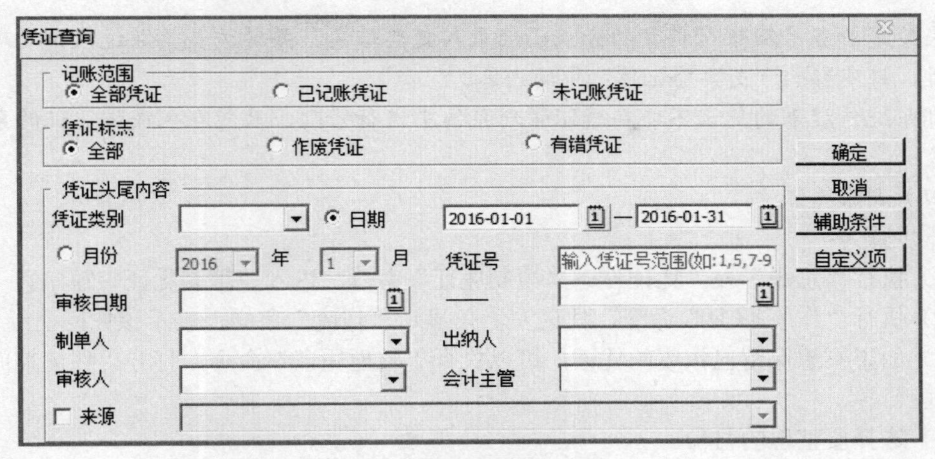

图 5-11 “凭证查询”对话框

（2）选择或输入查询条件。单击“辅助条件”按钮，可输入更多的查询条件。

（3）单击“确定”按钮，进入“查询凭证列表”窗口，如图 5-12 所示。

（4）双击某行凭证，则显示该张凭证。

简易桌面 | 查询凭证列表

凭证共 11张 已审核 0 张 未审核 11 张 凭证号排序

制单日期	凭证编号	摘要	借方金额合计	贷方金额合计	制单人	审核人	系统
2016-01-11	收 - 0001	收到远东集团投入资金	65,000.00	65,000.00	徐敏		
2016-01-23	收 - 0002	收到借款退回余额	200.00	200.00	徐敏		
2016-01-03	付 - 0001	销售部尹小梅报销办公用	600.00	600.00	徐敏		
2016-01-05	付 - 0002	财务部谭梅从建行提取人	8,000.00	8,000.00	徐敏		
2016-01-15	付 - 0003	经理办公室报销业务招待	4,000.00	4,000.00	徐敏		
2016-01-08	转 - 0001	购进A材料，货款尚未支	8,190.00	8,190.00	徐敏		
2016-01-18	转 - 0002	A材料验收入库	7,000.00	7,000.00	徐敏		
2016-01-21	转 - 0003	销售甲产品，货款尚未收	37,440.00	37,440.00	徐敏		
2016-01-23	转 - 0004	经理办公室刘丛报销差旅	2,800.00	2,800.00	徐敏		
2016-01-25	转 - 0005	生产部领用A材料	1,750.00	1,750.00	徐敏		
2016-01-30	转 - 0006	结转本月销售成本	25,600.00	25,600.00	徐敏		
		合计	160,580.00	160,580.00			

图 5-12 “查询凭证列表”窗口

（三）修改凭证

操作步骤为：

（1）执行“总账”→“凭证”→“填制凭证”命令，进入“填制凭证”窗口。

（2）单击“上张”或“下张”按钮，找到需要修改的凭证。

（3）对凭证的相关内容进行修改。

（4）单击“保存”按钮，保存当前修改。

提示：

凭证一旦保存，其凭证类别和凭证编号将不能修改。

若在“选项”中设置了“制单序时”的选项，则在修改制单日期时，不能将日期修改为上一编号凭证的制单日期之前。

如果某笔业务涉及银行科目的分录已经录入支票信息，并对该支票做过报销处理，修改该分录时，将不影响“支票登记簿”中的内容。

外部系统传过来的凭证不能在总账管理系统中进行修改，只能在生成该凭证的系统中进行修改。

（四）删除凭证

操作步骤为：

（1）执行“总账”→“凭证”→“填制凭证”命令，进入“填制凭证”窗口。

（2）执行“作废/恢复”命令，凭证左上角显示“作废”字样，表示该凭证已经作废。

（3）如果不想保留已作废的凭证，可以执行“整理凭证”命令，打开“凭证期间选择”的对话框。

（4）选择要整理的月份。

（5）单击“确定”按钮，打开“作废凭证表”对话框。

（6）选择要删除的作废凭证，双击“删除”栏，系统以“Y”标记。

（7）单击“确定”按钮，系统将选择的作废凭证从数据库中删除，并提示“是否还需要整理凭证断号”，单击“是”，则对剩下的未记账凭证重新编号。

提示：

作废凭证不能修改，不能审核。在记账时，不对作废凭证进行数据处理，相当于一张空白凭证，但仍保留其凭证的内容及编号。

若当前凭证已作废，可通过执行“制单”→“作废/恢复”命令，取消作废标志，并将当前凭证恢复为有效凭证。

只对未记账的凭证进行断号整理。

（五）冲销凭证

操作步骤为：

（1）执行“总账”→“凭证”→“填制凭证”命令，进入“填制凭证”的窗口。

（2）执行“冲销凭证”命令，打开“冲销凭证”对话框。

（3）输入要冲销凭证的相关信息，系统自动生成一张红字冲销凭证。

提示：

红字冲销只能针对已记账凭证进行。

通过红字冲销法增加的凭证，应按正常凭证进行保存。

自动生成红字凭证将错误凭证冲销后，还需要录入正确的凭证进行补充。

（六）出纳签字

操作步骤为：

（1）以“003 谭梅”的身份重注册进入“企业应用平台”。

（2）执行“总账”→“凭证”→“出纳签字”命令，打开“出纳签字”查询条件对话框，如图 5-13 所示。

（3）输入查询条件，单击“确定”按钮，进入“出纳签字列表”窗口。

（4）双击要签字的凭证信息行，进入“出纳签字”窗口。

（5）单击“签字”按钮，进行出纳的签字操作。

（6）单击“下一张”按钮，继续对其他收、付款凭证进行签字。也可以执行“批处理”

功能，进行成批出纳签字。

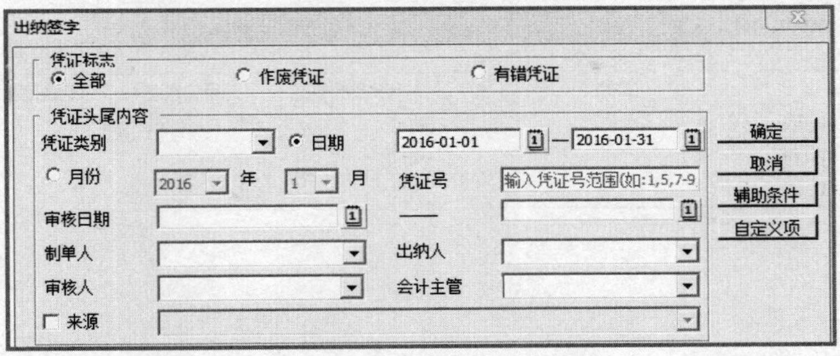

图 5-13　“出纳签字”查询条件对话框

提示：

要进行出纳签字的操作应满足以下三个条件：一是在总账系统“选项”中已经设置了“出纳凭证必须经由出纳签字”；二是已经在“会计科目”设置中进行了“指定科目”的操作；三是凭证中所使用的银行和现金会计科目已经设置为“日记账”的辅助核算。

凭证一经签字，就不能被修改、删除。只有取消签字后，才可以进行修改、删除。

取消签字只能由出纳人员自己进行。

如果在录入凭证时没有录入结算方式和票据号，系统提供在出纳签字时还可以补充录入。单击“票据结算”按钮，列示所有需要进行填充结算方式、票据号、票据日期的分录，包括已填写的分录；填制结算方式和票号时，针对票据的结算方式进行相应支票登记判断。

（七）审核凭证

操作步骤为：

（1）以“001 王志伟”的身份重注册进入“企业应用平台”。

（2）执行“总账”→“凭证”→“审核凭证”命令，打开“凭证审核”查询条件对话框。

（3）输入查询条件，单击“确定”按钮，进入“凭证审核列表”的窗口。

（4）双击要审核的凭证信息行，进入“审核凭证”的审核窗口。

（5）单击“审核”按钮，进行审核员的签字操作。

（6）单击“审核”按钮，继续对其他凭证进行审核签字。也可以执行“批处理”功能，进行成批审核凭证。

提示：

审核人和制单人不能是同一人。

审核人必须具有审核权限。如果在总账系统“选项”中，设置了“凭证审核控制到操作员”选项，则应继续在“基础设置”→“数据权限”中设置审核的明细权限。

凭证一经审核，就不能被修改、删除。只有取消审核后，才可以进行修改、删除。

取消审核签字只能由审核人本人进行。

（八）凭证记账

1. 记账

操作步骤为：

（1）执行“总账”→“凭证”→“记账”命令，进入“记账”窗口，如图 5-14 所示。

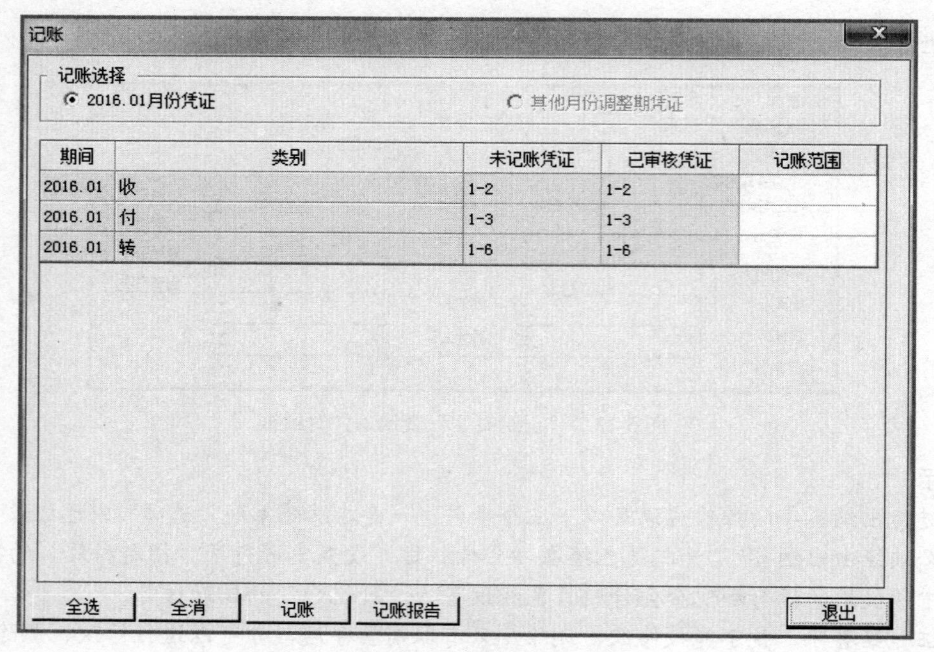

图 5-14 “记账”窗口

（2）选择要记账的范围，单击“全选”按钮。

（3）单击“记账”按钮，弹出“期初试算平衡表”信息提示框。

（4）单击“确定”按钮，开始自动记账并弹出“记账完毕”提示信息框。

（5）单击“确定”按钮。

提示：

如果期初余额试算不平衡不允许记账，如果有未审核的凭证不允许记账，上月未结账本月不能记账。

如果不输入记账范围，系统默认为所有凭证。

记账后不能整理断号。

已记账的凭证不能在“填制凭证”功能中查看。

2. 取消记账

操作步骤为：

（1）执行“总账”→“期末”→“对账”命令，进入“对账”窗口。

（2）按“Ctrl+H”键，弹出“恢复记账前状态功能被激活”信息提示框。

（3）单击“确定”按钮，再单击“退出”按钮。

（4）执行“凭证”→“恢复记账前状态”命令，打开“恢复记账前状态”对话框，如图5-15 所示。

（5）单击“最近一次记账前状态”前的单选按钮，弹出“请输入主管口令”提示信息框。

（6）输入账套主管口令，单击“确定”按钮，弹出“恢复记账完毕！”信息提示框。

（7）单击“确定”按钮。

提示：

只有账套主管有权限进行取消记账的操作。

对于已经结账的月份，不能恢复记账前状态。

如果退出系统后又重新进入系统或者在“对账”窗口中再次按“Ctrl+H”键时，“恢复记账前状态”功能将隐藏。

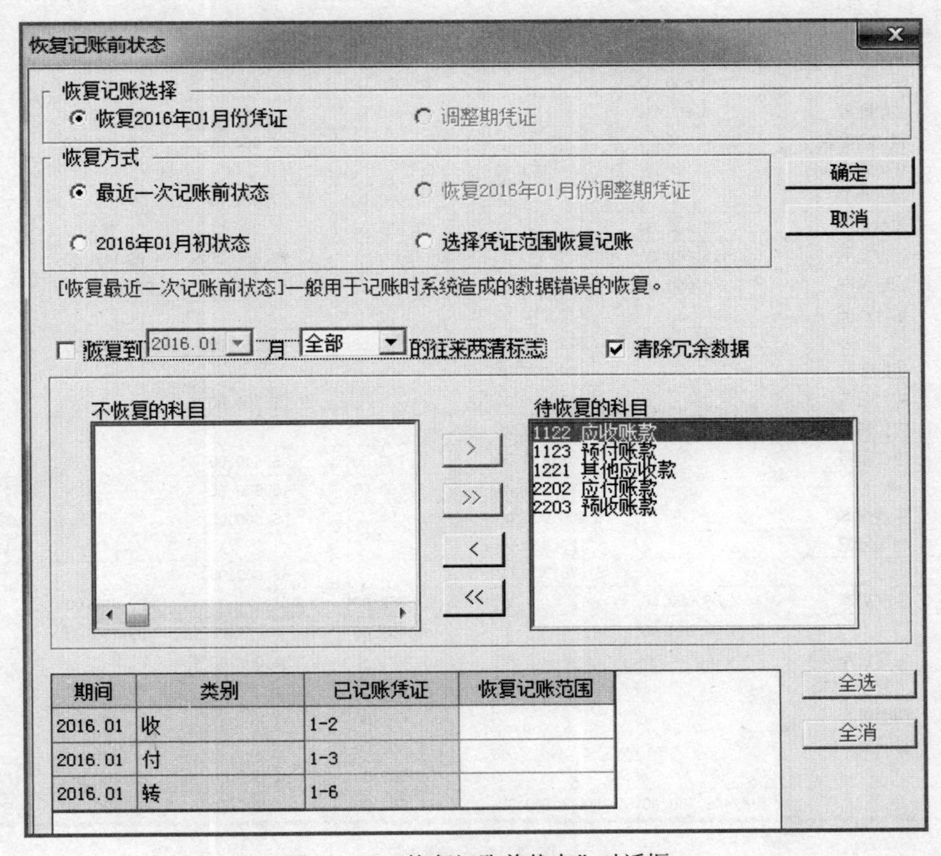

期间	类别	已记账凭证	恢复记账范围
2016.01	收	1-2	
2016.01	付	1-3	
2016.01	转	1-6	

图 5-15 “恢复记账前状态”对话框

（九）账簿查询

1. 查询基本会计核算账

操作步骤为：

（1）执行“总账”→“账表”→“科目账”→“余额表”命令，查询发生额及余额表，如图 5-16 所示。

（2）执行“总账”→“账表”→“科目账”→“总账”命令，查询总账。

（3）执行“总账”→“账表”→“科目账”→“明细账”命令，查询综合明细账。

2. 查询往来账

（1）个人往来两清。操作步骤为：

1）执行“总账”→“账表”→“个人往来账”→“个人往来清理”命令，打开“个人往来情理条件”对话框。

2）选择相关信息，选择“显示已两清”项，单击“确定”按钮，进入“个人往来两清”窗口，如图 5-17 所示。

金额式

发生额及余额表

月份：2016.01-2016.01

科目编码	科目名称	期初余额		本期发生		期末余额	
		借方	贷方	借方	贷方	借方	贷方
1001	库存现金	1,200.00		8,200.00	600.00	8,800.00	
1002	银行存款	230,800.00		65,000.00	12,000.00	283,800.00	
1122	应收账款	30,680.00		37,440.00		68,120.00	
1221	其他应收款	5,000.00			3,000.00	2,000.00	
1231	坏账准备		153.40				153.40
1402	在途物资			7,000.00	7,000.00		
1403	原材料	81,500.00		7,000.00	1,750.00	86,750.00	
1405	库存商品	113,600.00			25,600.00	88,000.00	
1601	固定资产	3,948,000.00				3,948,000.00	
1602	累计折旧		672,318.40				672,318.40
资产小计		4,410,780.00	672,471.80	124,640.00	49,950.00	4,485,470.00	672,471.80
2001	短期借款		180,000.00				180,000.00
2202	应付账款		8,190.00		8,190.00		16,380.00
2211	应付职工薪酬		6,528.20				6,528.20
2221	应交税费		3,230.00	1,190.00	5,440.00		7,480.00
负债小计			197,948.20	1,190.00	13,630.00		210,388.20
4001	实收资本		3,458,000.00		65,000.00		3,523,000.00
4104	利润分配		120,360.00				120,360.00
权益小计			3,578,360.00		65,000.00		3,643,360.00
5001	生产成本	38,000.00		1,750.00		39,750.00	
成本小计		38,000.00		1,750.00		39,750.00	
6001	主营业务收入				32,000.00		32,000.00
6401	主营业务成本			25,600.00		25,600.00	
6601	销售费用			600.00		600.00	
6602	管理费用			6,800.00		6,800.00	
损益小计				33,000.00	32,000.00	33,000.00	32,000.00
合计		4,448,780.00	4,448,780.00	160,580.00	160,580.00	4,558,220.00	4,558,220.00

图 5-16　余额表

简易桌面　个人往来两清

个人往来两清

科目：1221 其他应收款
个人：101 刘丛

开始日期：期初
截止日期：2016.12
余额：平

日期	凭证号数	摘要	票号	借方金额	贷方金额	两清	两清日期
2015.12.20	付-0036	出差借款__2015.12.20		3,000.00		○	2016-01-31
2016.01.23	收-0002	收到借款退回余额__2016.01.11			200.00	○	2016-01-31
2016.01.23	转-0004	经理办公室刘丛报销差旅费__2016.01.23			2,800.00	○	2016-01-31
		合计		3,000.00	3,000.00		

图 5-17　“个人往来两清”窗口

3）单击“勾对”按钮，弹出提示信息框，单击“否”按钮，系统将自动对当前界面的数据进行两清，在“两清”栏里显示“○”标志。

（2）供应商科目明细账。操作步骤为：

1）执行“总账”→“账表”→“供应商往来辅助账”→“供应商往来明细账”→“供应商科目明细账”命令，打开“查询条件选择”对话框。

2）选择供应商的相关信息，单击“确定”按钮，显示所选供应商的科目明细账。

（3）客户往来账龄分析。操作步骤为：

1）执行“总账”→“账表”→“客户往来辅助账”→“客户往来账龄分析”命令，打开“客户往来账龄”对话框。

2）选择查询的科目及客户相关信息，单击“确定”按钮，显示所选客户往来的账龄分析情况。

3. 查询部门账

（1）部门总账。操作步骤为：

1）执行“总账”→“账表”→“部门辅助账”→“部门总账”→“部门科目总账”命令，打开“部门科目总账条件”对话框。

2）输入要查询的相关条件，单击“确定”按钮，显示查询结果。

（2）部门明细账。操作步骤为：

1）执行“总账”→“账表”→“部门辅助账”→“部门明细账”→“部门多栏式明细账”命令，打开“部门多栏式明细条件”对话框。

2）输入要查询的相关条件，单击“确定”按钮，显示查询结果。

（3）部门收支分析。操作步骤为：

1）执行“总账”→“账表”→“部门辅助账”→“部门收支分析”命令，打开“部门收支分析条件”对话框。

2）选择分析科目：“办公费”“差旅费”“业务招待费”。单击“下一步”按钮。

3）选择分析部门：选择所有部门。单击“下一步”按钮。

4）选择分析月份：起止月份“2016.01—2016.01”。

5）单击“完成”按钮，显示查询结果。

4. 查询项目核算账

（1）项目明细账。操作步骤为：

1）执行“总账”→“账表”→“项目辅助账”→“项目明细账”命令，打开“项目明细账条件”对话框。

2）选择项目大类“生产成本”，选择项目“甲产品”，单击“确定”按钮，显示查询结果。

（2）项目统计分析。操作步骤为：

1）执行“总账”→“账表”→“项目辅助账”→“项目统计分析”命令，打开“项目统计条件”对话框。

2）选择项目大类：生产成本。单击“下一步”按钮。

3）选择统计科目：生产成本及其所有明细科目。单击“下一步”按钮。

4）选择分析月份：起止月份“2016.01—2016.01”。

5）单击“完成”按钮，显示查询结果，如图5-18所示。

5. 查询出纳管理账

（1）库存现金日记账。操作步骤为：

1）执行“总账”→“出纳”→“现金日记账”命令，打开“现金日记账查询条件”对话框。

2）输入要查询的相关条件，单击“确定”按钮，显示查询结果，如图 5-19 所示。

简易桌面 | 现金日记账 | 项目统计表

项目统计表

金额式

2016.01-2016.01

项目分类及项目名称	项目编号	统计方式	合计		生产成本(5001)	直接材料(500101)	直接人工(500102)	制造费用(500103)	成本转出(5001
			方向	金额	金额	金额	金额	金额	金额
自制产品(1)		期初	借	38,000.00	38,000.00	5,000.00	25,000.00	8,000.00	
		借方		1,750.00	1,750.00	1,750.00			
		贷方							
		期末	借	39,750.00	39,750.00	6,750.00	25,000.00	8,000.00	
甲产品(01)	01	期初	借	15,500.00	15,500.00	2,000.00	10,000.00	3,500.00	
		借方		1,750.00	1,750.00	1,750.00			
		贷方							
		期末	借	17,250.00	17,250.00	3,750.00	10,000.00	3,500.00	
乙产品(02)	02	期初	借	22,500.00	22,500.00	3,000.00	15,000.00	4,500.00	
		借方							
		贷方							
		期末	借	22,500.00	22,500.00	3,000.00	15,000.00	4,500.00	
合计		期初	借	38,000.00	38,000.00	5,000.00	25,000.00	8,000.00	
		借方		1,750.00	1,750.00	1,750.00			
		贷方							
		期末	借	39,750.00	39,750.00	6,750.00	25,000.00	8,000.00	

图 5-18 “项目统计表”显示结果

简易桌面 | 现金日记账

金额式

现金日记账

科目 1001 库存现金　　　　月份：2016.01-2016.01

2016年		凭证号数	摘要	对方科目	借方	贷方	方向	余额
月	日							
			上年结转				借	1,200.00
01	03	付-0001	销售部尹小梅报销办公用品费	660102		600.00	借	600.00
01	03		本日合计			600.00	借	600.00
01	05	付-0002	财务部谭梅从建行提取人民币备用	10020101	8,000.00		借	8,600.00
01	05		本日合计		8,000.00		借	8,600.00
01	23	收-0002	收到借款退回余额	1221	200.00		借	8,800.00
01	23		本日合计		200.00		借	8,800.00
01			当前合计		8,200.00	600.00	借	8,800.00
01			当前累计		8,200.00	600.00	借	8,800.00

图 5-19 库存现金日记账显示结果

（2）资金日报表。操作步骤为：

1）执行“总账”→“出纳”→“资金日报表”命令，打开“资金日报表查询条件”对话框。

2）输入要查询的相关条件，选择“有余额无发生也显示”复选框。

3）单击“确定”按钮，显示查询结果。

- 账套数据备份：备份【案例 4】账套数据。

复习思考题

一、选择题

1. 对凭证进行审核操作的下列说法中正确的有（　　）。

   A. 审核人必须具有审核权

   B. 作废凭证不能被审核，也不能被标错

   C. 审核人和制单人可以是同一个人

   D. 凭证一经审核，不能被直接修改或删除

2. 关于记账操作，下列说法中正确的是（　　）。

   A. 在第一次记账时，若期初余额试算不平衡，系统将允许记账

   B. 所选范围内的不平衡凭证，不允许记账

   C. 所选范围内的未审核凭证也可记账

   D. 上月未结账，本月不允许记账

3. 对记账次数的要求是（　　）。

   A. 每月只可记一次账

   B. 每月记账次数限定为了 3 次

   C. 每月记账的次数是一定的

   D. 一天可以记多次账，也可以多天记一次账

4. 关于总账系统中出错记账凭证的修改，下列说法中正确的是（　　）。

   A. 外部系统传过来的凭证发生错误，既可以在总账系统中进行修改，也可以在生成该凭证的系统中进行修改

   B. 已经记账的凭证发生错误，不允许直接修改，只能采取“红字冲销法”或“补充更正法”进行更正

   C. 已通过审核的凭证发生错误，只要该凭证尚未记账，可通过凭证编辑功能直接修改

   D. 已输入但尚未审核的机内记账凭证发生错误，可通过凭证编辑功能直接修改

5. 如需删除凭证，进入凭证系统后，找到需要删除的凭证，执行（　　）。

   A. 文件菜单下的“删除”命令

   B. 编辑菜单下的“删除”命令

   C. 先执行文件菜单下的“作废/恢复”命令，再执行编辑菜单下的“整理凭证”命令

   D. 先执行编辑菜单下的“作废/恢复”命令，再执行编辑菜单下的“整理凭证”命令

二、判断题

1. 凭证一旦保存，其凭证类别不能修改，但凭证编号可以修改。（　　）
2. 在填制凭证时，采用序时控制，凭证日期应大于等于启用日期，不能超过业务日期。（　　）
3. 作废的凭证无须审核可直接记账。（　　）
4. 对会计核算软件自动产生的机内记账凭证经审核登账后，不得进行修改。（　　）
5. 王宏是财务主管，她具有凭证的审核权，因此她可以审核自己录入的凭证。（　　）

三、简答题

1．简述总账管理系统日常业务处理的基本操作流程。

2．审核会计凭证时要注意什么？

3．记账不能进行时，可能是什么原因？

4．如果未记账的凭证发现错误，如何修改？已记账的凭证发现错误，采用什么方法修改？

5．如果出纳无法签字，请分析一下可能在什么地方出错，并说明应该如何修改？

第六章　总账管理系统期末处理

第一节　知识点

期末会计业务处理是指会计人员将本月所发生的日常经济业务全部登记入账后，在每个会计期末都需要完成的一些特定会计工作。它主要包括：期末转账业务、试算平衡、对账以及结账等。由于各会计期间的许多期末业务均有较强的规律性，因此，由计算机来处理期末会计业务，既可以规范会计业务的处理，还可以提高工作效率。

一、自动转账

转账分为外部转账和内部转账。外部转账是指将其他专项核算子系统生成的凭证转入总账管理系统，内部转账是指在总账管理系统内部把某个或几个会计科目中的余额或本期发生额结转到一个或几个会计科目中。自动转账主要包括：

1. 自定义转账

由于各企业情况不同，各种计算方法也不尽相同，特别是各类成本费用分摊、计提的结转方式的差异，必然会造成各企业这类转账的不同，如税金计算的结转、提取各项费用的结转等。总账管理系统为了实现各企业的通用，提供了用户可以自行定义自动转账凭证的功能。

2. 对应结转

对应结转设置只能结转期末余额，它可以用于两个科目之间一对一的结转，也可以用于科目的一对多的结转。对应结转的科目可以是上级科目，但其下级科目必须是一一对应，如有辅助核算，则两个科目的辅助账类也必须一一对应。

3. 销售成本结转

销售成本结转是指将月末库存商品销售数量乘以库存商品的平均单价计算各类库存商品销售成本，并从库存商品科目中转入主营业务成本科目。

4. 汇兑损益结转

用于期末自动计算外币账户的汇兑损益，并在转账生成中自动生成汇兑损益转账凭证，汇兑损益只能处理外汇存款户、外币现金、外币结算的各项债权和债务的外币账户，不包括所有者权益类账户、成本类账户和损益类账户。

5. 期间损益结转

期间损益结转用于在一个会计期间终了将损益类科目的余额结转到本年利润科目中，从而及时反映企业利润的盈亏情况。主要是对于管理费用、销售费用、财务费用、主营业务收入、主营业务成本、营业外收支等科目的结转。

二、对账和结账

无论是在手工方式下，还是在总账管理系统中，在每个会计期末都要对本会计期间的会计业务进行期末对账与结账，并要求在结账前进行试算平衡。

1. 对账

对账是对账簿数据进行核对，以检查记账是否正确以及账簿是否平衡。一般说来，只要记账凭证录入正确，计算机自动记账后各种账簿都应是正确、平衡的，但由于非法操作或计算机病毒或其他原因有时可能会造成某些数据被破坏，因而引起账证不符，账账不符，为了保证账证相符、账账相符，应经常使用本功能进行对账，至少一个月一次，一般可在月末结账前进行。

当对账出现错误或记账有误时，系统允许“恢复记账前状态”，进行检查和修改，直到对账正确。

2. 结账

结账就是计算和结转各账簿的本期发生额和期末余额，并终止本期的账务处理工作。在计算机操作中，结账是一种成批数据处理，每月只能结账一次，主要是对当月的日常业务处理限制和对下月账簿的初始化，由计算机自动完成。

第二节 【案例 5】资料

一、银行对账

（1）期初银行对账的数据。北京亚新科技有限公司银行账的启用日期为 2016 年 1 月 1 日，建行存款人民币户企业日记账调整前余额为 230 800.00 元，银行对账单调整前余额为 227 000 元，未达账项一笔，为银行已付企业未付款项 3 800 元（日期为 2015.12.20，转账结算，票号：Z1223）。

（2）银行对账单。1 月银行对账单的资料如表 6-1 所示。

表 6-1 1 月银行对账单

日期	结算方式	票号	借方金额	贷方金额
2016-01-03	201	X1001		8 000.00
2016-01-17	202			2 500.00
2016-01-17	202			1 500.00
2016-01-28	3	31001	5 000.00	

二、自动转账定义

（1）自定义转账。计提本月短期借款利息，年利率为 5.31%。

借：财务费用——利息支出　　“短期借款”科目贷方期末余额×5.31%/12

贷：应付利息　　JG（）

说明：JG（）函数的含义是取对方科目计算结果。

（2）期间损益结转。“期间损益”转入“本年利润”。

第三节　操作指导

一、操作内容

（1）银行对账。

（2）自动转账。

（3）对账。

（4）结账。

二、操作步骤

● 操作准备：引入【案例 4】的账套备份数据。

（一）银行对账

——以“003 谭梅”的身份注册进入“企业应用平台”。（操作日期：2016-01-31）

1. 输入银行对账数据

（1）输入银行对账期初数据。操作步骤为：

1）单击“业务”标签，执行“财务会计”→“总账”→“出纳”→“银行对账”→“银行对账期初录入”命令，打开“银行科目选择”对话框。

2）选择科目“人民币（10020101）”，单击“确定”按钮，进入“银行对账期初”窗口，如图 6-1 所示。

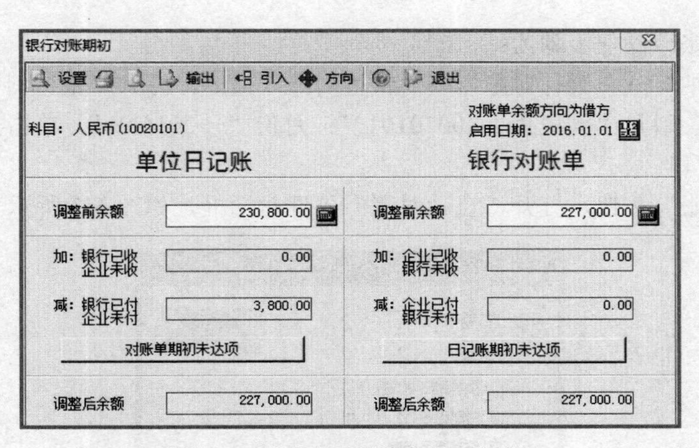

图 6-1　“银行对账期初”对话框

3）确定启用日期“2016.01.01”。

4）根据【案例 5】资料，输入企业日记账和银行对账单调整前余额及未达账项的相关信息。

5）单击“退出”按钮。

提示：

在第一次使用银行对账功能时，应录入企业日记账及银行对账单的期初数据，包括期初余额及期初未达账项。

在录入银行对账期初数据后，请不要随意调整银行对账启用日期，尤其是向前调，这样可能会造成启用日期后的期初数据不能再参与对账。

（2）输入银行对账单数据。操作步骤为：

1）执行“出纳”→“银行对账”→“银行对账单”命令，打开“银行科目选择”对话框。

2）选择科目“人民币（10020101）”、月份“2016.01—2016.01”，单击“确定”按钮，进入“银行对账单”窗口，如图 6-2 所示。

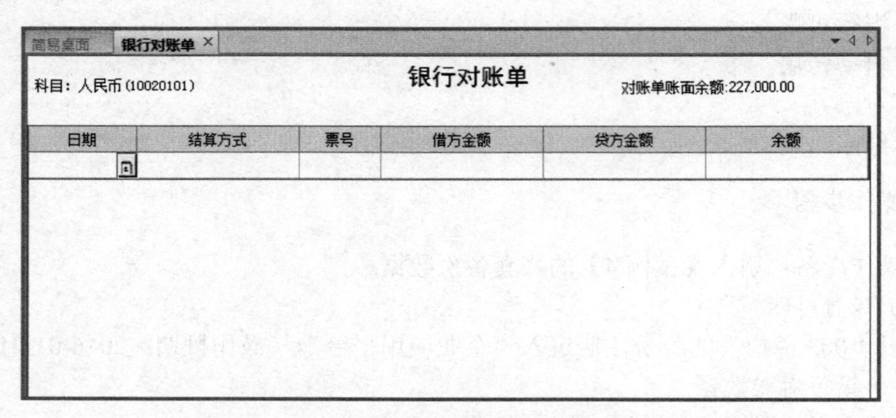

图 6-2 “银行对账单”对话框

3）单击“增加”按钮。

4）根据【案例 5】资料，输入银行对账单的相关信息。

5）单击“保存”按钮，退出。

2. 银行对账

（1）自动对账。操作步骤为：

1）执行“出纳”→“银行对账”→“银行对账”命令，打开“银行科目选择”对话框。

2）选择信息：科目“人民币（10020101）”；月份“—2016.01”。单击“确定”按钮，进入“银行对账”窗口。

3）单击“对账”按钮，打开“自动对账”条件对话框，如图 6-3 所示。

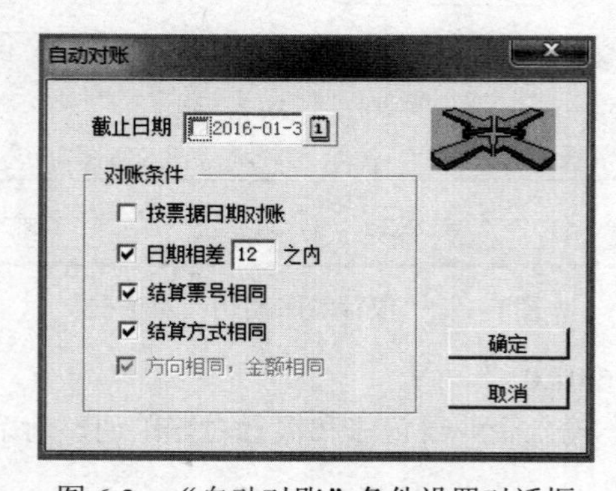

图 6-3 “自动对账”条件设置对话框

4）默认系统提供的对账条件，单击“确定”按钮，显示自动对账结果。

（2）手工对账。操作步骤为：

1）在自动对账窗口，对于一些应勾对而未进行勾对的账项，可以分别双击“两清”栏，直接进行手工调整，如图 6-4 所示。

2）对账完毕，单击“检查”按钮，结果如果平衡，单击“确认”按钮，退出。

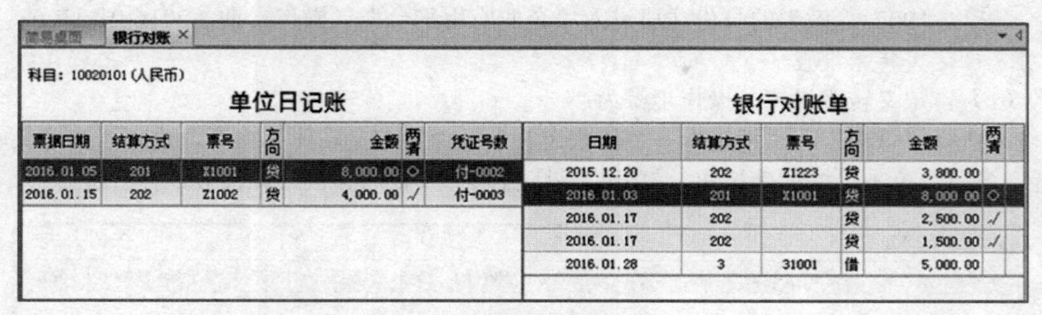

科目：10020101（人民币）

单位日记账

票据日期	结算方式	票号	方向	金额	两清	凭证号数
2016.01.05	201	X1001	贷	8,000.00	○	付-0002
2016.01.15	202	Z1002	贷	4,000.00	√	付-0003

银行对账单

日期	结算方式	票号	方向	金额	两清
2015.12.20	202	Z1223	贷	3,800.00	
2016.01.03	201	X1001	贷	8,000.00	○
2016.01.17	202		贷	2,500.00	√
2016.01.17	202		贷	1,500.00	√
2016.01.28	3	31001	借	5,000.00	

图 6-4 “银行对账”窗口

提示：

自动对账条件中的方向、金额相同是必选条件，对账截止日期可输入也可不输入。

若在“银行对账期初”中定义“对账单余额方向为贷方”，则对账条件为方向相反、金额相同的日记账与对账单进行勾对。

对于已达账项，系统自动在企业银行日记账和银行对账单双方的“两清”栏里打“○”标志。手工对账是对自动对账的一种补充，手工对账“两清”栏里标志是“√”。

3. 输出余额调节表

操作步骤为：

（1）执行“出纳”→“银行对账”→“余额调节表查询”命令，进入“银行存款余额调节表”窗口。

（2）选择科目“人民币（10020101）”，单击“查看”按钮或双击此行，即显示该银行账户的银行存款余额调节表，如图 6-5 所示。

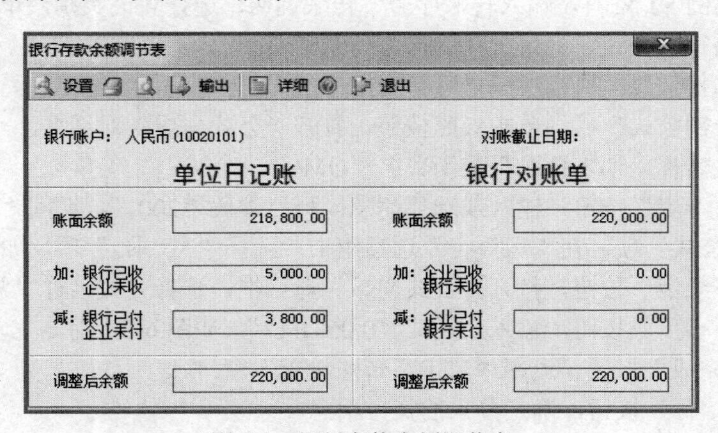

图 6-5 银行存款余额调节表

提示：

银行存款余额调节表应显示账面余额平衡，如果不平衡应分别查看银行对账期初、银行对账单及银行对账是否正确。

在银行对账之后可以查询对账勾对情况，如果确认银行对账结果是正确的，可以使用“核销银行账”功能核销已达账项。

（二）自动转账

——以“002 徐敏”的身份注册进入“企业应用平台”。（操作日期：2016-01-31。）

1. 自定义转账设置

（1）自定义转账设置。操作步骤为：

1）执行“总账”→“期末”→“转账定义”→“自定义转账”命令，进入“自定义转账设置”窗口，单击“增加”按钮，打开“转账目录”设置对话框，如图 6-6 所示。

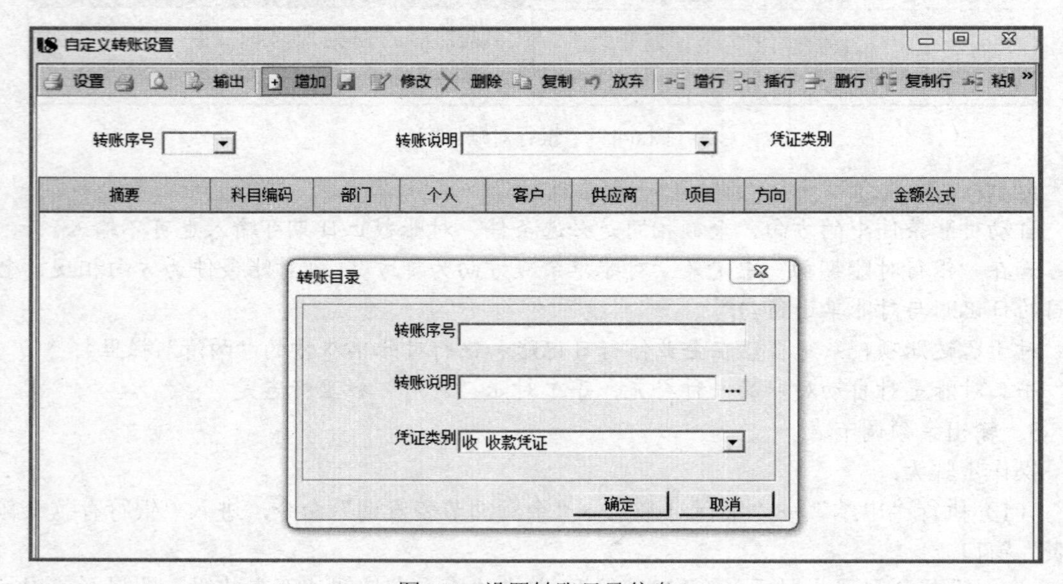

图 6-6 设置转账目录信息

2）根据【案例 5】资料，输入转账序号、转账说明，选择凭证类别，单击“确定”按钮。

3）单击“增行”按钮，确定分录的借方信息。

4）输入或选择信息：科目编码“财务费用/利息支出”；方向“借”。

5）双击“金额公式”栏，单击参照按钮，打开“公式向导”对话框。

6）选择公式名称“期末余额”或函数名“QM()”。

7）单击“下一步”按钮，输入或选择信息：科目编码“2001”；期间“月”；方向“贷”。选择“继续输入公式”项，在“运算符”选项组中，选择“*（乘）”项，如图 6-7 所示。

8）单击“下一步”按钮，打开“公式向导”对话框，选择公式名称“常数”。

9）单击“下一步”按钮，输入表达式“0.0531/12”，如图 6-8 所示。

10）单击“完成”按钮，返回“自定义转账设置”窗口。

11）单击“增行”按钮，确定分录的贷方信息。

12）输入或选择信息：科目编码“2231”；方向“贷”。双击“金额公式”栏，单击参照按钮，打开“公式向导”对话框。

13）选择公式名称“取对方科目计算结果”或函数名“JG()”。

14）单击“下一步”按钮，打开“公式向导”对话框，“科目”选择默认缺省方式。

15）单击“完成”按钮，返回“自定义转账设置”窗口，如图 6-9 所示。

16）单击“保存”按钮，并退出。

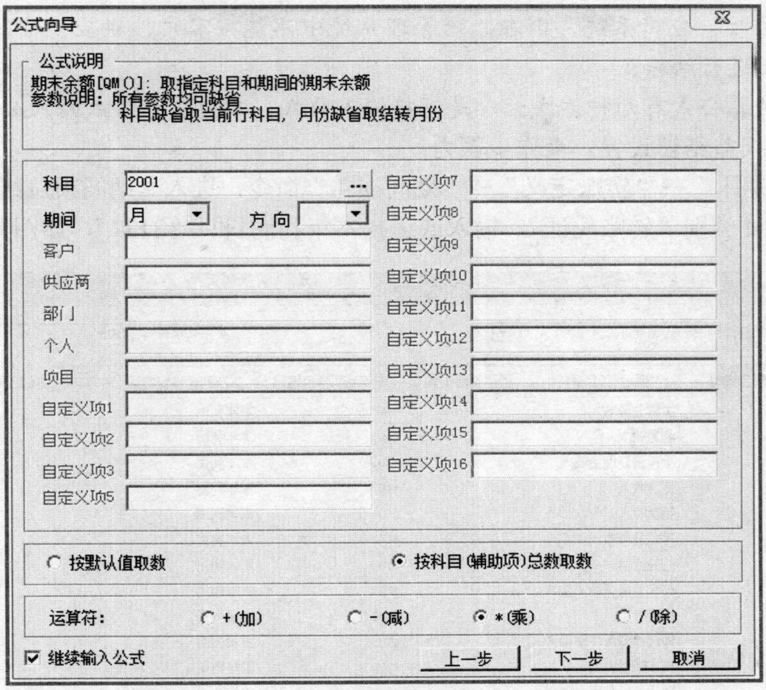

公式向导

公式说明

期末余额[QM()]：取指定科目和期间的期末余额
参数说明：所有参数均可缺省
科目缺省取当前行科目，月份缺省取结转月份

科目 2001
期间 月 方向
客户
供应商
部门
个人
项目
自定义项1
自定义项2
自定义项3
自定义项5
自定义项7
自定义项8
自定义项9
自定义项10
自定义项11
自定义项12
自定义项13
自定义项14
自定义项15
自定义项16

○ 按默认值取数 ◉ 按科目(辅助项)总数取数

运算符： ○ +(加) ○ -(减) ◉ *(乘) ○ /(除)

☑ 继续输入公式 上一步 下一步 取消

图 6-7 设置转账分录的贷方信息

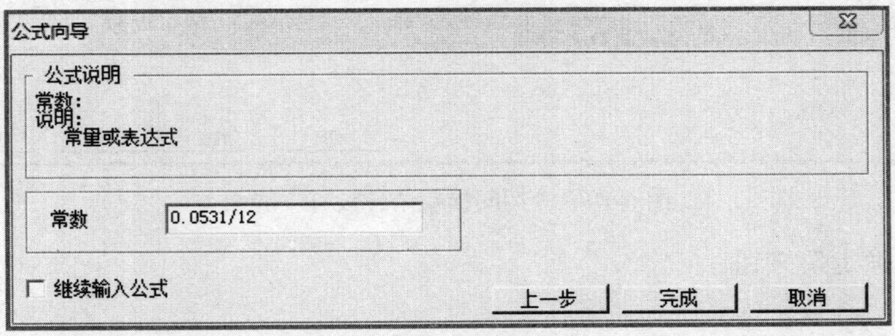

公式向导

公式说明

常数：
说明：
常量或表达式

常数 0.0531/12

☐ 继续输入公式 上一步 完成 取消

图 6-8 设置转账分录的借方信息

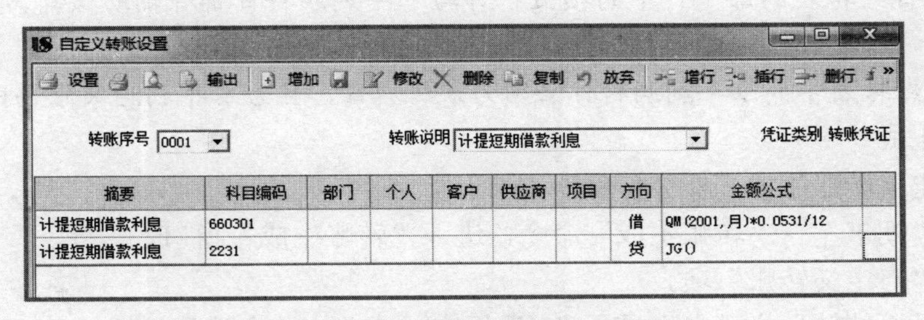

自定义转账设置

设置 输出 增加 修改 删除 复制 放弃 增行 插行 删行

转账序号 0001 转账说明 计提短期借款利息 凭证类别 转账凭证

摘要	科目编码	部门	个人	客户	供应商	项目	方向	金额公式
计提短期借款利息	660301						借	QM(2001,月)*0.0531/12
计提短期借款利息	2231						贷	JG()

图 6-9 显示定义完成的转账分录信息

提示：

转账科目为末级科目，部门可为空，表示所有部门。

科目默认时，则取对方所有科目的金额之和。

如果使用应收、应付系统，则在总账管理系统中不能按客户、供应商辅助项进行结转，只能按科目总数进行结转。

输入转账计算公式有两种方式：一是直接输入公式，二是引导方式输入公式。

（2）期间损益结转设置。操作步骤为：

1）执行“期末”→“转账定义”→“期间损益”命令，进入“期间损益结转设置”窗口。

2）选择凭证类别“转账凭证”，输入或选择本年利润科目“3131”，如图 6-10 所示。

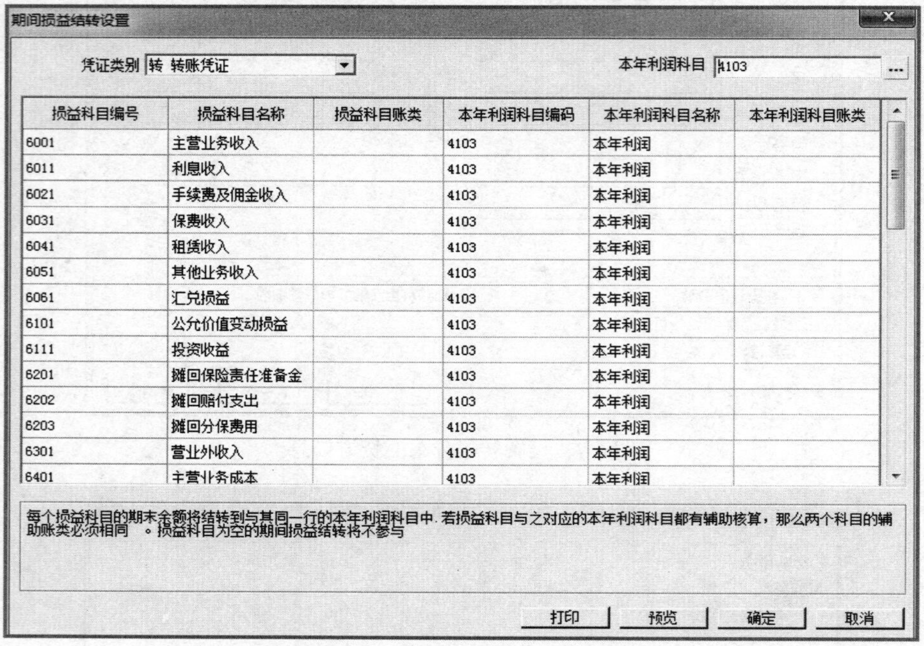

期间损益结转设置

凭证类别 转 转账凭证　　本年利润科目 4103

损益科目编号	损益科目名称	损益科目账类	本年利润科目编码	本年利润科目名称	本年利润科目账类
6001	主营业务收入		4103	本年利润	
6011	利息收入		4103	本年利润	
6021	手续费及佣金收入		4103	本年利润	
6031	保费收入		4103	本年利润	
6041	租赁收入		4103	本年利润	
6051	其他业务收入		4103	本年利润	
6061	汇兑损益		4103	本年利润	
6101	公允价值变动损益		4103	本年利润	
6111	投资收益		4103	本年利润	
6201	摊回保险责任准备金		4103	本年利润	
6202	摊回赔付支出		4103	本年利润	
6203	摊回分保费用		4103	本年利润	
6301	营业外收入		4103	本年利润	
6401	主营业务成本		4103	本年利润	

每个损益科目的期末余额将结转到与其同一行的本年利润科目中.若损益科目与之对应的本年利润科目都有辅助核算，那么两个科目的辅助账类必须相同 。损益科目为空的期间损益结转将不参与

打印　预览　确定　取消

图 6-10 “期间损益结转设置”界面

3）单击“确定”按钮。

提示：

损益科目结转表的每一行中损益科目的期末余额将转到该行的本年利润科目中。

若损益科目结转表的每一行中的损益科目与本年利润科目都有辅助核算，则辅助账项必须相同。

损益科目结转表中的本年利润科目必须为末级科目，且为本年利润入账科目的下级科目。

2. 转账生成

（1）自定义转账生成。操作步骤为：

1）执行“期末”→“转账生成”命令，进入“转账生成”窗口。

2）选择“自定义转账”项。

3）在“是否结转”栏双击，显示“Y”标志，或单击“全选”按钮。

4）单击“确定”按钮，生成转账凭证。

5）单击“保存”按钮，系统自动将当前凭证追加到未记账凭证中，如图 6-11 所示。

6）以“001 王志伟”的身份重注册进入“企业应用平台”，在总账管理系统中完成自定义转账凭证审核、记账的操作。

已生成

转账凭证

转 字 0007　　制单日期：2016.01.31　　审核日期：　　附单据数：0

摘要	科目名称	借方金额	贷方金额
计提短期借款利息	财务费用/利息支出	79650	
计提短期借款利息	应付利息		79650
票号 日期	数量 单价	合计 79650	79650

备注　项　目　　部　门

　　　个　人　　客　户

　　　业务员

记账　审核　出纳　制单　徐敏

图 6-11　生成自定义转账凭证

提示：

由于转账是按照已记账凭证的数据进行计算的，所以在进行月末转账工作之前，请先将所有未记账凭证记账，否则，生成的转账凭证数据可能有误。

生成对应结转凭证、销售成本结转凭证等的操作与自定义转账凭证的操作基本相同。

转账凭证每月只生成一次。

生成的转账凭证仍须审核后才能记账。

在转账凭证生成时，如果涉及多项转账业务，一定要注意转账业务发生的先后次序，否则会出现差错。

（2）期间损益结转生成。操作步骤为：

1）以“002 徐敏”的身份重注册进入“企业应用平台”。

2）执行“期末”→“转账生成”命令，进入“转账生成”窗口。

3）选择“期间损益结转”项；“类型”可设置为全部，或分别设置为收入和支出。

4）单击“全选”按钮。

5）单击“确定”按钮，生成转账凭证。

6）单击“保存”按钮，系统自动将当前凭证追加到未记账凭证中。

7）以“001 王志伟”的身份重注册进入“企业应用平台”，在总账系统中完成期间损益结转凭证审核、记账的操作。

（三）对账

操作步骤为：

（1）执行“总账”→“期末”→“对账”命令，进入“对账”窗口。

（2）将光标定在要进行对账的月份“2016.01”，单击“选择”按钮或双击“是否对账”栏。

（3）单击“对账”按钮，开始自动对账，并显示对账结果，如图 6-12 所示。

（4）单击“试算”按钮，可以对各科目类别余额进行试算平衡。

（5）单击“确定”按钮，退出。

图 6-12 对账结果

（四）结账

1. 结账

操作步骤为：

（1）执行“总账”→“期末”→“结账”命令，进入“结账”窗口。

（2）单击要结账的月份“2016.01”，单击“下一步”按钮。

（3）单击“对账”按钮，系统对要结账月份进行账账核对。

（4）单击“下一步”按钮，系统显示“01 月度工作报告”，如图 6-13 所示。

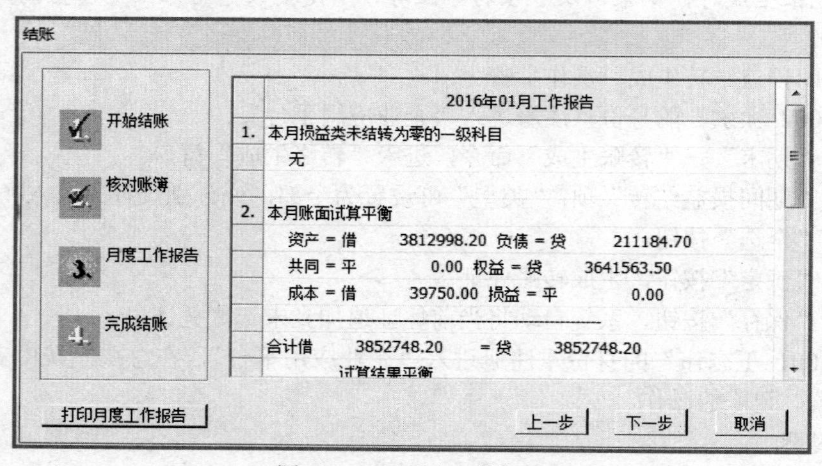

图 6-13 01 月度工作报告

（5）单击“下一步”按钮，若符合结账要求，系统将进行结账，否则不予结账。

（6）结账前系统提示“请您做好会计档案备份工作”，单击“结账”按钮，

提示：

结账只能由有结账权限的人进行。

本月还有未记账凭证时，不能结账。

如果上月未结账，则本月不能结账，但可以填制、审核凭证。

如果与其他子系统联合使用，其他子系统未全部结账时，本月不能结账。

结账前，应做好数据备份，以免数据被非正常操作破坏。

结账后，所有的账簿数据可以进行查询，但其他操作将受到限制。

2. 取消结账

操作步骤为：

（1）执行“总账”→“期末”→“结账”命令，进入“结账”窗口。

（2）选择要取消结账的月份。

（3）按“Ctrl+Shift+F6”键激活“取消结账”功能。

（4）输入口令，单击“确认”按钮，取消结账标记。

提示：

取消结账后，必须重新结账。

取消结账操作只能由账套主管执行。

● 账套数据备份：备份【案例 5】账套数据。

参考数据：1 月结账后余额表，如图 6-14 所示。

金额式

发生额及余额表

月份：2016.01-2016.01

科目编码	科目名称	期初余额		本期发生		期末余额	
		借方	贷方	借方	贷方	借方	贷方
1001	库存现金	1,200.00		8,200.00	600.00	8,800.00	
1002	银行存款	230,800.00		65,000.00	12,000.00	283,800.00	
1122	应收账款	30,680.00		37,440.00		68,120.00	
1221	其他应收款	5,000.00			3,000.00	2,000.00	
1231	坏账准备		153.40				153.40
1402	在途物资			7,000.00	7,000.00		
1403	原材料	81,500.00		7,000.00	1,750.00	86,750.00	
1405	库存商品	113,600.00			25,600.00	88,000.00	
1601	固定资产	3,948,000.00				3,948,000.00	
1602	累计折旧		672,318.40				672,318.40
资产小计		4,410,780.00	672,471.80	124,640.00	49,950.00	4,485,470.00	672,471.80
2001	短期借款		180,000.00				180,000.00
2202	应付账款		8,190.00		8,190.00		16,380.00
2211	应付职工薪酬		6,528.20				6,528.20
2221	应交税费		3,230.00	1,190.00	5,440.00		7,480.00
2231	应付利息				796.50		796.50
负债小计			197,948.20	1,190.00	14,426.50		211,184.70
4001	实收资本		3,458,000.00		65,000.00		3,523,000.00
4103	本年利润			1,796.50		1,796.50	
4104	利润分配		120,360.00				120,360.00
权益小计			3,578,360.00	1,796.50	65,000.00	1,796.50	3,643,360.00
5001	生产成本	38,000.00		1,750.00		39,750.00	
成本小计		38,000.00		1,750.00		39,750.00	
6001	主营业务收入			32,000.00	32,000.00		
6401	主营业务成本			25,600.00	25,600.00		
6601	销售费用			600.00	600.00		
6602	管理费用			6,800.00	6,800.00		
6603	财务费用			796.50	796.50		
损益小计				65,796.50	65,796.50		
合计		4,448,780.00	4,448,780.00	195,173.00	195,173.00	4,527,016.50	4,527,016.50

图 6-14　1 月结账后余额表

复习思考题

一、选择题

1．下面四种情况中，（　　）能自动核销已对账的记录。

A．对账单文件中一条记录和银行日记账未达账项中的一条记录完全相同

B．对账单文件中一条记录和银行日记账未达账项中的多条记录完全相同

C．对账单文件中多条记录和银行日记账未达账项中的一条记录完全相同

D．对账单文件中多条记录和银行日记账未达账项中的多条记录完全相同

2．关于结账操作，下列说法错误的是（　　）。

A．结账只能由有结账权限的人进行

B．结账后，还能继续输入凭证

C．结账必须按月连续进行，上月未结账，则本月不能结账

D．本月还有未记账凭证时，本月不能结账

3．在总账系统中设置转账分录时无须定义以下（　　）项。

A．凭证号　　B．凭证类别　　C．摘要　　D．借贷方向

4．在总账系统中，采用自定义转账分录生成机制凭证前，需要做好以下哪项工作？

A．本月发生的经济业务已制成凭证，但未审核记账

B．本月发生的经济业务已制成凭证，已审核但未记账

C．本月发生的经济业务已制成凭证，已审核已记账

D．本月发生的经济业务已制成凭证，已审核已记账且已结账

5．反记账需用______身份进入总账管理系统，在“期末处理”的“对账”界面下按下（　　）键来激活该功能。

A．会计　Ctrl+I　　B．主管　Ctrl+I　　C．会计　Ctrl+H　　D．主管　Ctrl+H

二、判断题

1．上月未结账，本月不能记账、结账。（　　）

2．上月未结账，可输入下月凭证。（　　）

3．利用自动转账凭证功能生成的凭证无须审核，可直接记账。（　　）

4．银行对账应采用自动对账与手工对账相结合的方式，手工对账是对自动对账的补充。（　　）

5．实行计算机记账，只要记账凭证录入正确，自动记账后的结果不会有错。（　　）

三、简答题

1．简述银行对账的工作程序。

2．简述自定义转账凭证设置的基本原理。

3．结账不能进行时，可能是什么原因造成的？

4．会计信息系统的对账概念是什么？

5．期末业务处理包括哪些操作？需要注意哪些问题？

第七章　UFO 报表管理系统

第一节　知识点

UFO 报表管理系统是报表的处理工具，利用专业的报表管理系统既可以编制对外报表，又可以编制各种内部报表。其主要任务是设计报表的格式和编制公式，从总账管理系统或其他业务系统中取得有关会计信息，自动编制各种会计报表，对报表进行审核、汇总，生成各种分析图，并按预定格式输出财务报表。

一、报表系统的主要功能

1. 提供各行业报表模板

报表系统提供了不同行业的标准财务报表模板，还提供了自定义模板的功能，可以根据本企业的实际需要定制模板。

2. 文件管理功能

文件管理是对报表文件的创建、读取、保存和备份进行管理。报表系统能够进行不同文件格式的转换，包括文本文件、*.MDB 文件、Excel 文件等。还提供了标准财务数据的“导入”和“导出”功能。此外，还可以实现与其他流行财务软件之间的数据交换。

3. 格式管理功能

报表系统提供了丰富的格式设计功能，如定义组合单元、画表格线、调整行高列宽、设置字体和颜色、定义报表关键字等，可以制作各种要求的报表。

4. 数据处理功能

数据处理是根据预先设置的报表格式和报表公式进行数据采集、计算和汇总等，生成财务报表。提供了排序、审核、舍位平衡、汇总功能；提供了绝对单元公式和相对单元公式；提供了多种类函数，可以从账务、应收、应付、工资、固定资产、销售、采购、库存等管理系统中提取数据，生成财务报表。

5. 图表功能

通过图表功能可以很方便地对报表数据进行图形组织，制作直方图、立体图、圆饼图、折线图等多种分析图表，可以编辑图表的位置、大小、标题等，并能打印输出各种图表。图表是利用报表文件中的数据生成的，图表与报表存在着紧密的联系，当报表中的源数据发生变化时，图表也随之变化。一个报表文件可以生成多个图表。

6. 二次开发功能

系统提供了批命令和自定义菜单，自动记录命令窗口中输入的多个命令，可将有规律性的操作过程编制成批命令文件，可以在短时间内开发出本企业的专用系统。

二、UFO 报表系统的基本概念

1. 格式状态和数据状态

UFO 报表管理系统将报表制作分成两大部分，即报表格式设计工作与报表数据处理工作，这两项工作是在不同的状态下进行的。实现状态切换的是“格式/数据”按钮。

（1）格式状态。在报表格式状态下进行有关格式设计的操作，如表尺寸、行高列宽、单元属性、单元风格、组合单元、关键字及定义报表的单元公式、审核公式及舍位平衡公式。在格式状态下，所看到的是报表的格式，报表的数据全部隐藏。

格式状态下所做的操作对本报表所有的表页都发生作用，该状态下不能进行数据的录入、计算等操作。

（2）数据状态。在报表的数据状态下管理报表的数据，如输入数据、增加或删除表页、审核、舍位平衡、制作图形、汇总和合并报表等。在数据状态下不能修改报表的格式，看到的是报表的全部内容，包括格式和内容。

数据状态下所做的操作只对本表页有效，该状态下不能修改报表的格式。

2. 单元

单元是指由行和列交错而确定的空格，是组成报表的最小单位。行号用数字 1～9999 表示。列号用字母 A～IU 表示。

UFO 报表管理系统中单元类型有三种：

（1）数值单元——单元的内容可以是 1.7*(10E−308)～1.7*(10E+308)之间的任何数（15 位有效数字），数字可以直接输入或由单元中存放的单元公式运算生成，建新表时，所有单元默认为数值型。

（2）字符单元——是报表的数据，在数据状态下输入。单元的内容可以是汉字、字母、数字及各种键盘可输入的符号组成的一串字符，一个单元中最多可输入 255 个字符。字符单元的内容也可由单元公式生成。

（3）表样单元——是报表的格式，是定义一个没有数据的空表所需的所有文字、符号或数字。在格式状态下输入，可以是文字、数字或符号，对所有表页都有效。

3. 区域

区域是指一张表页上的一组相邻的单元组成的矩形块，自起点单元至终点单元是一个完整的长方形矩阵。区域是二维的。最大的区域是一个二维表的所有单元（整个表页），最小的区域是一个单元。

4. 组合单元

组合单元是指由相邻的两个或更多的单元组成的区域，这些单元必须是同一种单元类型，处理报表时组合单元被视为一个单元。

5. 表页

在 UFO 报表系统中可以将格式相同而数据不同的报表用表页的形式加以管理。一个 UFO 报表最多可容纳 99 999 张表页，每张表页是由许多单元组成的。一个报表中的所有表页具有相同的格式，但其中的数据不同。

6. 关键字

关键字是游离于单元之外的特殊数据单元，其作用在于唯一标识一个表页，可用于在大量表页中快速选择表页。关键字的显示位置在格式状态下设置，关键字的值则在数据状态下录入，每个报表可以定义多个关键字。

UFO 报表管理系统提供了七种关键字的定义：单位名称、单位编号、年、季、月、日及日期。除此之外，UFO 有自定义关键字功能，可以用于业务函数中。

三、UFO 报表系统的操作流程

UFO 报表系统的操作流程如图 7-1 所示。

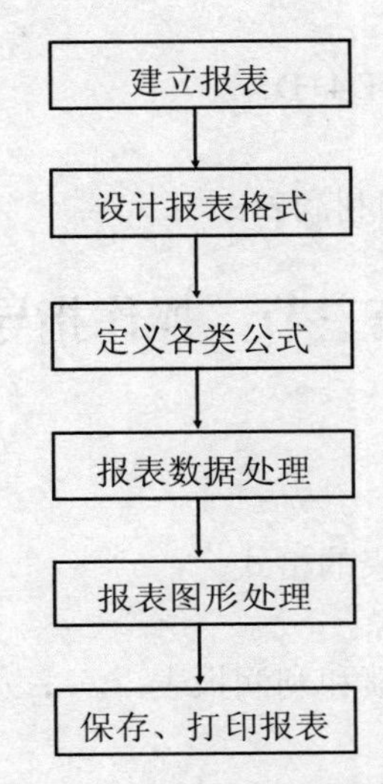

图 7-1　UFO 报表系统的操作流程

第二节　【案例 6】资料

1. 货币资金表

（1）报表格式。如表 7-1 所示。

表 7-1　货币资金表

单位名称：　　　　年　月　日　　　　单位：元

项目	行次	期初数	期末数
库存现金	1		
银行存款	2		
合计	3		

制表人：

（2）报表公式。

1）单元公式。

库存现金期初数：C4=QC("1001",月)

银行存款期初数：C5=QC("1002",月)

库存现金期末数：D4=QM("1001",月)

银行存款期末数：D5=QM("1002",月)

期初数合计：C6=C4+C5

期末数合计：D6=D4+D5

2）舍位公式。

舍位表名：SW1

舍位范围：C4:D6

舍位位数：3

舍位公式：C6=C4+C5, D6=D4+D5

2. 资产负债表和利润表

利用报表模板生产资产负债表和利润表。

第三节 操作指导

一、操作内容

（1）自行设计一张货币资金报表的格式。

（2）编制报表和图形。

（3）利用报表模板生成资产负债和利润报表。

二、操作步骤

- 操作准备：引入【案例 5】的账套备份数据。

（一）货币资金表格式设计

1. 启用 UFO，并建立一个新报表

操作步骤为：

（1）以“001 王志伟”的身份注册进入“企业应用平台”。（操作日期：2016-01-31）

（2）单击“业务工作”标签，执行“财务会计”→“UFO 报表”命令，进入“UFO 报表”窗口。

（3）单击“日积月累”对话框中的“关闭”按钮。

（4）执行“文件”→“新建”命令，建立一张空的报表，报表名默认为“report1”。

提示：

UFO 建立的是一个报表簿，可以容纳多张报表。

执行“新建”命令后，系统自动生成一张空白表。

创建的报表文件在没有被用户命名之前，使用系统提供的文件名“report1”。新建报表名将按照“report2”“report3”等排列。新文件创建之后，自动进入格式状态，内容为空。

2. 报表格式定义

——报表窗口左下角“格式/数据”按钮应处于“格式”状态。

（1）设置报表尺寸。操作步骤为：

1）执行“格式”→“表尺寸”命令，打开“表尺寸”对话框，如图 7-2 所示。

2）输入行数“7”，列数“4”。

3）单击“确认”按钮。

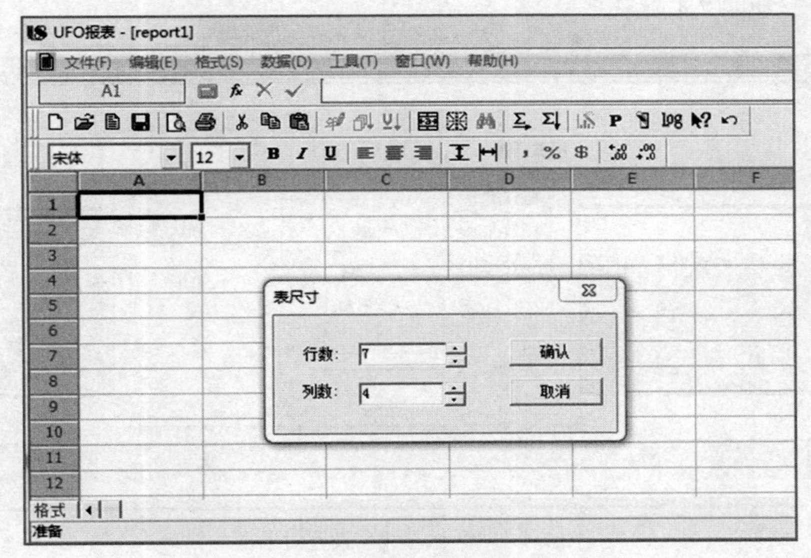

图 7-2 “表尺寸”设置对话框

提示：

设置报表尺寸是指设置报表的大小，设置前应根据所定义的报表大小计算该表所需要的行数及列数，然后再设置。

在其中输入报表的行数和列数，行数范围：1～9999，缺省为 50；列数范围：1～255，缺省为 7。

（2）定义报表行高列宽。操作步骤为：

1）选择需要调整的单元区域，执行“格式”→“列宽”命令，打开“列宽”对话框，如图 7-3 所示。

2）输入或单击“列宽”文本框的微调按钮，选择宽度，单击“确认”按钮。

3）用同样的方法设置表格的行高。

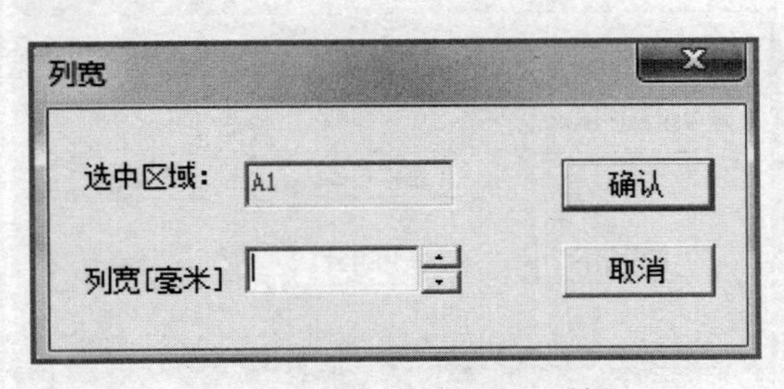

图 7-3 “列宽”设置对话框

提示：

设置列宽应以能够放下本栏最宽数据为原则，否则生成报表时会产生数据溢出的错误。

在设置了行高及列宽后，如果觉得不合适，可以直接用鼠标拖动行线及列线调整行高及列宽。

（3）画表格线。操作步骤为：

1）选择报表需要画线的区域“A3:D6”，执行“格式”→“区域画线”命令，打开“区域画线”对话框，如图 7-4 所示。

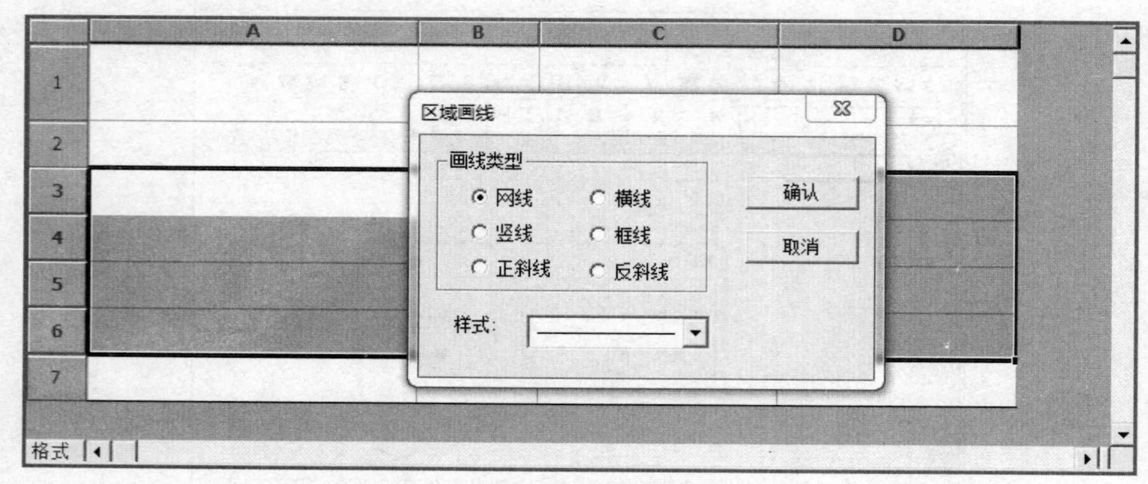

图 7-4 “区域画线”设置对话框

2）在画线类型选项组中选择“网线”项，单击“确认”按钮，将所选区域画上表格线。

提示：

报表尺寸设置完成后，在报表输出时，该报表是没有任何表格线的，为了满足查询和打印的需要，还应在适当的位置上画表格线。

画表格线时可以根据需要选择不同的画线类型及样式画线。

（4）定义组合单元。操作步骤为：

1）选择需要合并区域“A1:D1”，执行“格式”→“组合单元”命令，打开“组合单元”对话框，如图 7-5 所示。

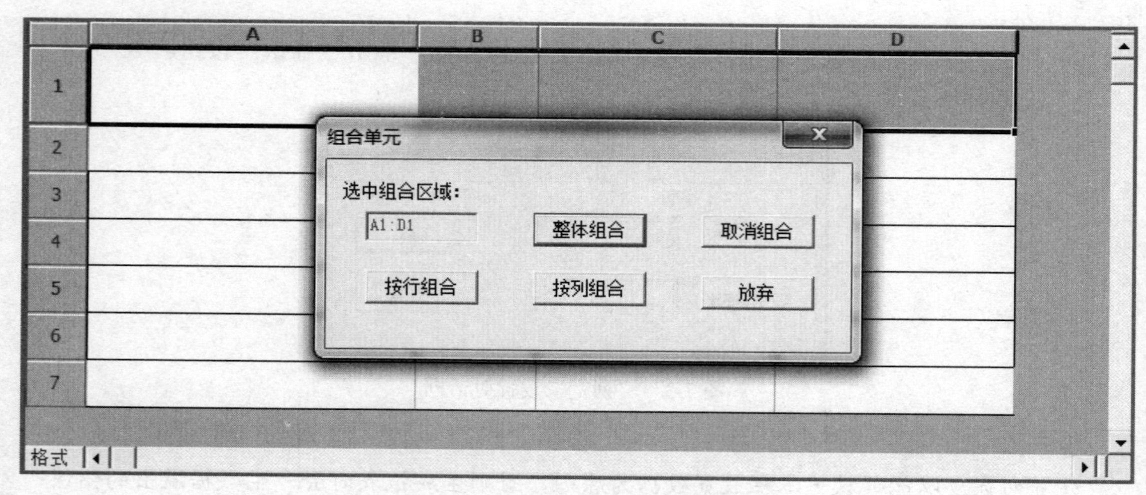

图 7-5 “组合单元”设置对话框

2）单击“按行组合”或“整体组合”按钮，将第 1 行组合为一个单元。

3）同样的方法，定义其他单元为组合单元。

提示：

组合单元由相邻的两个或更多的单元组成，这些单元必须是同一种单元类型（表样、数值、字符）。

UFO 在处理报表时将组合单元视为一个单元，组合单元的单元类型和内容以区域左上角单元为准。

取消组合单元后，区域恢复原有单元类型和内容。

有单元公式的单元不能包含在定义组合单元的区域中。

可变区中的单元不能包含在定义组合单元的区域中。

（5）输入报表内容。操作步骤为：

根据【案例 6】资料直接在对应单元中输入所有项目内容，如图 7-6 所示。

	A	B	C	D
1	货币资金表			
2				单位：元
3	项目	行次	期初数	期末数
4	库存现金	1		
5	银行存款	2		
6	合计	3		
7			制表人：	

格式

图 7-6　输入项目内容

提示：在录入报表项目时，单位名称及日期不需要手工录入，UFO 报表一般将其设置为关键字。

（6）定义单元风格。操作步骤为：

1）选择“A1:D1”组合单元，执行“格式”→“单元格属性”命令，打开“单元格属性”对话框，如图 7-7 所示。

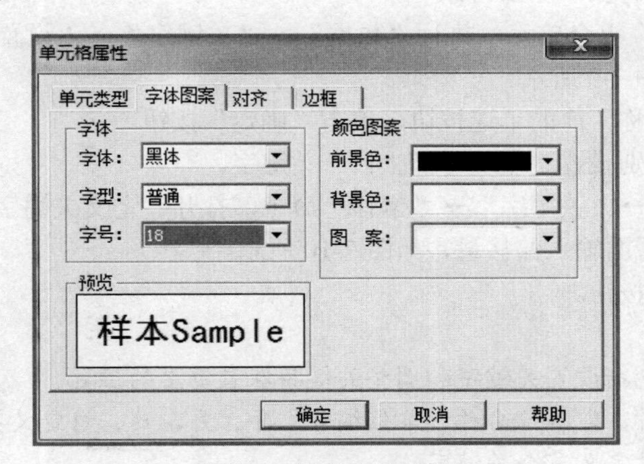

图 7-7　设置单元风格

2）单击“字体图案”页签，设置字体、字号等。

3）单击“对齐”页签，设置对齐方式、水平方向和垂直方向。

4）单击“确定”按钮。

5）用同样的方法继续设置表体、表尾的单元属性。

（7）定义单元类型。操作步骤为：

1）选择“D7”单元，执行“格式”→“单元格属性”命令，打开“单元格属性”对话框，如图7-8所示。

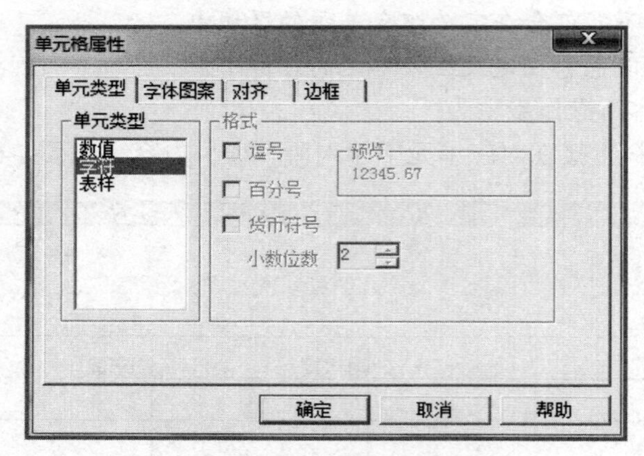

图7-8 设置单元类型

2）单击“单元类型”页签。

3）选择“字符”项。

4）单击“确定”按钮。

提示：

在设置单元属性时，可以分别设置单元类型、字体图案、对齐方式及边框样式。

格式状态下输入内容的单元均默认为表样单元，未输入数据的单元均默认为数值单元，在数据状态下可输入数值。若希望在数据状态下输入字符，则应将其定义为字符单元。

字符单元和数值单元输入后只对本表页有效，表样单元输入后对所有表页有效。

（8）定义关键字。操作步骤为：

1）选择“A2:C2”组合单元，执行“数据”→“关键字”→“设置”命令，打开“设置关键字”对话框，如图7-9所示。

2）选择“单位名称”前的单选按钮，单击“确定”按钮。

3）同样的方法分别设置“年”“月”“日”关键字。

4）执行“数据”→“关键字”→“偏移”命令，打开“定义关键字偏移”对话框，在需要调整位置的关键字后面输入偏移量，如图7-10所示。

5）单击“确定”按钮。

提示：

定义关键字主要包括设置关键字和调整关键字在表页上的位置。

关键字主要有六种，即单位名称、单位编号、年、月、日、自定义关键字。

每个报表可以同时定义多个关键字。

如果要取消关键字，须执行“数据→关键字→取消”命令。

关键字在格式状态下设置，但关键字的值在数据状态下录入。

同一单元或组合单元的关键字定义完后，可能会重叠在一起，此时可以通过设置关键字的偏移量调整其位置。偏移量为负数时表示向左移，正数表示向右移。

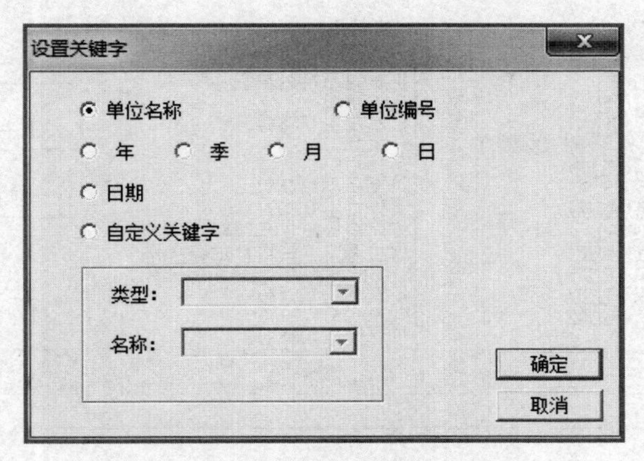

图 7-9　“设置关键字”对话框

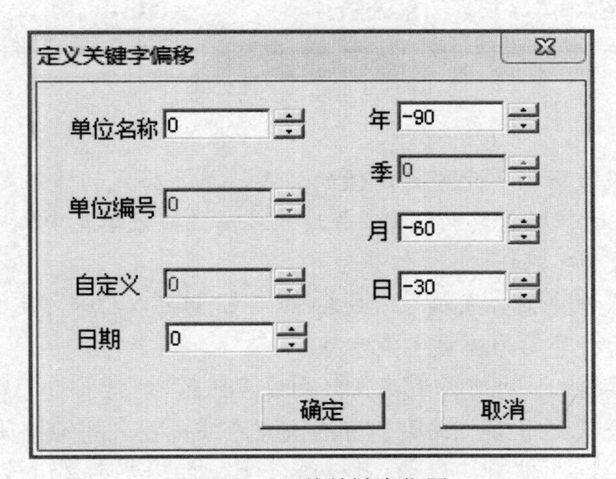

图 7-10　调整关键字位置

（9）定义单元公式。操作步骤为：

1）选择“C4”单元，执行“数据”→“编辑公式”→“单元公式”命令，打开“定义公式”对话框。

2）单击“函数向导”按钮，打开“函数向导”对话框。

3）在函数分类中选择“用友账务函数”，在函数名中选择“期初（QC）”。

4）单击“下一步”按钮，打开“用友账务函数”对话框。

5）单击“参照”按钮，打开“财务函数”对话框。

6）选择科目“1001”，其余各项均采用默认值，单击“确定”按钮，返回“用友账务函数”对话框。

7）单击“确定”按钮，返回“定义公式”对话框，单击“确认”按钮，如图 7-11 所示。

8）根据【案例 6】资料，定义其他单元公式。

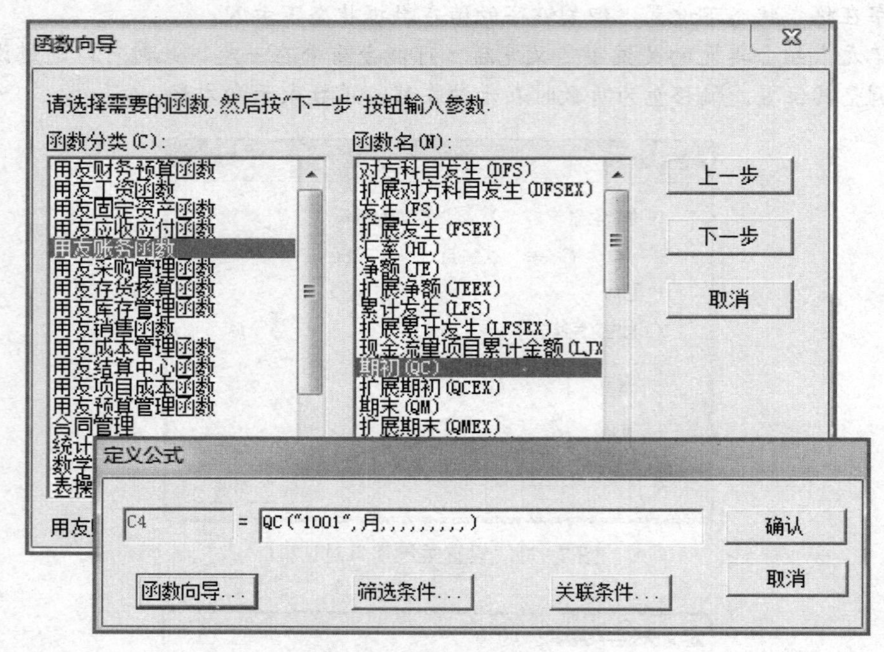

图 7-11　定义单元公式

提示：

单元公式是指为报表数据单元进行赋值的公式，单元公式的作用是从账簿、凭证、本表或其他报表等处调用、运算所需要的数据，并填入相应的报表单元中。它既可以将数据单元赋值为数值，也可以赋值为字符。

单击“fx”按钮或双击某公式单元，或按“=”键都可以打开“定义公式”对话框。

单元公式中涉及的符号均为英文半角字符。

计算公式可以直接输入，也可以利用函数向导参照录入。

（10）定义审核公式。审核公式用于审核报表内或报表之间勾稽关系是否正确。例如资产负债表中的“资产合计=负债合计+所有者权益合计”。如果要定义审核公式，可通过执行“数据→编辑公式→审核公式”命令来操作。

（11）定义舍位公式。报表数据在进行进位时，如以“元”为单位的报表在上报时可能会转换为以“千元”或“万元”为单位的报表，原来满足的数据平衡关系可能被破坏，因此需要进行调整，使之符合指定的平衡公式。进行进位的操作叫做舍位，舍位后调整的平衡关系式叫做舍位平衡公式。操作步骤为：

1）执行“数据”→“编辑公式”→“舍位公式”命令，打开“舍位平衡公式”对话框，如图 7-12 所示。

2）根据【案例 6】资料输入舍位公式的相关信息。

3）单击“完成”按钮。

提示：

舍位平衡公式是指用来重新调整报表数据进位后的小数位平衡关系的公式。

每个公式一行，各公式之间用逗号“,”（半角）隔开，最后一条公式后面不用写逗号，否则公式无法执行。

等号左边只能为一个单元（不带页号和表名）。

舍位公式中只能使用“+”“-”符号，不能使用其他运算符及函数。

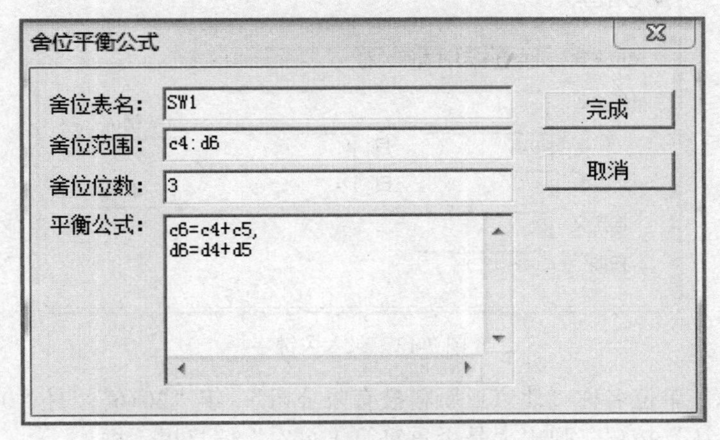

图 7-12 “舍位平衡公式”设置对话框

（12）保存报表格式。操作步骤为：

1）执行“文件”→“保存”命令。如果是第一次保存，则打开“另存为”对话框。

2）选择保存文件夹，输入文件名“货币资金表.rep”。

3）单击“另存为”按钮。

提示：

报表格式设置完以后切记要及时保存该报表的格式，以后可以随时调用。

“.rep”为用友报表文件专用扩展名。

（二）编制报表和图形

1. 报表数据处理

——报表窗口左下角“格式/数据”按钮应处于“数据”状态。

（1）打开报表。操作步骤为：

1）在 UFO 报表管理系统中，执行“文件”→“打开”命令。

2）选择“货币资金表.rep”的报表文件，单击“打开”命令。

3）在报表底部左下角单击“格式/数据”按钮，使当前状态为“数据”状态。

（2）增加表页。操作步骤为：

1）执行“编辑”→“追加”→“表页”命令，打开“追加表页”对话框。

2）输入需要追加的表页数“2”。

3）单击“确认”按钮。

提示：

追加表页是在最后一张表页后增加 N 张空表页，插入表页是在当前表页后面插入一张空表页。

一张报表最多能管理 99 999 张表页，演示版最多为 4 页。

（3）录入关键字并计算报表数据。操作步骤为：

1）执行"数据"→"关键字"→"录入"命令，打开"录入关键字"对话框，如图 7-13 所示。

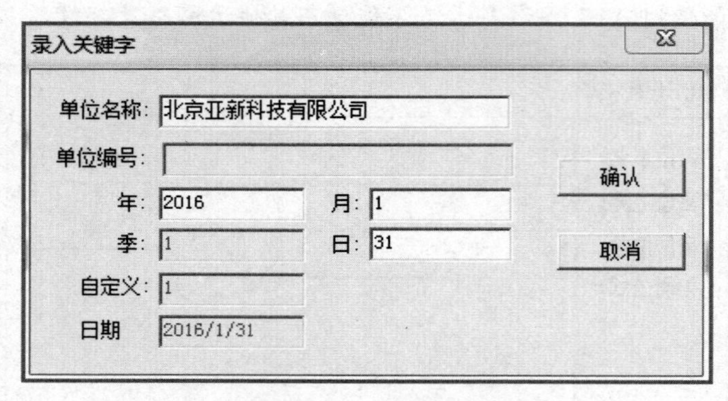

图 7-13 录入关键字

2）输入信息：单位名称"北京亚新科技有限公司"；年"2016"；月"01"；日"31"。

3）单击"确认"按钮，弹出"是否重算第 1 页？"信息提示框。

4）单击"是"按钮，得到数据结果如图 7-14 所示。

货币资金表

单位名称：北京亚新科技有限公司　　2016 年 1 月 31 日　　单位：元

项　目	行次	期初数	期末数
库存现金	1	1200.00	8800.00
银行存款	2	230800.00	283800.00
合　计	3	232000.00	292600.00

制表人：王志伟

图 7-14 生成货币资金表

提示：

每张表页均对应不同的关键字的值，输出时随同单元一起显示。

日期关键字可以确认报表数据取值的时间范围，即确定数据生成的具体日期。

在编制报表时可以选择整表计算或表页计算，整表计算是将该表的所有表页进行计算，而表页计算是仅将该表页的数据进行计算。

（4）报表舍位操作。操作步骤为：

1）执行"数据"→"舍位平衡"命令。

2）系统会自动根据已定义的舍位公式进行舍位操作，并将舍位后的报表存在"SW1.rep"文件中，如图 7-15 所示。

SW1

	A	B	C	D
1	货币资金表			
2	单位名称：北京亚新科技有限公司	2016 年 1 月31 日		单位：千元
3	项　目	行次	期初数	期末数
4	库存现金	1	1.20	8.80
5	银行存款	2	230.80	283.80
6	合　计	3	232.00	292.60
7			制表人：王志伟	

数据

图 7-15　生成舍位表

3）舍位操作以后，可以打开“SW1.rep”文件查看。

2. 表页管理

——报表窗口左下角“格式/数据”按钮应处于“数据”状态。

（1）表页排序。操作步骤为：

1）执行“数据”→“排序”→“表页”命令，打开“表页”对话框。

2）选择信息：第一关键字“年”；排序方向“递增”；第二关键字“月”；排序方向“递增”。

3）单击“确认”按钮。系统将自动把表页按年份递增顺序重新排列，如果年份相同则按月份递增顺序排列。

提示：

UFO 提供表页排序功能，可以按照表页关键字的值或者按照报表中的任何一个单元的值重新排列表页。

以关键字为关键值排序时，空值表页在“递增”时排在最前面，在“递减”时排在最后面。

以单元为关键值排序时，空值作为零处理。

（2）查找表页。操作步骤：

1）执行“编辑”→“查找”命令，打开“查找”对话框。

2）选择查找内容“表页”，选择查找条件。

3）单击“查找”按钮，查找到符合条件的表页作为当前表页。

3. 图表功能

（1）追加图表显示区域。操作步骤为：

1）在 UFO 报表系统中，打开“货币资金表.rep”报表文件，单击“格式/数据”按钮，使当前状态为“格式”状态。

2）执行“追加”→“行”命令，打开“追加行”对话框。

3）输入追加行数“15”。

4）单击“确定”按钮。

（2）插入图表对象。操作步骤：

1）单击“格式/数据”按钮，使当前状态为“数据”状态。

2）选择数据区域“A3:D6@1”，执行“工具”→“插入图表对象”命令，打开“区域作图”对话框，如图 7-16 所示。

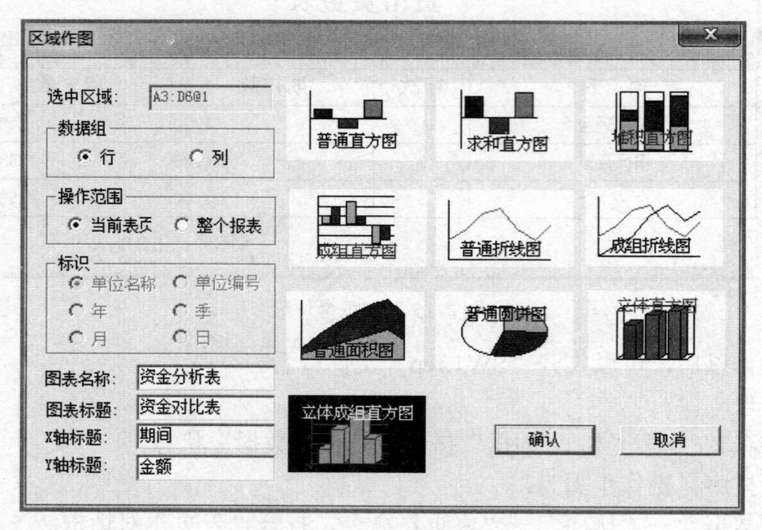

图 7-16　插入图表对象

3）选择数据组为“行”（则以行为 X 轴，以列为 Y 轴），选择操作范围为“当前表页”。

4）输入信息：图表名称“资金分析图”；图表标题“资金对比表”；X 轴标题“期间”；Y 轴标题“金额”。

5）选择图表格式“立体成组直方图”。

6）单击“确认”按钮，结果如图 7-17 所示。

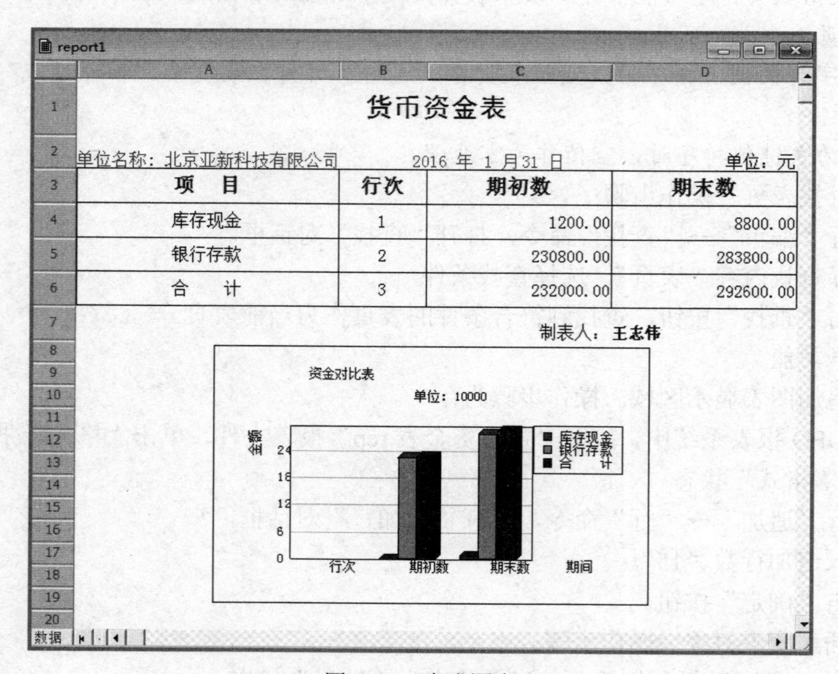

货币资金表

单位名称：北京亚新科技有限公司　　2016 年 1 月31 日　　单位：元

项　目	行次	期初数	期末数
库存现金	1	1200.00	8800.00
银行存款	2	230800.00	283800.00
合　计	3	232000.00	292600.00

制表人：王志伟

图 7-17　生成图表

提示：

图表是利用报表文件中的数据生成的，报表数据发生变化时，图表也随之变化，报表数据删除之后，图表也随之消失。

有关图表对象的操作必须在数据状态下进行。

选择图表显示区域时，区域不能少于2行×2列，否则会提示出现错误。

（3）编辑图表对象。操作步骤为：

1）双击图表对象任意位置，图表即被激活，执行“编辑”→“主标题”命令，打开“编辑标题”对话框。

2）输入主标题“货币资金分析”。

3）单击“确认”按钮。

4）单击选择主标题“货币资金分析”，执行“编辑”→“标题字样”命令，打开“标题字样”对话框。

5）选择信息：字体“隶书”；字型“粗体”；字号“12”；效果“加下划线”。

6）单击“确认”按钮。

7）同样的方法可以编辑图表中的其他内容。

8）保存报表。

（三）调用报表模板生成资产负债表和利润表

1. 调用资产负债表模板

操作步骤为：

（1）单击“格式/数据”按钮，使当前状态为“格式”状态。

（2）新建一张空白表页。

（3）执行“格式”→“报表模板”命令，打开“报表模板”对话框，如图7-18所示。

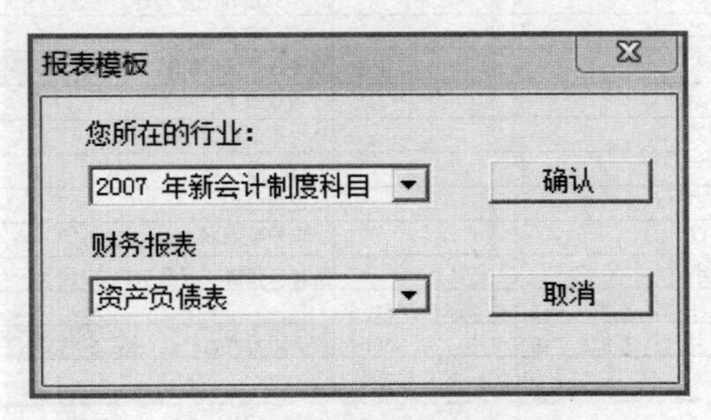

图7-18 调用资产负债表模板

（4）选择信息：您所在的行业：“2007年新会计制度科目”，财务报表：“资产负债表”。

（5）单击“确认”按钮，弹出“模板格式将覆盖本表格式！是否继续？”信息提示框。

（6）单击“确定”按钮，即可打开“资产负债表”模板。

2. 调整报表模板

操作步骤为：

（1）单击“格式/数据”按钮，将资产负债表处于“格式”状态。

（2）根据本单位的情况，调整报表格式，修改报表公式及项目等。

（3）保存调整后的报表。

3. 生成资产负债表数据

操作步骤为：

（1）单击“格式/数据”按钮，使资产负债表处于“数据”状态。

（2）执行“数据”→“关键字”→“录入”命令，打开“录入关键字”对话框。

（3）输入关键字：年“2016”；月“01”；日“31”。

（4）单击“确认”按钮，弹出“是否重算第1页？”信息提示框。

（5）单击“是”按钮，生成资产负债表如图7-19所示。

UFO报表 - [资产负债表]

文件(F) 编辑(E) 格式(S) 数据(D) 工具(T) 窗口(W) 帮助(H)

H1@1

	A	B	C	D	E	F	G	H
10	应收账款	4	67,966.60	30,526.60	应付账款	35	16,380.00	8,190.00
11	预付款项	5			预收款项	36		
12	应收利息	6			应付职工薪酬	37	6,528.20	6,528.20
13	应收股利	7			应交税费	38	7,480.00	3,230.00
14	其他应收款	8	2,000.00	5,000.00	应付利息	39	796.50	
15	存货	9	214,500.00	233,100.00	应付股利	40		
16	一年内到期的非流动资产	10			其他应付款	41		
17	其他流动资产	11			一年内到期的非流动负债	42		
18	流动资产合计	12	577,066.60	500,626.60	其他流动负债	43		
19	非流动资产：				流动负债合计	44	211,184.70	197,948.20
20	可供出售金融资产	13			非流动负债：			
21	持有至到期投资	14			长期借款	45		
22	长期应收款	15			应付债券	46		
23	长期股权投资	16			长期应付款	47		
24	投资性房地产	17			专项应付款	48		
25	固定资产	18	3,275,681.60	3,275,681.60	预计负债	49		
26	在建工程	19			递延所得税负债	50		
27	工程物资	20			其他非流动负债	51		
28	固定资产清理	21			非流动负债合计	52		
29	生产性生物资产	22			负债合计	53	211,184.70	197,948.20
30	油气资产	23			所有者权益（或股东权益）：			
31	无形资产	24			实收资本（或股本）	54	3,523,000.00	3,458,000.00
32	开发支出	25			资本公积	55		
33	商誉	26			减：库存股	56		
34	长期待摊费用	27			盈余公积	57		
35	递延所得税资产	28			未分配利润	58	118,563.50	120,360.00
36	其他非流动资产	29			所有者权益（或股东权益）合计	59	3,641,563.50	3,578,360.00
37	非流动资产合计	30	3,275,681.60	3,275,681.60				
38	资产总计	31	3,852,748.20	3,776,308.20	负债和所有者权益（或股东权益）总计	60	3,852,748.20	3,776,308.20

数据 第1页

图 7-19 生成资产负债表

（6）保存报表。

提示：

使用同样的方法，调用利润表模板并生成1月的利润表。

在调用报表模板时，一定要注意选择正确的所在行业的相应会计报表，否则不同行业的会计报表其内容不同。

用户可以根据单位的实际需要定制报表模板，并可以将自定义的报表模板加入系统提供的模板库中。

复习思考题

一、选择题

1. 用友报表系统中，（　　）定义了报表数据之间的运算关系，可以实现报表系统从其他子系统取数的功能，所以必须定义它。

A. 表格公式　　B. 审核公式　　C. 舍位平衡公式　　D. 单元公式

2. 用友报表系统中，不属于账务取数函数的是（　　）。

A. QC()　　B. PTOTAL()　　C. FS()　　D. LFS()

3. 用友报表系统中，可以用（　　）来唯一标识一个表页。

A. 单元　　B. 函数　　C. 区域　　D. 关键字

4. 用友报表系统中，要生成有数据的报表，最重要的一个步骤是（　　）。

A. 输入关键字　　B. 保存报表格式　　C. 组合单元　　D. 画表格线

5. 如果想在 UFO 报表中直接录入数据，下列说法正确的是（　　）。

A. 在 UFO 报表的格式状态下录入

B. 先在格式状态下删除公式，单元设置为数值型，然后在数据状态下录入

C. 在 UFO 报表的格式和数据状态下都可以录入

D. 无法直接输入数据只能通过单元公式从用友软件的各个模块中取数

二、判断题

1. UFO 报表系统可以从总账系统等其他子系统中提取数据生成报表，但除应收款和应付款子系统之外。（　　）

2. 在 UFO 报表系统中，报表文件的扩展名为“.rep”，报表文件名可以是“销售系统表.rep”“GZB.rep”“资产负债表.rep”等。（　　）

3. 在报表中插入的图表实际上也属于报表的数据，因此有关图表的操作可以在格式和数据状态下进行。（　　）

4. 进行舍位平衡操作后生成的报表文件名与源文件名一致。（　　）

5. 选择图表对象的显示区域时，区域不能少于 2 行×2 列，否则会出现显示错误。（　　）

三、简答题

1. UFO 报表管理系统的主要功能有哪些？
2. 报表的处理方式有几种？有何不同之处？
3. 报表单元的类型有几种？各有什么特点？
4. 报表公式可分为哪几类？各自的作用是什么？
5. 报表数据与插入的图表之间有什么关系？

第八章　薪资管理系统

第一节　知识点

薪资管理是人力资源管理的重要组成部分，薪资管理系统的主要任务是依据薪资制度和职工劳动的数量和质量，正确及时地计算和发放应付的职工薪酬，反映和监督职工薪酬的结算情况；按部门和人员类别进行汇总，进行个人所得税计算；提供多种方式的查询和打印工资发放表、各种汇总表及个人工资条；进行工资费用的分配与计提，并实现自动转账处理。薪资管理系统可以与总账系统集成使用，将工资凭证传递到总账系统中，也可以与成本管理系统集成使用，为成本管理系统提供人员的费用信息。

一、薪资管理系统主要功能

1. 工资类别管理

工资类别是指一套工资账中，根据不同情况而设置的工资数据管理类别。薪资管理系统提供了处理单个和多个工资类别的功能。

如果企业所有人员的工资项目、工资计算公式全部相同，则可以对全部员工进行统一的工资核算，应选择建立“单个”工资类别。

如果企业存在下列情况之一，应选择建立“多个”工资类别。①存在不同的类别（部门）的人员，工资发放项目不同，计算公式也不同，但需要进行统一的工资核算管理。②按周或月多次发放工资，月末需要进行统一核算。③在不同地区设有分支机构，而工资核算由总部统一管理。④工资发放时使用多种货币。

2. 人员档案管理

人员档案用于登记工资发放人员的姓名、职工编号、所在部门、人员类别等信息，处理员工的增减变动等。薪资管理系统提供了设置人员的基础信息，并对人员变动进行调整的功能，另外还提供了设置人员附加信息的功能。人员档案的操作时，如是针对某个工资类别的，应先打开相应的工资类别。

3. 工资数据管理

薪资管理系统提供了设置工资项目和计算公式，对平时发生的工资变动进行调整；自动计算个人所得税，结合工资发放形式进行“扣零处理”，向代发银行传输工资数据，自动计算、汇总工资数据，自动完成工资分摊，计提和转账业务等功能。

工资分摊是指对当月发生的工资费用进行工资总额的计算、分配及各种经费的计提，并制作自动转账凭证，供总账管理系统登账使用等工作。

4. 期末处理

期末处理工作是将当月数据经过处理后结转到下月，每月工资数据处理完毕后均需要进行期末结转。

结账时，应进行清零处理，这是由于在工资项目中，有些项目是变动的，即每月数据都不同，在每月工资处理时，需要将其数据清零，再输入当月的数据，此类项目即为清零项目。结账后，本月工资明细表即为不可修改状态，同时自动生成下月工资明细账，新增或删除人员将不会对本月数据产生影响。

5. 账表管理

薪资管理系统提供了多层次、多角度的工资数据查询功能。工资报表管理是按不同工资类别分别管理，其中包括工资表和工资分析表两个报表账夹，对每个工资类别中的工资数据的查询统计通过它来实现。

工资表是由系统提供的原始表，主要用于本月的工资发放和统计。工资分析表是以工资数据为基础，对部门、人员类别的工资数据进行分析和比较，产生各种分析表，供决策者使用。

二、薪资管理系统与其他子系统的关系

薪资管理系统与其他子系统的关系如图 8-1 所示。

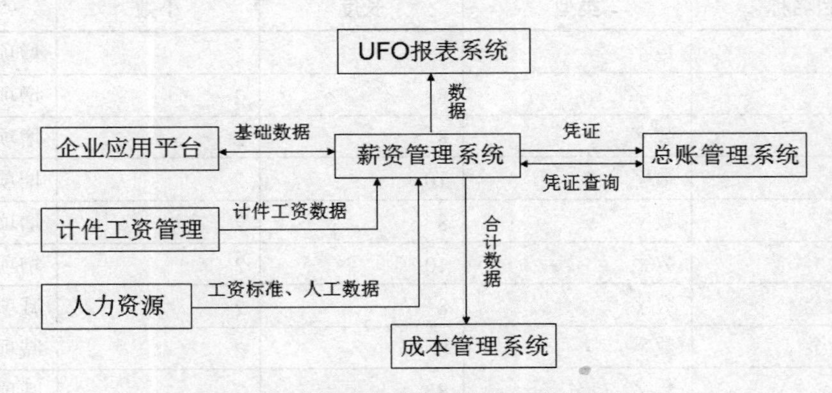

图 8-1　薪资管理系统与其他子系统关系

三、薪资管理系统的业务处理流程

薪资管理系统的业务处理流程如图 8-2 所示。

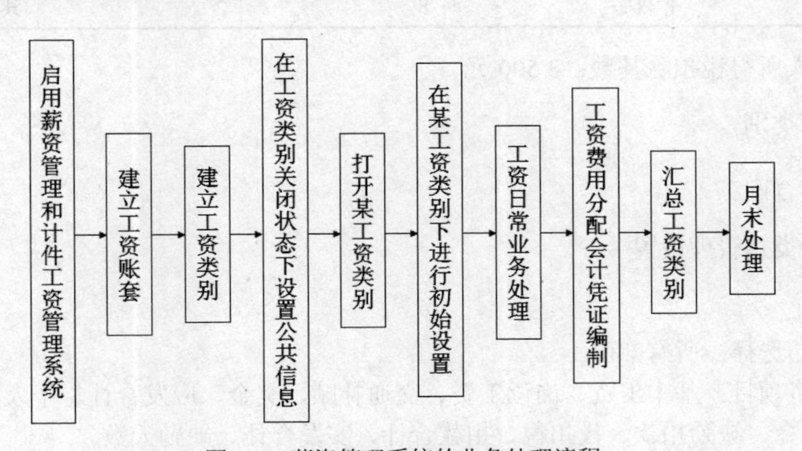

图 8-2　薪资管理系统的业务处理流程

第二节 【案例7】资料

一、薪资账套参数设置

①工资类别个数：多个；②核算计件工资；③核算币种：人民币（币符：RMB）；④要求代扣个人所得税；⑤启用薪资系统时间：2016年1月1日。

二、基础设置

（1）人员附加信息。人员附加信息为“职务”。

（2）工资项目设置，如表8-1所示。

表8-1 工资项目设置列表

工资项目名称	类型	长度	小数	增减项
基本工资	数字	8	2	增项
岗位工资	数字	8	2	增项
交通补贴	数字	8	2	增项
计件工资	数字	10	2	增项
奖金	数字	8	2	增项
应发合计	数字	10	2	增项
个人养老保险金	数字	8	2	减项
个人医疗保险金	数字	8	2	减项
缺勤扣款	数字	8	2	减项
代扣税	数字	10	2	减项
扣款合计	数字	10	2	减项
实发合计	数字	10	2	增项
缺勤天数	数字	8	2	其他

（3）个人所得税扣除基数：3 500元。

三、工资类别

正式工和合同工。

四、工资类别管理设置

1. 正式工

（1）部门选择：所有部门。

（2）工资项目：基本工资、岗位工资、交通补贴、奖金、应发合计、个人养老保险金、个人医疗保险金、缺勤扣款、代扣税、扣款合计、实发合计、缺勤天数。

（3）正式工档案信息，如表 8-2 所示。

表 8-2　正式工档案信息表

人员编号	人员姓名	所属部门	人员类别	职务	银行账号	中方人员	是否计税	核算计件工资
101	刘丛	经理办公室	管理人员	总经理	20090010001	是	是	否
102	黄华	经理办公室	管理人员	秘书	20090010002	是	是	否
103	王志伟	财务部	管理人员	会计主管	20090010003	是	是	否
104	徐敏	财务部	管理人员	会计	20090010004	是	是	否
105	谭梅	财务部	管理人员	出纳	20090010005	是	是	否
106	张翔	财务部	管理人员	会计	20090010006	是	是	否
201	赵斌	采购部	经营人员	经理	20090010007	是	是	否
202	邹小林	采购部	经营人员	采购员	20090010008	是	是	否
301	李建春	销售部	经营人员	经理	20090010009	是	是	否
302	尹小梅	销售部	经营人员	销售员	20090010010	是	是	否
401	林东	生产部	车间管理人员	主任	20090010011	是	是	否
402	王丹	生产部	生产工人	保管员	20090010012	是	是	否

（4）正式工工资项目的计算公式，如表 8-3 所示。

表 8-3　正式工工资项目的计算公式

项目	计算公式
缺勤扣款	基本工资/22×缺勤天数
个人养老保险金	（基本工资+岗位工资）×0.08
个人医疗保险金	（基本工资+岗位工资）×0.02
交通补贴	iff（人员类别=“经营人员”，400，200）

2. 合同工

（1）部门选择：生产部。

（2）工资项目：计件工资、应发合计、代扣税、扣款合计、实发合计。

（3）合同工档案信息，如表 8-4 所示。

表 8-4　合同工档案信息表

人员编号	人员姓名	所属部门	人员类别	职务	银行账号	中方人员	是否计税	核算计件工资
421	高峰	生产部	生产工人	工人	20090010021	是	是	是
422	杨吉超	生产部	生产工人	工人	20090010022	是	是	是

（4）计件要素设置：名称“工时”（标准、字符型、启用，其他信息默认设置）。

（5）生产部计件工价信息，如表 8-5 所示。

表 8-5　生产部的计件工价设置表

序号	工时	工价
01	加工工时	20.0000
02	检验工时	22.0000

五、2016 年 1 月初正式工人员的工资数据（表 8–6）

表 8-6　2016 年 1 月初正式工人员工资数据表

人员编号	人员姓名	基本工资	岗位工资
101	刘从	1800	4000
102	黄华	1200	2000
103	王志伟	1600	3000
104	徐敏	1400	2600
105	谭梅	1400	2600
106	张翔	1400	2600
201	赵斌	1400	3000
202	邹小林	1200	2600
301	李建春	1400	3000
302	尹小梅	1200	2600
401	林东	1400	3000
402	王丹	1200	2000

六、工资分摊

（1）工资分摊类型：工资、工会经费（2%）。

（2）工资分摊设置，如表 8-7 所示。

表 8-7　工资分摊设置表

<table>
<tr><th>分摊类型名称</th><th>部门名称</th><th>人员类别</th><th>借方科目</th><th>贷方科目</th></tr>
<tr><td rowspan="5">工资</td><td>经理办公室、财务部</td><td>管理人员</td><td>660201</td><td rowspan="5">221101</td></tr>
<tr><td>采购部</td><td>经营人员</td><td>660201</td></tr>
<tr><td>销售部</td><td>经营人员</td><td>660101</td></tr>
<tr><td rowspan="2">生产部</td><td>车间管理人员</td><td>510101</td></tr>
<tr><td>生产工人</td><td>500102</td></tr>
<tr><td rowspan="5">工会经费
（2%）</td><td>经理办公室、财务部</td><td>管理人员</td><td rowspan="5">660206</td><td rowspan="5">221103</td></tr>
<tr><td>采购部、销售部</td><td>经营人员</td></tr>
<tr><td rowspan="3">生产部</td><td>车间管理人员</td></tr>
<tr><td>生产工人</td></tr>
<tr><td>生产工人</td></tr>
</table>

注：工资分摊计提基数以工资表中的“应发合计”为准。

七、1月工资变动情况

（1）1月的考勤结果如下：张翔请假1天，尹小梅请假2天。

（2）因工作需要，公司决定从本月对正式工人员发放通讯费，具体资料如下：通讯费项目：数字型、长度为8、小数位2位、增项；管理人员或车间管理人员每月为300元，其他人员每月为100元。

（3）因上月销售业绩比较好，本月给销售部的每人增发奖金500元。

（4）合同工计件工资统计如表8-8所示。

表8-8 合同工计件工资统计表

人员编码	姓名	部门	日期	工时	数量
421	高峰	生产部	2016-01-31	加工工时	200
422	杨吉超	生产部	2016-01-31	检验工时	180

第三节　操作指导

一、操作内容

（1）薪资管理系统参数设置。

（2）薪资类别管理设置。

（3）薪资管理系统的日常业务处理。

（4）薪资管理系统的月末处理及数据查询。

二、操作步骤

● 操作准备：引入【案例3】的账套备份数据。

（一）启用薪资管理系统

操作步骤为：

（1）以“001王志伟”的身份注册进入“企业应用平台”。（操作日期：2016-01-01）

（2）单击“基础设置”标签，执行“基本信息”→“系统启用”命令，打开“系统启用”对话框。

（3）分别启用“薪资管理”和“计件工资管理”系统，如图8-3所示。

（二）薪资管理系统初始化

1. 建立薪资子账套

操作步骤为：

（1）单击“业务工作”标签，执行“人力资源”→“薪资管理”命令，打开“建立工资账套”对话框，如图8-4所示。

（2）在“建立工资账套—参数设置”页签中，选择“多个”项，选择工资计算币种为“人民币”，选择“是否核算计件工资”项。

（3）单击“下一步”，在“建立工资账套—扣税设置”页签中，选择“是否从工资中代扣个人所得税”项。如图8-5所示。

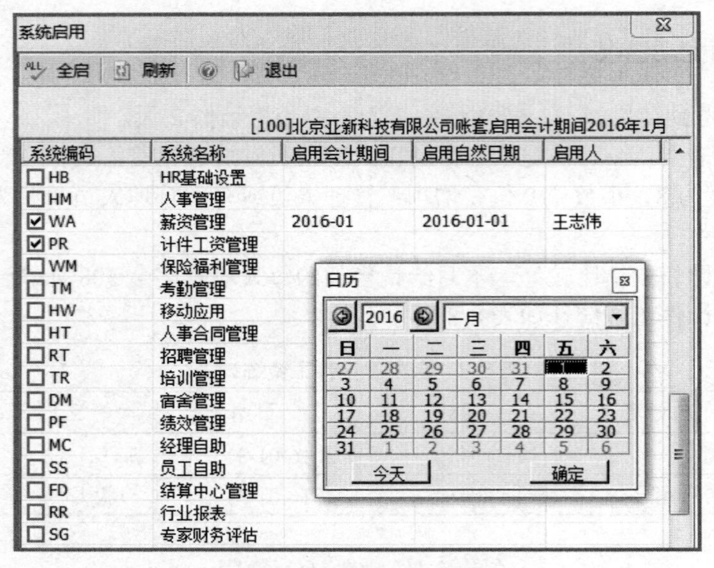

图 8-3 启动相关子系统

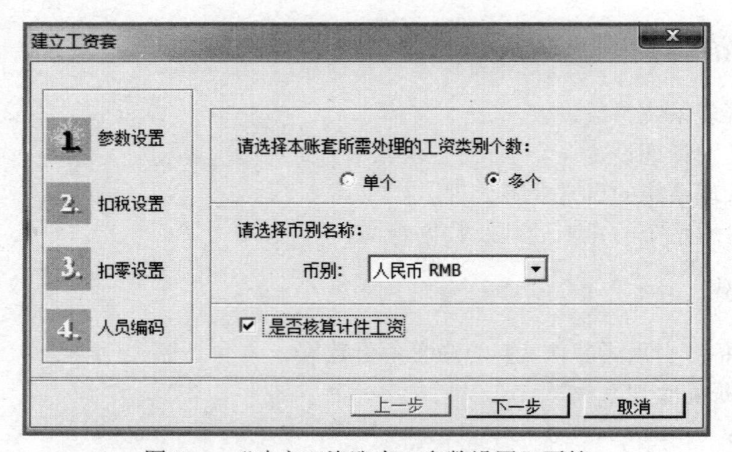

图 8-4 “建立工资账套—参数设置”页签

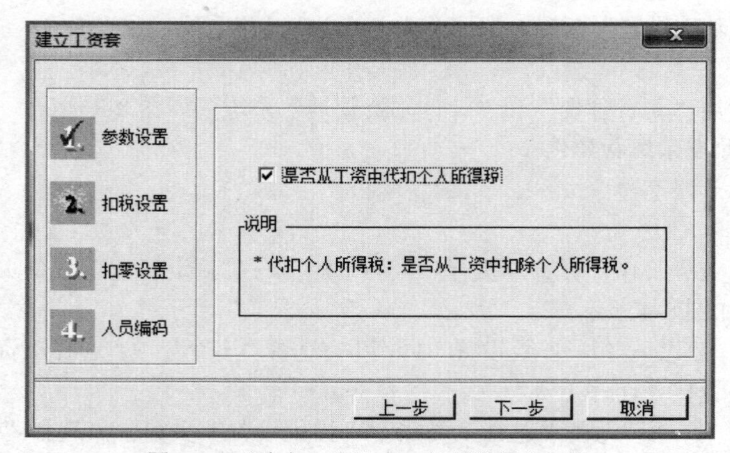

图 8-5 “建立工资账套—扣税设置”页签

（4）单击“下一步”，在“建立工资账套—扣零设置”页签，不做选择。

（5）单击“下一步”，在“建立工资账套—人员编码”页签中，信息提示“本系统要求您对员工进行统一编号，人员编码同公共平台的人员编码保持一致”。

（6）单击“完成”按钮。

提示：

薪资账套与企业核算账套是不同的概念，企业核算账套在系统管理中建立，是针对整个用友 ERP 系统而言，而薪资账套只针对用友 ERP 系统中的薪资管理子系统。即薪资管理系统是企业核算账套的一个组成部分。

如果单位按周或月多次发放工资，或者是单位中有多种不同类别（部门）人员，工资发放的项目不相同、计算公式也不相同，但需要进行统一工资核算管理，应选择“多个”工资类别。反之，选择“单个”工资类别。

选择代扣个人所得税后，系统将自动生成工资项目“代扣税”，并自动进行代扣税金额的计算。

扣零处理是指每次发放工资时将零头扣下，积累取整，在下次发放工资时补上。选择扣零处理后，系统自动在固定工资项目中增加“本月扣零”和“上月扣零”两个项目。扣零的计算公式将由系统自动定义。

在银行代发工资的情况下，扣零处理已没有意义。

建账完成后，部分建账参数可以在“设置”→“选项”中进行修改。

2. 建立工资类别

操作步骤为：

（1）执行“新资管理”→“工资类别”→“新建工资类别”命令，打开“新建工资类别”对话框，输入“正式工”。

（2）单击“下一步”按钮，打开“新建工资类别—请选择部门”对话框，分别选择各个部门，包括下级部门。或单击“选定全部部门”按钮，如图 8-6 所示。

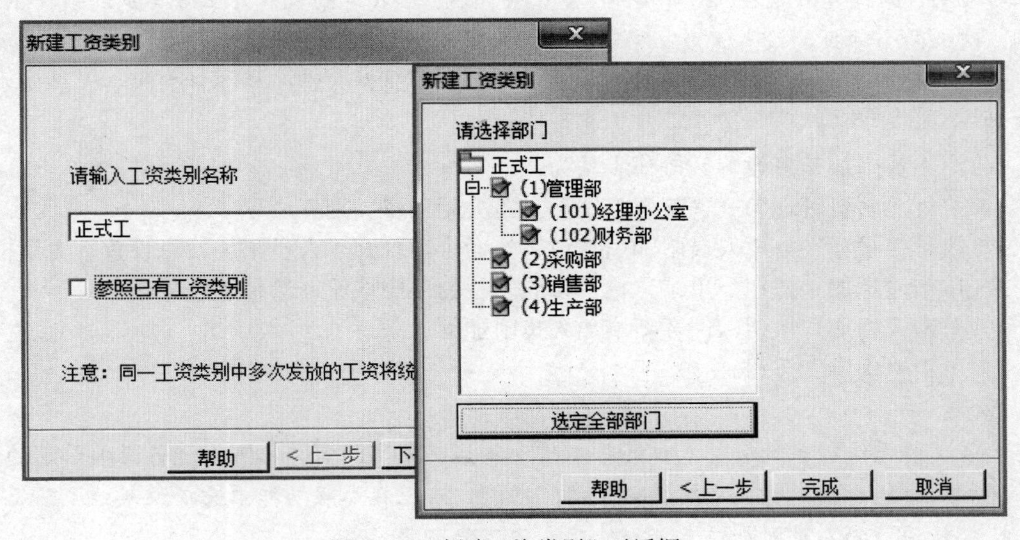

图 8-6　“新建工资类别”对话框

（3）单击“完成”按钮，系统弹出“是否以2016-01-01为当前工资类别的启用日期？”信息提示框。

（4）单击“是”按钮，返回“业务工作”界面。

（5）执行“工资类别”→“关闭工资类别”命令，关闭“正式工”的工资类别。

（6）执行“工资类别”→“新建工资类别”命令，根据【案例 7】资料依次录入“合同工”工资类别的相关信息，如图8-7所示。

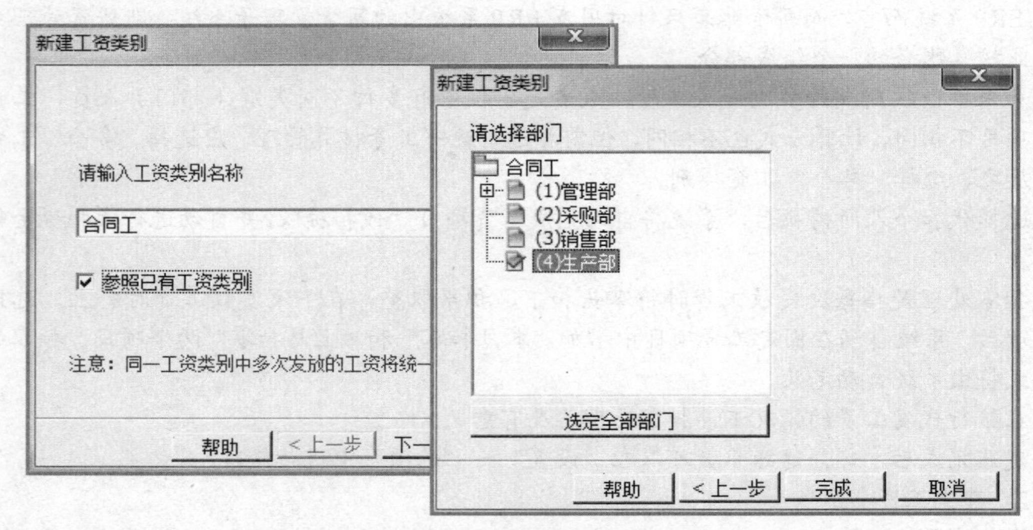

图8-7 新建工资类别—“合同工”

3. 基础信息设置

提示：

在进行基础信息设置时，如果核算单位选择的是“多个”工资类别，则其中“部门”和“工资项目”的设置必须在“工资类别”处于关闭状态，或者尚未建立工资类别的前提下进行，否则，这来两个项目的设置无效。除这两项以外的其他基础设置可以在“工资类别”的关闭状态下设置，也可以在打开的某个工资类别内设置，设置的内容对于整个薪资账套内的所有类别均有效。

（1）人员附加信息设置。操作步骤为：

1）执行“薪资管理”→“工资类别”→“关闭工资类别”命令。

2）执行“设置”→“人员附加信息设置”命令，打开“人员附加信息设置”对话框。

3）单击“增加”按钮，单击“栏目参照”栏的参照按钮，选择“职务”。

4）单击“增加”按钮，保存新增加人员附加信息。

5）单击“确定”按钮。

提示：

如果工资系统提供的有关人员的基本信息不能满足实际需要，可以进行附加信息的设置。

增加人员附加信息时，系统提供了参照功能，可以在参照功能中选择录入。

已经使用过的人员附加信息可以修改，但不能删除。

不能对人员的附加信息进行数据加工，如公式设置等。

（2）工资项目设置。操作步骤为：

1）执行“薪资管理”→“设置”→“工资项目设置”命令，打开“工资项目设置”对话框，如图 8-8 所示。

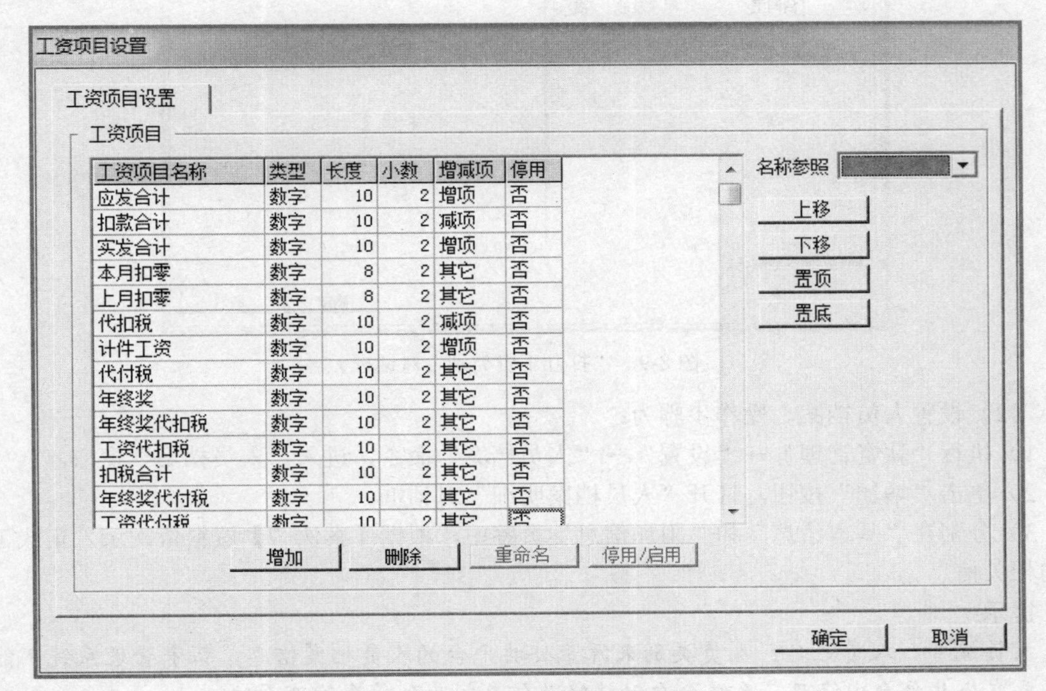

图 8-8 “工资项目设置”对话框

2）单击“增加”按钮，则增加一空行。

3）在工资项目名称栏内，输入工资项目名称“基本工资”，或在“名称参照”中选择工资项目名称“基本工资”，并设置该工资项目的类型、长度、小数位和工资增减项。

4）根据【案例 7】资料依次增加其他的工资项目。

5）单击“确定”按钮，弹出信息提示框，单击“确定”按钮，返回“业务工作”界面。

提示：

此处设置的工资项目是针对所有工资类别需要使用的全部工资项目。

系统提供的固定工资项目不能修改、删除，如“应发合计”“扣款合计”“实发合计”“代扣税”等项目。

系统提供若干常用工资项目供参考，可以选择输入。对于参照中未提供的工资项目，可以在“工资项目名称”栏里直接输入，或先从“名称参照”中选择一个项目，然后单击“重命名”按钮，将其修改为需要的项目。

4. “正式工”工资类别设置

（1）打开“正式工”工资类别。操作步骤为：

1）执行“薪资管理”→“工资类别”→“打开工资类别”命令，打开“打开工资类别”对话框，如图 8-9 所示。

2）选择打开“正式工”工资类别，单击“确定”按钮。

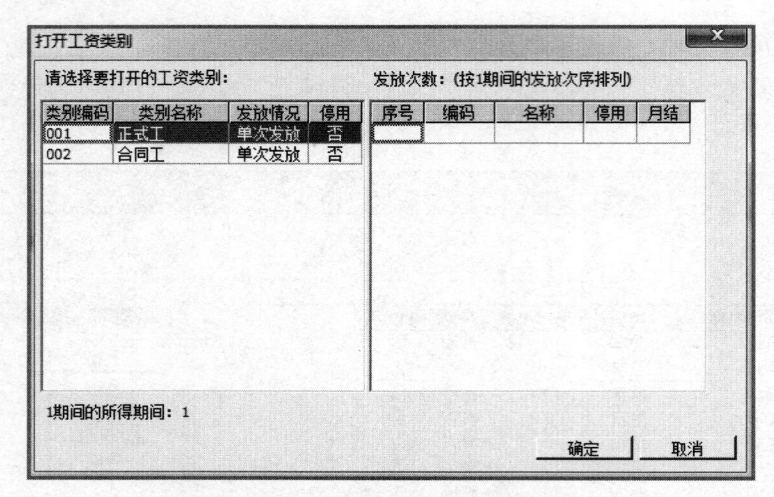

图 8-9 “打开工资类别”对话框

（2）设置人员档案。操作步骤为：

1）执行“薪资管理”→“设置”→“人员档案”命令，进入“人员档案”窗口。

2）单击“增加”按钮，打开“人员档案明细”对话框。

3）分别在“基本信息”和“附加信息”页签中，根据【案例 7】资料依次录入正式工人员的相关信息。

提示：

人员编号、人员姓名、人员类别来源于公共平台的人员档案信息，薪资管理系统不能修改，要在公共平台中修改，系统会自动将修改信息同步到薪资管理系统。

如果在银行名称设置中设置了“银行账号定长”，则在输入了一个人员档案的银行账号后，再输入第二个人的银行账号时系统会自动带出已设置的银行账号定长的账号，只需输入剩余的账号即可。

人员档案信息的录入也可通过批增的方式，成批增加人员档案信息，然后再修改或补充相关信息。

（3）选择工资项目。操作步骤为：

1）执行“薪资管理”→“设置”→“工资项目设置”命令，打开“工资项目设置—工资项目设置”对话框。

2）单击“增加”按钮。

3）单击“名称参照”栏的参照按钮，选择“基本工资”，根据【案例 7】资料依次增加其他的工资项目。

4）使用移动按钮将工资项目移动到适合的位置，如图 8-10 所示。

5）单击“确定”按钮，返回“业务工作”界面。

提示：

工资项目不能重复选择。

不能删除已输入数据的工资项目和已设置计算公式的工资项目。

如果需要的工资项目不存在，则要关闭本工资类别，然后新增工资项目，再打开此工资类别进行选择。

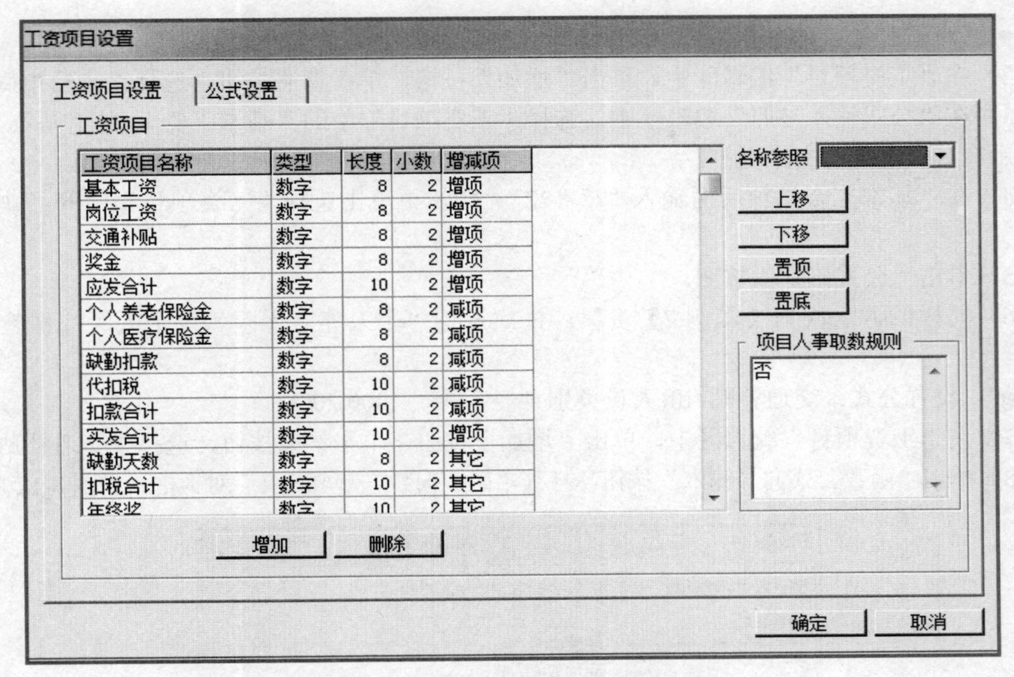

图 8-10 “正式工”的工资项目设置

（4）设置计算公式。操作步骤为：

1）在“工资项目设置”对话框中，单击“公式设置”页签，打开“工资项目设置—公式设置”对话框，如图 8-11 所示。

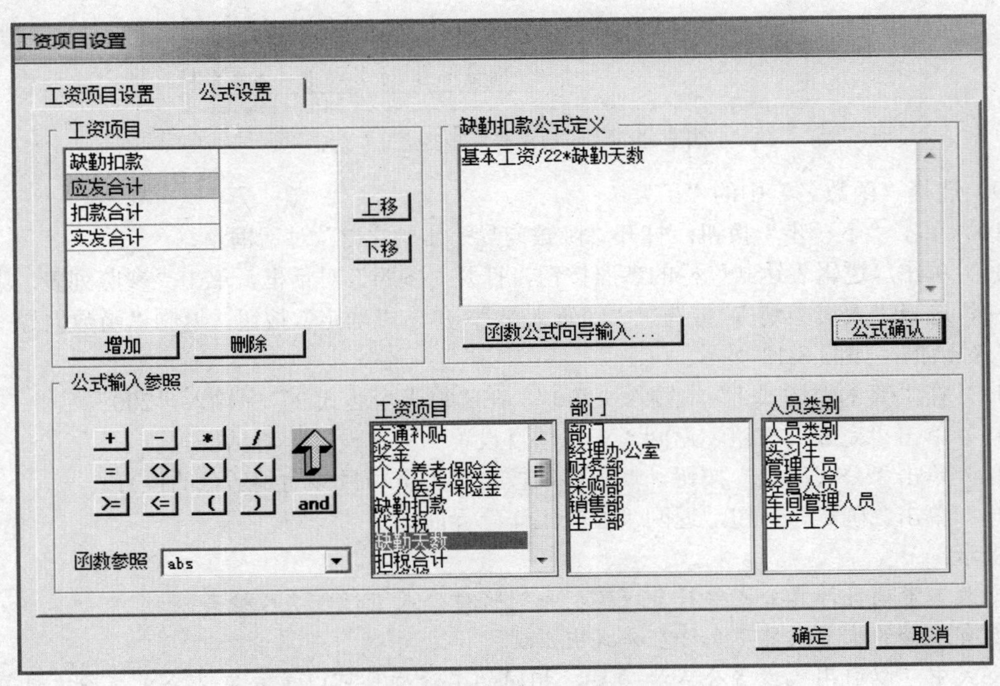

图 8-11 “缺勤扣款”的计算公式设置

- 设置公式：缺勤扣款=基本工资/22×缺勤天数

2）在“工资项目”编辑区中，单击“增加”按钮，单击参照按钮，选择“缺勤扣款”。

3）在“公式输入参照”编辑区中，选择“工资项目”中的“基本工资”，使“基本工资”项显示在公式定义的文本框中。

4）在“基本工资”项后面输入“/”“22”“*”，再单击选择“工资项目”中的“缺勤天数”。

5）单击“公式确认”按钮。

6）同样的方法根据【案例 7】资料，依次设置“个人养老保险”、“个人医疗保险”的公式。

- 设置公式：交通补贴=iff(人员类别="经营人员",400,200)

7）在“工资项目”编辑区中，单击“增加”按钮，单击参照按钮，选择“交通补贴”。

8）单击“函数公式向导输入”按钮，打开“函数向导—步骤之 1”对话框，如图 8-12 所示。

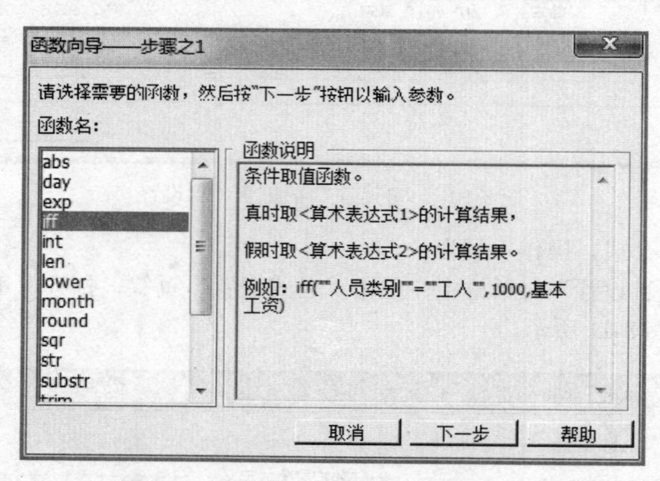

图 8-12 “函数向导—步骤之 1”对话框

9）选择“函数名”中的“iff”。

10）单击“下一步”按钮，打开“函数向导—步骤之 2”对话框。

11）单击“逻辑表达式”栏的参照按钮，打开“参照”对话框，单击“参照列表”中的参照按钮，选择“人员类别”，再选择“经营人员”，单击“确定”按钮，返回“函数向导—步骤之 2”对话框，如图 8-13 所示。

12）在“算术表达式 1”中输入“400”，在“算术表达式 2”中输入“200”。

13）单击“完成”按钮，返回“工资项目设置—公式设置”对话框。

14）单击“公式确认”按钮，使用移动按钮将工资项目移动到适合的位置。

15）单击“确定”按钮，返回“业务工作”界面。

提示：

定义工资项目计算公式要符合逻辑，系统将对公式进行合法性检查。

没有选择的工资项目不允许在公式中出现。

公式中可以引用已设置公式的项目，相同的工资项目可以重复定义公式，多次计算，以最后的运行结果为准。

公式定义有先后顺序，先得到的数据应先设置公式。

系统自动设置应发合计、扣款合计和实发合计公式。

函数公式向导只支持系统提供的函数。

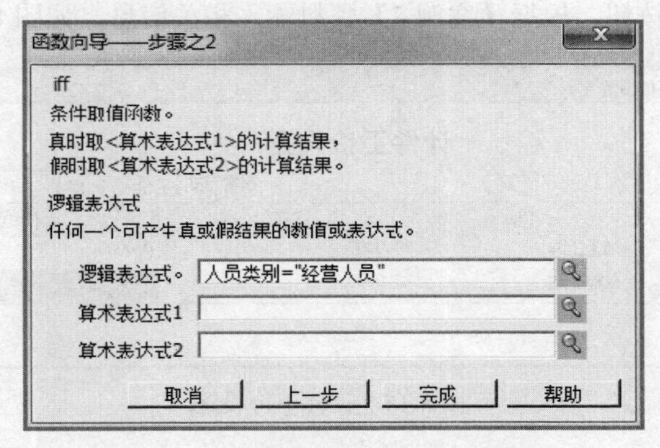

图 8-13　“函数向导—步骤之 2”对话框

5. “合同工”工资类别设置

（1）打开“合同工”工资类别。操作步骤为：

1）执行“薪资管理”→“工资类别”→“打开工资类别”命令，打开“打开工资类别”对话框。

2）选择打开“合同工”工资套，单击“确定”按钮。

（2）设置人员档案。操作方法与正式工人员的档案信息设置类似。

（3）选择工资项目。默认系统的设置，使用移动按钮将工资项目移动到适合的位置。

（4）计件要素设置。操作步骤为：

1）执行“计件工资”→“设置”→“计件要素设置”命令，打开“计件要素设置”对话框，单击“编辑”按钮。

2）单击“增加”按钮，输入“工时”，默认其他信息，如图 8-14 所示。

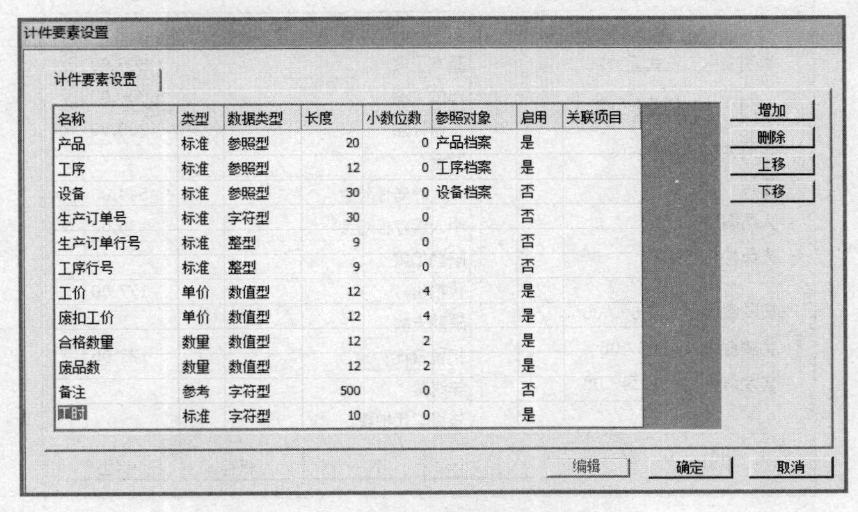

名称	类型	数据类型	长度	小数位数	参照对象	启用	关联项目
产品	标准	参照型	20	0	产品档案	是	
工序	标准	参照型	12	0	工序档案	是	
设备	标准	参照型	30	0	设备档案	否	
生产订单号	标准	字符型	30	0		否	
生产订单行号	标准	整型	9	0		否	
工序行号	标准	整型	9	0		否	
工价	单价	数值型	12	4		是	
废扣工价	单价	数值型	12	4		是	
合格数量	数量	数值型	12	2		是	
废品数	数量	数值型	12	2		是	
备注	参考	字符型	500	0		否	
工时	标准	字符型	10	0		是	

图 8-14　“计件要素设置”对话框

3）单击“确定”按钮。弹出提示信息框，单击“确定”按钮，返回“业务工作”界面。

（5）设置计件工价。操作步骤为：

1）执行“计件工资”→“设置”→“计件工价设置”命令，进入“计件工价设置”窗口。

2）单击“增加”按钮，根据【案例 7】资料输入相关信息，如图 8-15 所示。

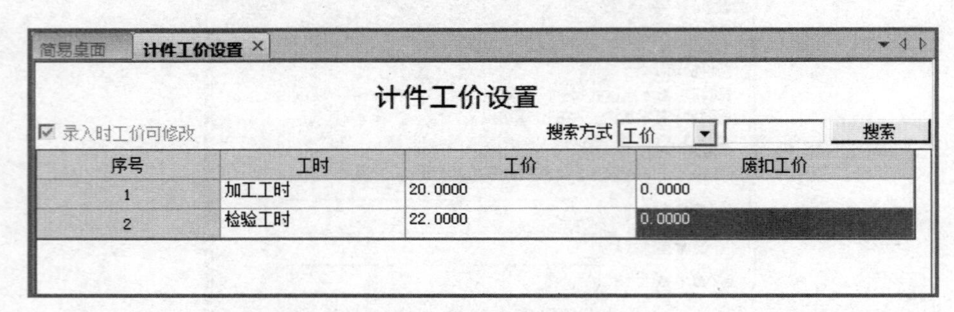

图 8-15 计件工价设置

3）单击“保存”按钮。

（二）薪资管理系统的业务处理

——以“002 徐敏”的身份注册进入“企业应用平台”（操作日期“2016-01-31”）。

1. “正式工”工资类别日常业务

——打开“正式工”工资类别。

（1）录入“正式工”的基本工资和岗位工资数据。操作步骤为：

1）执行“业务处理”→“工资变动”命令，进入“工资变动”窗口。

2）根据【案例 7】资料输入“正式工”的基本工资和岗位工资信息。可以单击“工资项目”栏直接输入，或者单击“编辑”按钮，打开“工资数据录入——页编辑”对话框，进行输入，如图 8-16 所示。

图 8-16 输入工资数据

3）全部数据录完之后，分别单击“计算”和“汇总”按钮，退出。

提示：

第一次使用薪资系统必须将所有人的基础工资数据录入系统。工资数据也可以在录入人员档案时直接录入，需要计算的内容在此功能中进行计算。

这里只需要输入没有进行公式设定的项目，如基本工资、岗位工资，其余各项由系统根据计算公式自动计算。

（2）录入考勤数据。操作步骤为：

1）执行“业务处理”→“工资变动”命令，进入“工资变动”窗口。

2）输入1月的考勤信息：张翔请假1天，尹小梅请假2天。

3）单击“退出”按钮，弹出“是否进行工资计算和汇总？”信息提示框，单击“否”按钮退出。

（3）增加通讯费。操作步骤为：

1）执行“工资类别”→“关闭工资类别”命令。

2）执行“设置”→“工资项目设置”命令，打开“工资项目设置”对话框。

3）单击“增加”按钮，输入信息：通讯费、数字型、长度为8、小数位2位、增项。单击“确定”按钮。

4）执行“工资类别”→“打开工资类别”命令，打开“正式工”工资类别。

5）执行“设置”→“工资项目设置”命令，打开“工资项目设置”对话框，选择增加“通讯费”，并将其移至合适的位置。

6）单击“公式设置”标签，打开“工资项目设置—公式设置”对话框，如图8-17所示。

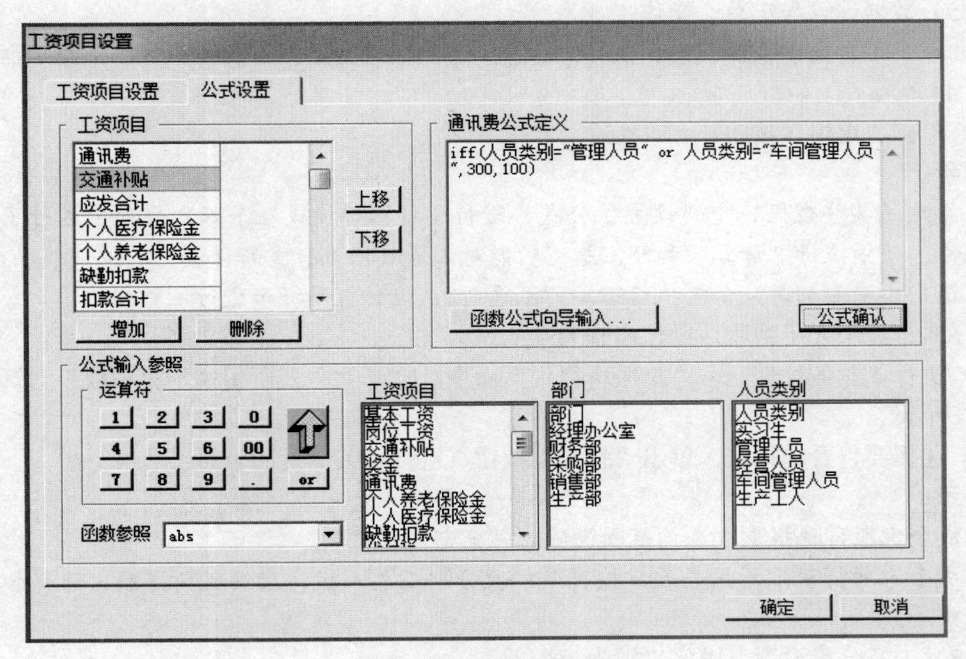

图8-17　通讯费公式设置

- 设置公式：通讯费=iff(人员类别="管理人员"or 人员类别="车间管理人员",300,100)

（4）增加奖金。操作步骤为：

1）执行“业务处理”→“工资变动”命令，进入“工资变动”窗口。

2）选择参与替换的人员范围，单击“替换”按钮，打开“工资项数据替换”对话框。

3）单击“将工资项目”栏的参照按钮，选择“奖金”。

4）在“替换成”栏中输入“奖金+500”。

5）在“替换条件”处分别选择：“部门”“=”“（3）销售部”，如图 8-18 所示。

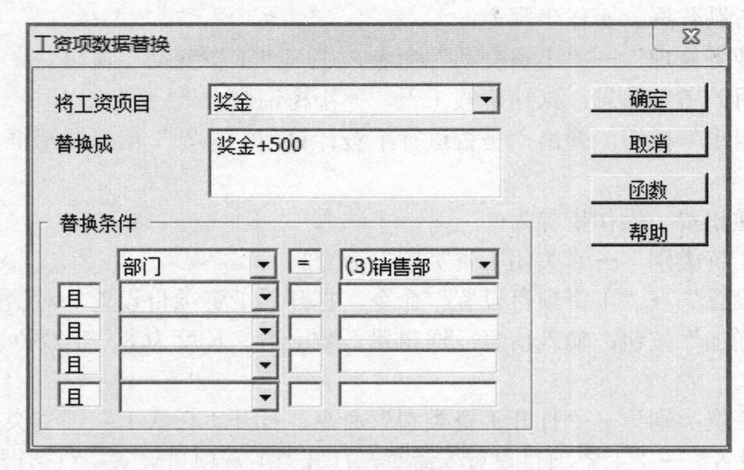

图 8-18 “工资项数据替换”对话框

6）单击“确定”按钮，系统将自动完成相应人员信息内容的替换。

（5）数据计算与汇总。操作步骤为：

1）在“工资变动”窗口中，执行“计算”命令，进行数据计算；执行“汇总”命令，进行数据汇总。

2）单击“退出”按钮。

提示：

在修改了某些数据、重新设置了公式、进行了数据替换或在个人所得税中进行了自动扣税等操作，必须执行“计算”和“汇总”功能对工资数据进行重新计算，以保证数据正确。

在退出工资变动时，如未执行工资“汇总”，系统会自动提示进行汇总操作。

（6）查看个人所得税。操作步骤为：

1）执行“业务处理”→“扣缴所得税”命令，打开“个人所得税申报模板”对话框，如图 8-19 所示。

2）选择要查看的报表，单击“打开”按钮，进行相关信息的查看。

提示：

生成个人所得税报表，查询范围设置为“全部发放次数”+“汇总”。

生成个人所得税汇总报告表，按税率档次分别汇总人数、应纳税所得额、速算扣除数、应纳税额等。

（7）工资分摊设置。操作步骤为：

1）执行“业务处理”→“工资分摊”命令，打开“工资分摊”对话框。

2）单击“工资分摊设置”按钮，打开“分摊类型设置”对话框。

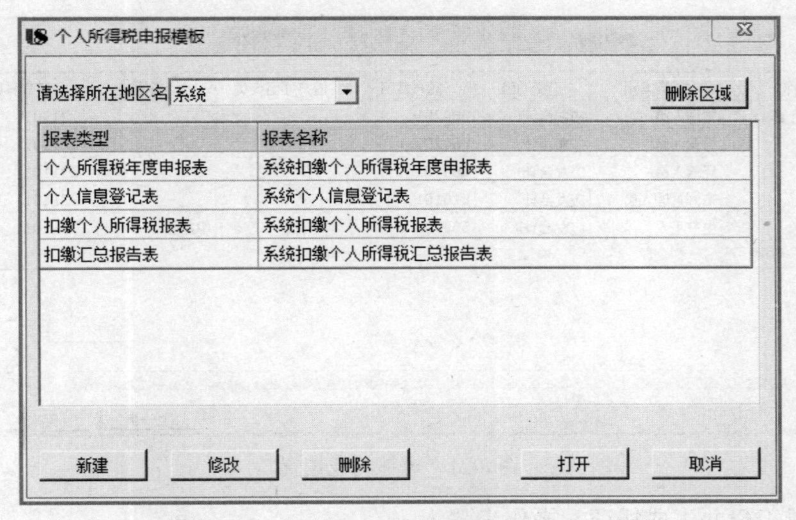

图 8-19 “个人所得税申报模板”对话框

3）单击“增加”按钮，打开“分摊计提比例设置”对话框，输入计提类型名称“工资”、分摊计提比例“100%”，如图 8-20 所示。

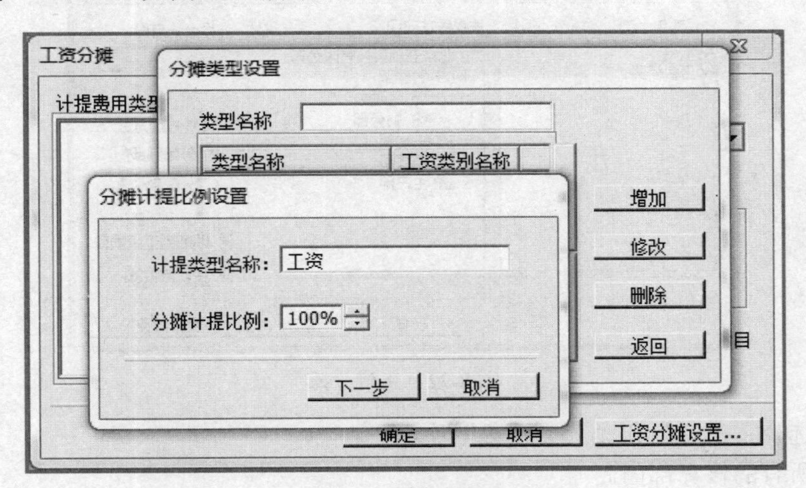

图 8-20 计提比例设置

4）单击“下一步”按钮，进入“分摊构成设置”窗口。

5）根据【案例 7】资料选择或输入“部门名称”“人员类别”“项目”“借或贷方科目”的信息，如图 8-21 所示。

6）单击“完成”按钮。

7）同样的方法设置“工会经费”和“职工教育经费”的分摊。

提示：

所有与工资相关的费用及基金均需要建立相应的分摊类型名称和分摊比例。

不同部门、相同人员类别可以设置不同的分摊科目。

不同部门、相同人员类别在设置时，可以一次选择多个部门，但人员类别一次只能选择一个。

分摊构成设置

部门名称	人员类别	工资项目	借方科目	借方项目大类	借方项目	贷方科目	贷方项
经理办公室,财务部	管理人员	应发合计	660201			221101	
采购部	经营人员	应发合计	660201			221101	
销售部	经营人员	应发合计	660101			221101	
生产部	车间管理人员	应发合计	510101			221101	
生产部	生产工人	应发合计	500102	生产成本	甲产品	221101	

上一步　完成　取消

图 8-21　分摊构成设置

（8）分摊工资并生成凭证。操作步骤为：

1）执行“业务处理”→“工资分摊”命令，打开“工资分摊”对话框，如图 8-22 所示。

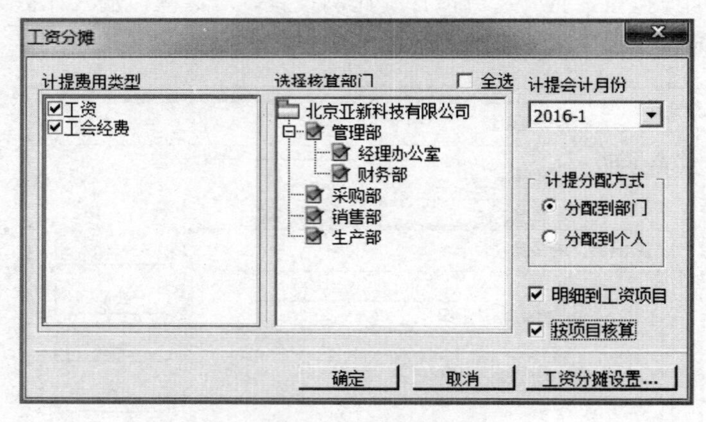

图 8-22　工资分摊

2）分别选择“工资”和“工会经费”项。

3）选择所有的核算部门。

4）选择“明细到工资项目”项。

5）单击“确定”按钮，进入“工资分摊明细”窗口。

6）选择“合并科目相同、辅助项相同的分录”项。

7）单击“类型”栏的参照按钮，选择“工资”。

8）单击“制单”按钮，生成工资分摊的转账凭证。

9）同样的方法生成“工会经费”的凭证。

2. “合同工”工资类别日常业务

——打开“合同工”工资类别。

（1）录入计件工资统计数据。操作步骤为：

1）执行“计件工资”→“个人计件”→“计件工资录入”命令，进入“计件工资录入”窗口。

2）单击“批增”按钮，计入“计件数据录入”窗口，参照输入姓名和计件日期。

3）单击“增行”按钮，根据【案例 7】资料输入本月“合同工”计件工资统计信息。

4）单击“计算”按钮，系统自动计算出计件工资，如图 8-23 所示。

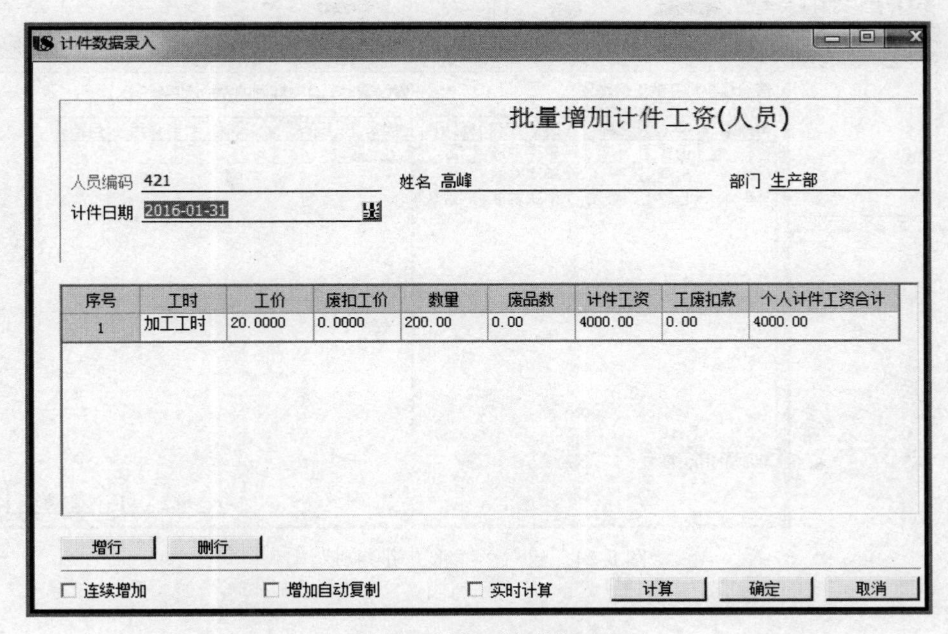

图 8-23 计件工资数据录入

5）单击“确定”按钮，返回“计件工资录入”界面。

6）同样的方法录入其他人员的计件工资信息。也可以通过“批增—混合录入”方式录入计件工资数据。

7）在“计件工资录入”窗口，单击“审核”按钮，进行数据的审查，退出。

8）执行“计件工资”→“计件工资汇总”命令，单击“汇总”按钮，退出。

（2）数据计算与汇总，操作步骤为：

1）在“工资变动”窗口中，执行“计算”命令，执行“汇总”命令。

2）可查看各工资项目的数据，退出。

（3）工资分摊。操作步骤为：

1）执行“业务处理”→“工资分摊”命令，进行工资分摊设置。

2）执行“工资分摊”命令，分摊工资并生成凭证。

（三）薪资管理系统月末处理及账表查询

1. 汇总工资类表

操作步骤为：

（1）在关闭工资类别的状态下，执行“维护”→“工资类别汇总”命令，打开“工资类别汇总”对话框。

（2）单击选择要汇总的工资类别。

（3）单击“确定”按钮，完成“汇总工资类别”的建立，如图 8-24 所示。

（4）执行“工资类别”→“打开工资类别”命令，打开“选择工资类别”对话框。

（5）选择“汇总工资类别”，单击“确定”按钮，查看工资类别汇总信息。

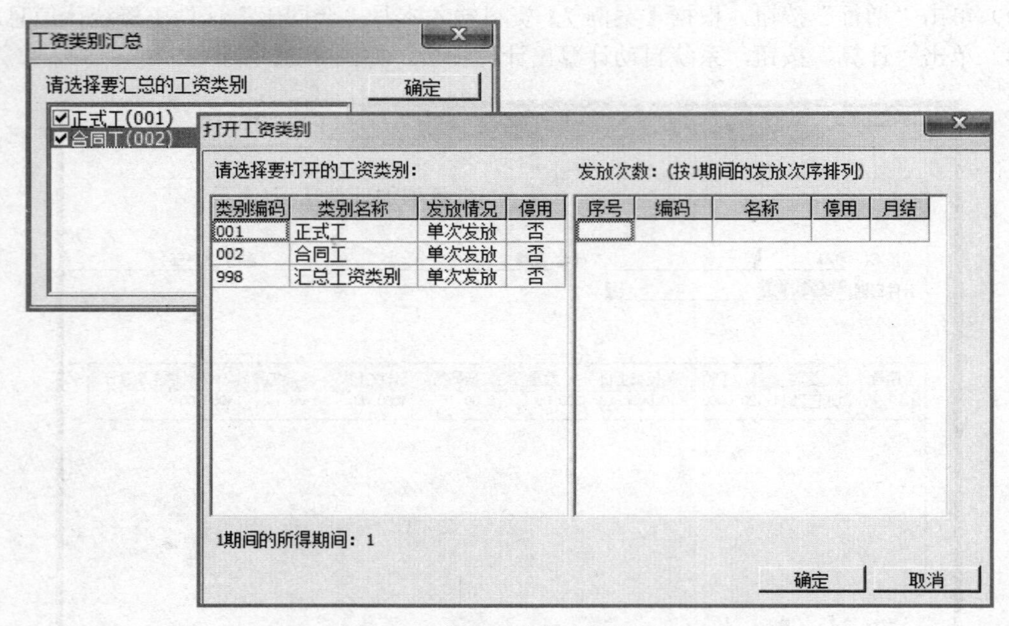

图 8-24　建立“汇总工资类别”

提示：

该功能必须在关闭所有工资类别时才可以使用。

所选工资类别中必须有汇总月份的工资数据。

如果是第一次进行工资类别汇总，则需要在汇总工资类别中设置工资项目计算公式。如果每次汇总的工资类别一致，则不需要重新设置公式。

汇总工资类别不能进行月末结算和年末结算。

2. 账表查询

操作步骤为：

（1）打开“正式工”或“合同工”工资套。

（2）执行“统计分析”→“账表”→“工资表”命令，可以选择查看多种工资账表。

（3）执行“账表”→“工资分析表”命令，可以选择查看多种工资数据分析账表。

（4）执行“统计分析”→“凭证查询”命令，可以选择查看生成的记账凭证。

提示：凭证查询功能可以对薪资系统生成的记账凭证进行查询、删除或冲销。而在总账系统中，对薪资系统传递过来的记账凭证可以进行查询、审核和记账等操作，但不能进行修改和删除操作。

3. 月末处理

操作步骤为：

（1）在关闭工资类别的状态下，执行“业务处理”→“月末处理”命令，打开“月末处理”对话框。

（2）单击选择要月末处理的工资类别，如图 8-25 所示。

（3）单击“选择清零项目”栏，打开“选择清零项目”对话框。

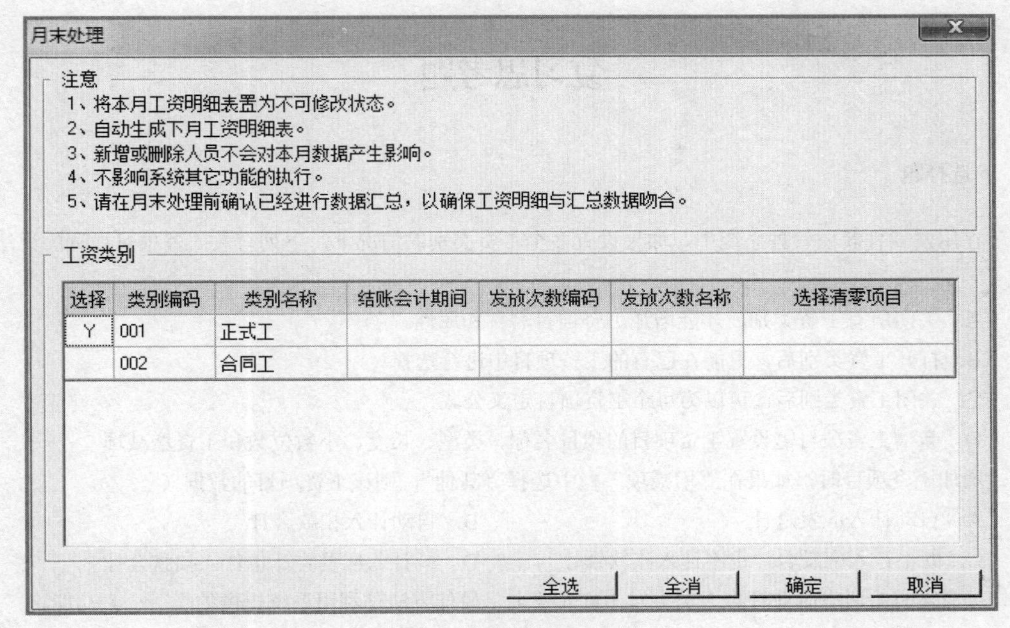

图 8-25 “月末处理”对话框

（4）在“选择清零项目”列表中，选择“奖金”“缺勤天数”，如图 8-26 所示。

（5）同样方法对“合同工”工资类别进行清零项选择。

（6）单击“确定”按钮，弹出提示信息“是否确认月结，所选清零工资项目将清零？”，单击“是”按钮。

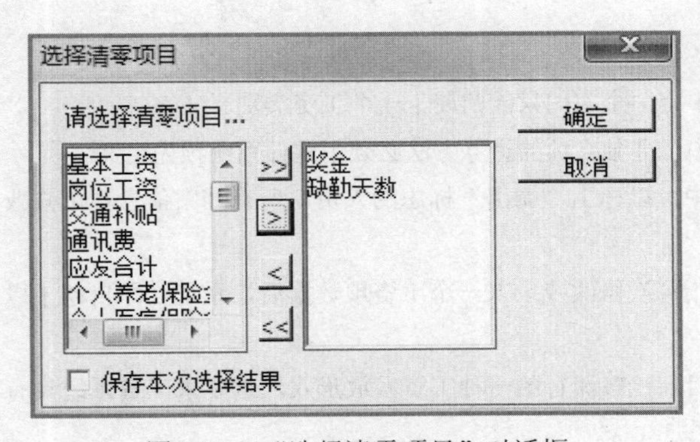

图 8-26 “选择清零项目”对话框

提示：

如果处理多个工资类别，若未打开工资类别，进入月结批量处理；若打开具体工资类别，则对当前工资类别进行月末结算。

若本月未进行工资数据汇总，系统将不允许进行月末处理。

若已启用工资变动审核控制，则只有该工资类别的工资数据全部审核后才允许进行月末处理。

进行月末处理后，本月工资数据将不允许变动。

月末处理功能只有账套主管才能启用。

复习思考题

一、选择题

1．在用友软件薪资管理系统中，如果设置多个工资类别的情况下，下列有关工资项目设置的说法错误的有（　　）。

A．关闭所有工资类别，才能增加工资项目名称和属性

B．打开工资类别后，只能在已有的工资项目中进行选择

C．关闭工资类别后，可以为每个工资项目定义公式

D．新增工资项目需设置工资项目的项目名称、类型、长度、小数位数和工资增减项

2．增加工资项目时，如果在“增减项”栏中选择“其他”，则该工资项目的数据（　　）。

A．自动计入应发合计　　B．自动计入扣款合计

C．既不计入应发合计也不计入扣款合计　　D．既计入应发合计也计入扣款合计

3．如果本月给所有企业管理人员多发100元奖金，最佳方法是利用系统提供的（　　）功能。

A．页编辑　　B．筛选　　C．数据替换　　D．过滤器

4．薪资管理系统中提供了（　　）几种固定的工资项目。

A．基本工资　　B．应发合计　　C．扣款合计　　D．实发合计

5．月末结转时将要生成新月份的工资数据表，在该表中需要清零的是（　　）。

A．变动数据项　　B．固定数据项　　C．字符数项　　D．数值数据项

二、判断题

1．在薪资管理系统中，一个部门只能归属于一个工资类别。（　　）

2．在薪资核算系统中，非独立项的计算方法必须由软件系统预先定义。（　　）

3．在薪资核算系统中，以标上“调出”标志的人员，所有档案信息不可修改，其编号可以再次使用。（　　）

4．系统自动计算是指每次修改或录入一个工资项数据后，系统立即自动予以计算并生成新的数据表。（　　）

5．银行代发工资是目前比较流行的一种工资发放形式，这要求工资系统具有设置银行软盘文件格式和类型以及制作的功能。（　　）

三、简答题

1．工资管理子系统的主要功能有哪些？

2．设置工资类别有什么意义？

3．如何进行工资费用的分摊？

4．薪资管理系统可以实现哪些工资数据的查询统计？

5．薪资管理系统期末处理需要注意哪些问题？

第九章　固定资产管理系统

第一节　知识点

固定资产管理系统的主要任务是对企业的固定资产制作卡片，按月反映固定资产的增减变动、原值变化和其他变化，计提固定资产折旧等。同时为总账系统提供折旧凭证，为成本管理系统提供固定资产的折旧费用依据。固定资产管理系统提供了灵活的证、表、卡片定义功能，并且具有较强的查询及分类统计功能，从而有助于提高企业对固定资产管理的水平。

一、固定资产管理系统的主要功能

1. 系统初始化

系统初始化主要是根据本单位的具体情况，建立一个适合需要的固定资产子账套的过程。设置的主要内容包括：约定及说明、启用月份、折旧信息、编码方式、账务接口及完成设置六部分。

2. 基础信息设置

在系统初始化的基础上进行其他参数选项的设置、部门对应折旧科目、资产类别、固定资产增减方式、折旧方法等基础信息的设置以及录入原始卡片，形成固定资产管理系统的基础数据。

3. 卡片管理

企业对固定资产的管理分为两部分，一是固定资产卡片管理，二是固定资产的会计处理。系统提供的卡片管理功能主要是从卡片、变动单和资产评估三方面来实现，具体包括卡片录入、卡片修改、卡片删除、资产增加及资产减少等功能。不仅实现了固定资产文字资料的管理，而且还实现了固定资产的图片管理。

4. 折旧管理

系统每月根据录入固定资产卡片的资料，自动计算并计提每项资产的折旧，将当期的折旧额累加到累计折旧科目，同时生成折旧清单、折旧分配表。按分配表自动制作记账凭证，并传递到总账系统。

5. 期末对账结账

月末固定资产管理系统生成的凭证，自动传递到总账系统。在总账系统中经过出纳签字、审核凭证，记账后，按照系统初始设置的财务接口，自动与财务系统进行对账，并根据对账结果和初始设置决定是否结账。

若在财务接口中选择“在对账不平情况下允许固定资产月末结账”，则可以直接进行月末结账。

6. 账表管理

通过“我的账表”功能对系统提供的全部账表进行管理，资产部门可随时查询资产分析表、统计表、账簿和折旧表等信息。另外如果所提供的报表种类不能满足需要，系统还提供了自定义报表功能，可以根据实际要求进行设置。

二、固定资产管理系统与其他子系统的关系

固定资产管理系统与其他子系统的关系如图 9-1 所示。

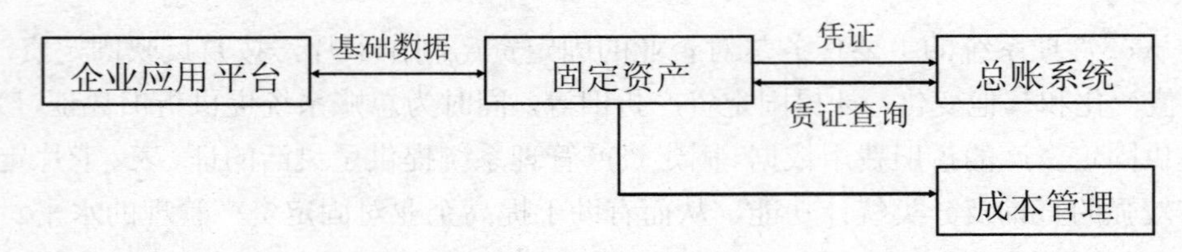

图 9-1　固定资产管理系统与其他子系统的关系

三、固定资产管理系统的业务处理流程

固定资产管理系统的业务处理流程如图 9-2 所示。

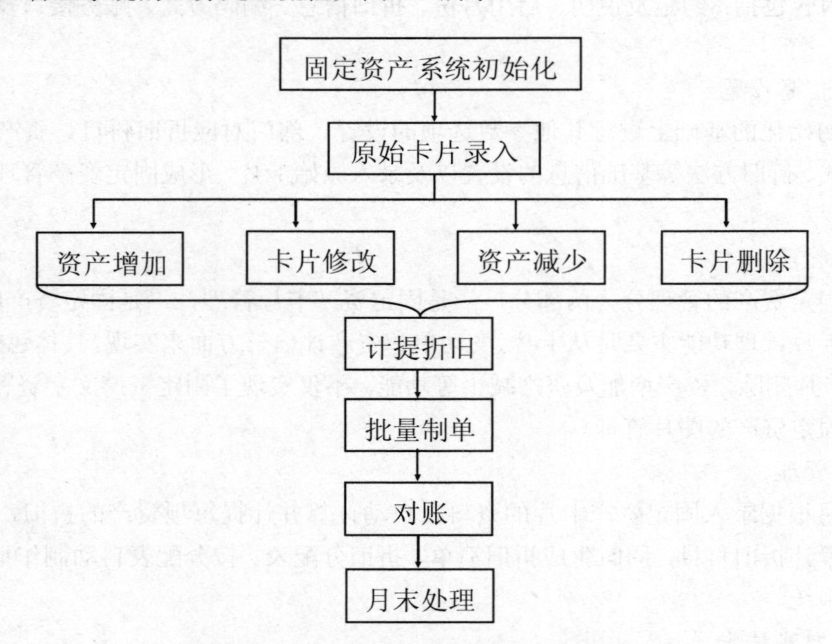

图 9-2　固定资产管理系统的业务处理流程

第二节　【案例 8】资料

1. 固定资产管理系统参数设置

（1）控制参数设置，资料如表 9-1 所示。

表 9-1　控制参数的设置列表

控制参数	参数设置
启用月份	2016-01-01
折旧信息	本账套计提折旧 折旧方法：平均年限法（一） 折旧汇总分配周期：1 个月 当（月初已计提月份=可使用月份-1）时，将剩余折旧全部提足
编码方式	资产类别编码方式：2112 固定资产编码方式：自动编码，按“类别编码+部门编号+序号” 序号长度：3
财务接口	与账务系统进行对账 对账科目：固定资产对账科目：固定资产 累计折旧对账科目：累计折旧 对账不平衡的情况下不允许固定资产月末结账
补充参数	业务发生后立即制单 月末结账前一定要完成制单登账业务 [固定资产]缺省入账科目：固定资产 [累计折旧]缺省入账科目：累计折旧 [减值准备]缺省入账科目：固定资产减值准备

（2）部门对应折旧科目设置，资料如表 9-2 所示。

表 9-2　部门对应折旧科目表

部　门	对应折旧科目
经理办公室、财务部、采购部	管理费用/折旧费
销售部	销售费用/折旧费
生产部	制造费用/折旧费

（3）资产类别设置，资料如表 9-3 所示。

表 9-3　资产类别列表

编码	类别名称	净残值率	计提属性	卡片式样
01	房屋及建筑物	5%	正常计提	通用样式
011	厂房	5%	正常计提	通用样式
012	办公楼	5%	正常计提	通用样式
02	交通运输及设备	5%	正常计提	通用样式
021	经营用	5%	正常计提	通用样式
022	非经营用	5%	正常计提	通用样式
03	电子设备	5%	正常计提	通用样式
031	经营用	5%	正常计提	通用样式
032	非经营用	5%	正常计提	通用样式

（4）增减方式的对应入账科目设置，资料如表 9-4 所示。

表 9-4 增减方式的对应入账科目表

增加方式	对应入账科目	减少方式	对应入账科目
直接购入	银行存款/建行存款/人民币户	出售	固定资产清理
在建工程转入	在建工程	毁损	固定资产清理

2. 固定资产原始卡片

固定资产原始卡片录入，资料如表 9-5 所示。

表 9-5 固定资产原始卡片列表

卡片编号	00001	00002	00003	00004	00005	00006
固定资产名称	厂房	设备	货运卡车	轿车	计算机 1	计算机 2
类别编号	011	021	021	022	032	032
所在部门	生产部	生产部	采购部	经理办公室	经理办公室	财务部
增加方式	在建工程转入	直接购入	直接购入	直接购入	直接购入	直接购入
使用状况	在用	在用	在用	在用	在用	在用
使用年限(月)	360	120	96	96	60	60
开始使用日期	2012-01-10	2013-06-01	2013-10-01	2013-10-01	2014-08-01	2014-08-01
原值	2 400 000.00	950 000.00	350 000.00	240 000.00	4000.00	4000.00
累计折旧	293 280.00	225 150.00	90 090.00	61 776.00	1011.20	1011.20
对应折旧科目	制造费用/折旧费	制造费用/折旧费	管理费用/折旧费	管理费用/折旧费	管理费用/折旧费	管理费用/折旧费

3. 日常业务

（1）1 月 8 日，直接购入并交付财务部使用计算机一台（计算机 3），预计使用 5 年，价值 6 000 元，净残值率 5%，采用“年数总和法”计提折旧。

（2）1 月 15 日，对经理办公室的轿车进行资产评估，评估结果为原值“210 000 元”，累计折旧“72000 元”。

（3）1 月 31 日，计提本月固定资产折旧费用。

（4）1 月 31 日，经理办公室毁损计算机一台（计算机 1）。

4. 下月业务

（1）2 月 6 日，将财务部 2014 年购入的计算机（计算机 2）调拨到销售部使用。

（2）2 月 20 日，经理办公室的轿车添置新配件 5 000 元。

（3）2 月 28 日，经核查，对 2014 年购入的计算机（计算机 2）计提 1 000 元的减值准备。

（4）2 月 28 日，计提本月固定资产折旧费用。

第三节 操作指导

一、操作内容

（1）固定资产管理系统参数设置。

（2）固定资产原始卡片录入。

（3）固定资产管理系统日常业务处理。

（4）固定资产管理系统账表查询及月末处理。

（5）固定资产管理系统下月业务处理（变动单）。

二、操作步骤

- 操作准备：引入【案例 3】的账套备份数据。

（一）启用固定资产管理系统

操作步骤为：

（1）以“001 王志伟”的身份注册进入“企业应用平台”。（操作日期：2016-01-01。）

（2）单击“基础设置”标签，执行“基本信息”→“系统启用”命令，打开“系统启用”对话框，启用“固定资产”管理系统。

（二）固定资产管理系统参数设置

1. 设置控制参数

（1）初次启用固定资产管理系统的参数设置。操作步骤为：

1）单击“业务工作”标签，执行“财务会计”→“固定资产”命令，系统弹出“是否进行初始化？”的信息提示框，单击“是”按钮，打开“初始化账套向导”对话框，如图 9-3 所示。

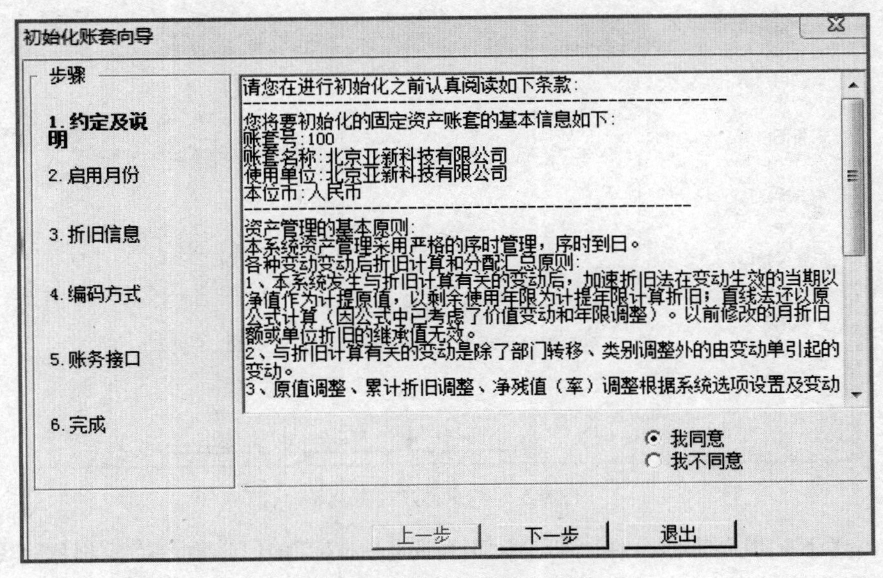

图 9-3 “约定及说明”页签

2）在“初始化账套向导—约定及说明”页签中，选择“我同意”项。

3）单击“下一步”按钮，在“初始化账套向导—启用月份”页签中，查看信息。

4）单击“下一步”按钮，在“初始化账套向导—折旧信息” 页签中，根据【案例 8】资料选择确定折旧信息，如图 9-4 所示。

5）单击“下一步”按钮，在“初始化账套向导—编码方式” 页签中，根据【案例 8】资料选择确定编码方式相关信息，如图 9-5 所示。

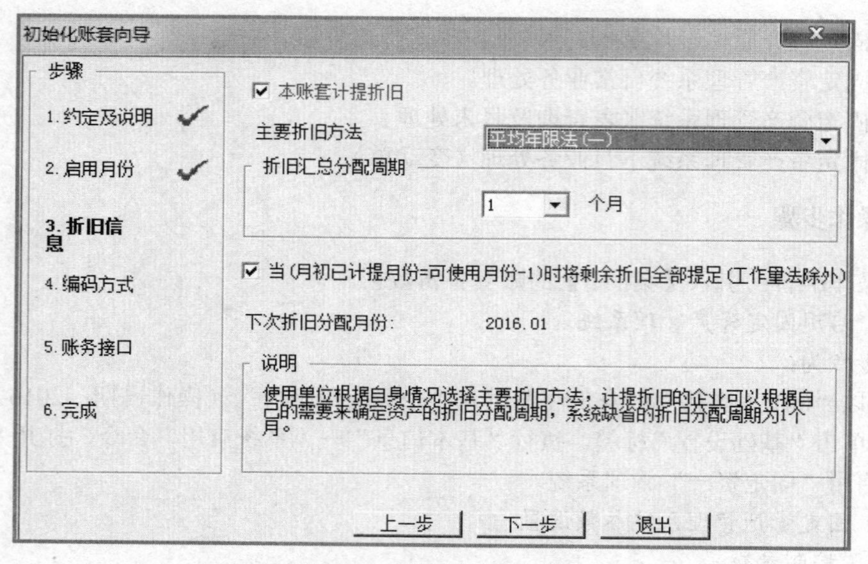

图 9-4 “折旧信息”页签

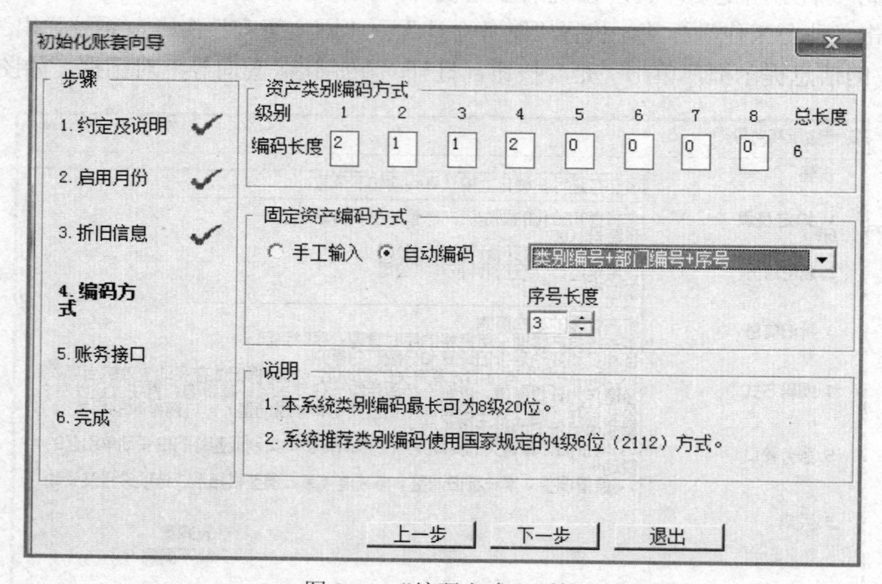

图 9-5 “编码方式”页签

6）单击“下一步”按钮，在“初始化账套向导—财务接口”页签中，根据【案例 8】资料选择确定财务接口信息，如图 9-6 所示。

7）单击“下一步”按钮，在“初始化账套向导—完成”页签中，查看设置信息。

8）单击“完成”按钮，弹出“是否保存对新账套的所有设置？”，单击“是”按钮。弹出“已成功初始化本固定资产账套！”，单击“确定”按钮。

提示：

编码方式设定以后，一旦某一级设置了类别，则该级的长度不能修改；若某一级未设置过类别，则该级的长度可修改。

资产的自动编码方式只能有一种，一经设定不得修改。

初始化设置完成后，有些数据不能修改。如果发现参数有错，只能通过固定资产管理系统菜单中“维护→重新初始化账套”命令来重新设置，该操作将清空您对该子账套所做的一切工作。

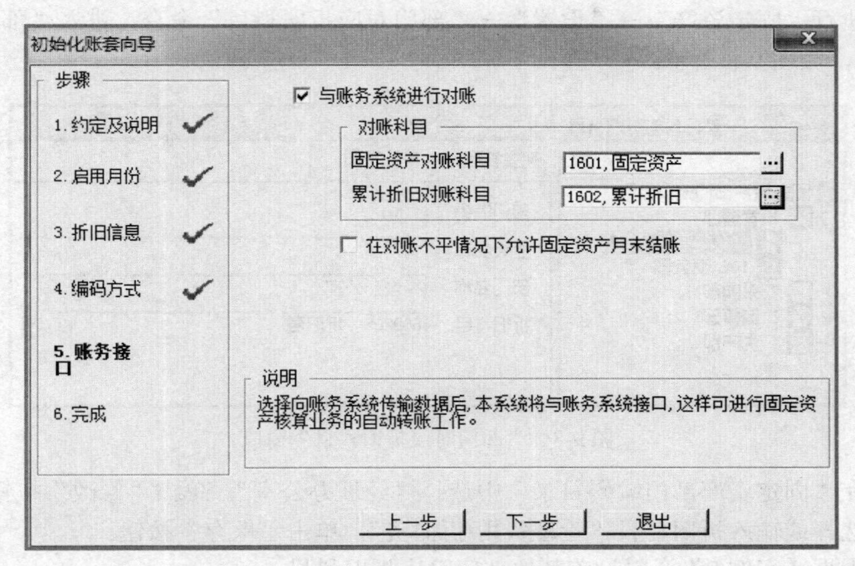

图 9-6 “财务接口”页签

（2）补充参数设置。操作步骤为：

1）执行“固定资产”→“设置”→“选项”命令，进入“选项”对话框，单击“编辑”按钮。

2）单击“与账务系统接口”页签，如图 9-7 所示。

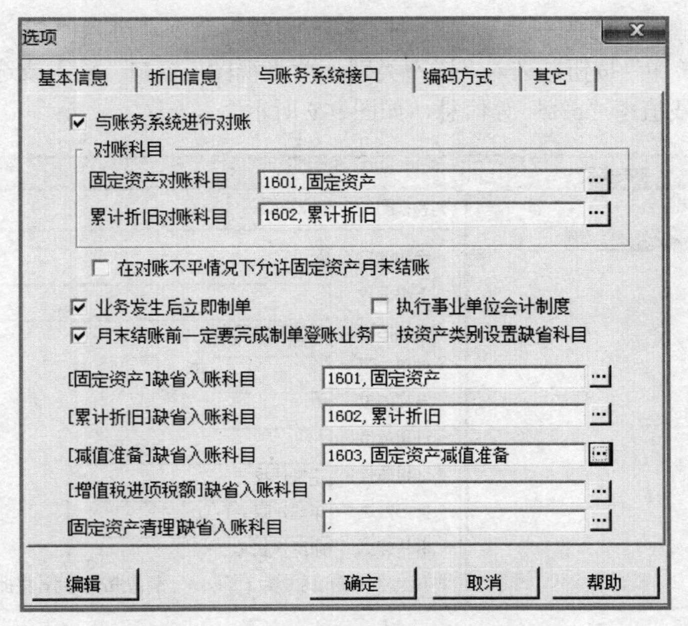

图 9-7 “与账务系统接口”页签

3）根据【案例 8】资料选择确定与财务系统接口的补充信息，单击“确定”按钮。

2. 设置部门对应折旧科目

操作步骤为：

（1）执行“固定资产”→“设置”→“部门对应折旧科目”命令，进入“部门对应折旧科目”窗口，如图 9-8 所示。

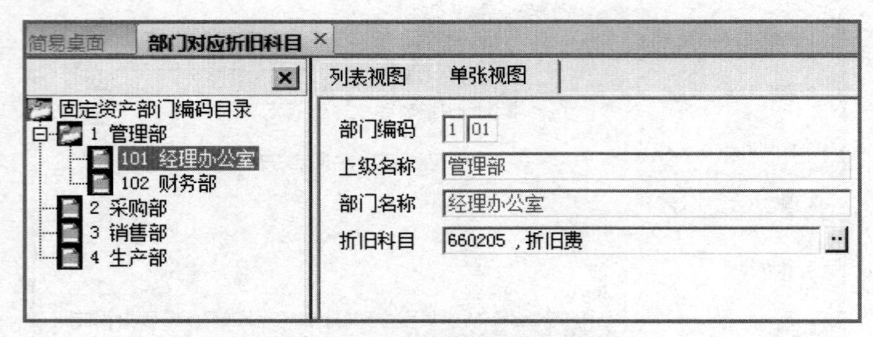

图 9-8 “部门对应折旧科目”窗口

（2）在“固定资产部门编码目录”中选择“经理办公室”，单击“修改”按钮。

（3）选择或输入折旧科目“管理费用/折旧费”，单击“保存”按钮。

（4）根据【案例 8】资料设置其他部门对应折旧科目。

提示：

设置部门对应折旧科目时，必须选择末级会计科目。

设置上级部门的折旧科目，则下级部门可以自动继承，也可以选择不同的科目。

3. 设置固定资产类别

操作步骤为：

（1）执行“固定资产”→“设置”→“资产类别”命令，进入“资产类别”窗口。

（2）单击“增加”按钮，进入“资产类别—单张视图”窗口。输入或选择：类别名称“房屋及建筑物”；净残值率“5%”等信息，如图 9-9 所示。

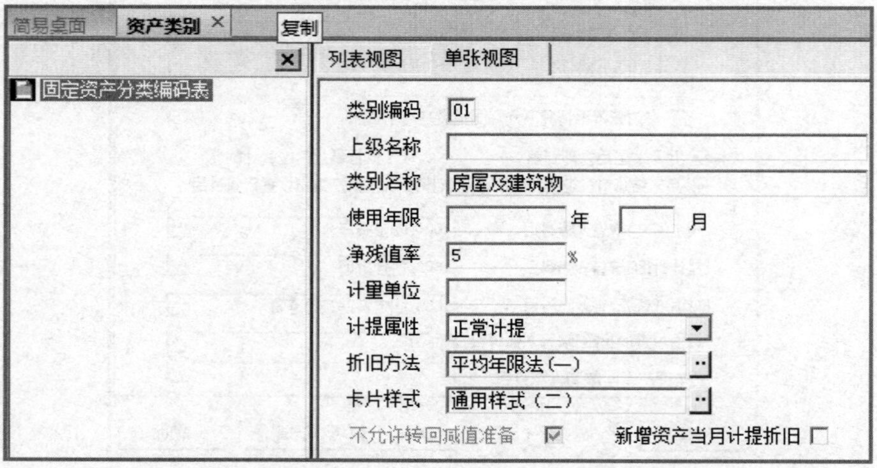

图 9-9 “资产类别—单张视图”页签

（3）单击“保存”按钮。

（4）根据【案例 8】资料设置其他资产类别信息。

提示：

应在建立上级固定资产类别后再建立下级类别。

资产类别编码不能重复，同级的类别名称不能相同。类别编码、名称、计提属性、卡片样式不能为空。

对资产类别进行修改、删除时，非明细级类别编码不能修改、删除。

系统已经使用过的资产类别不允许修改，也不允许增加下级和删除。

4. 设置固定资产的增减方式

操作步骤为：

（1）执行“固定资产”→“设置”→“增减方式”命令，进入“增减方式”窗口。

（2）在“增减方式目录表”中，选择“直接购入”项。

（3）单击“修改”按钮，进入“增减方式—单张视图”窗口。参照输入对应入账科目“银行存款/建行存款/人民币户”，如图 9-10 所示。

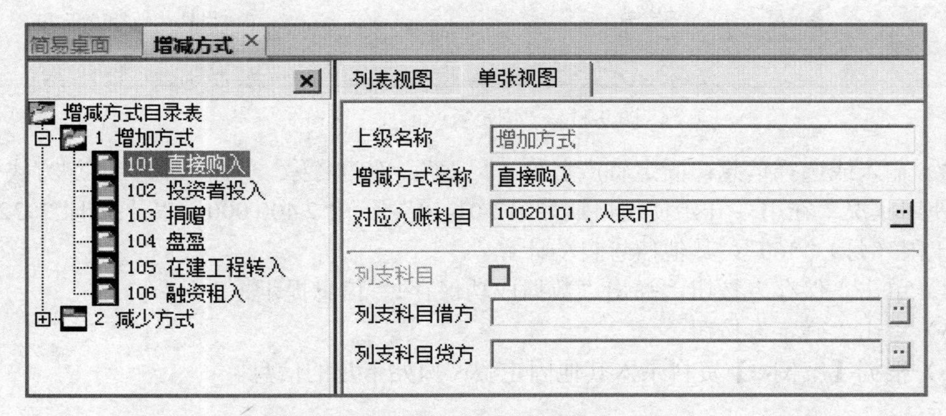

图 9-10 “增减方式—单张视图”页签

（4）单击“保存”按钮。

（5）根据【案例 8】资料设置其他资产增减方式信息。

提示：

在资产增减方式中设置的对应入账科目是为了生成凭证时缺省。

因为本系统提供的报表中有固定资产盘盈、盘亏报表，所以增减方式中“盘盈、盘亏、毁损”不能修改和删除。

非明细增减方式不能删除，已经使用的增减方式不能删除。

生成凭证时，如果入账科目发生了变化，可以即时修改。

（三）固定资产原始卡片录入

1. 录入原始卡片

操作步骤为：

（1）执行“固定资产”→“卡片”→“录入原始卡片”命令，打开“固定资产类别档案”的查询窗口。

（2）选择“011 厂房”，单击“确定”按钮，进入“固定资产卡片”窗口，如图 9-11 所示。

简易桌面 固定资产卡片 ×

□ 新增资产当月计提折旧　　附单据数：

固定资产卡片 | 附属设备 | 大修理记录 | 资产转移记录 | 停启用记录 | 原值变动 | 拆分/减少信息 | 2016-01-01

固定资产卡片

卡片编号	00001			日期	2016-01-01
固定资产编号	0114001	固定资产名称	厂房		
类别编号	011	类别名称	厂房	资产组名称	
规格型号		使用部门	生产部		
增加方式	在建工程转入	存放地点			
使用状况	在用	使用年限(月)	360	折旧方法	平均年限法(一)
开始使用日期	2012-01-10	已计提月份	47	币种	人民币
原值	2400000.00	净残值率	5%	净残值	120000.00
累计折旧	293280.00	月折旧率	0.0026	本月计提折旧额	6240.00
净值	2106720.00	对应折旧科目	510102,折旧费	项目	
录入人	王志伟			录入日期	2016-01-01

图 9-11　“固定资产卡片”窗口

（3）输入或选择信息：固定资产名称“厂房”；部门名称 “生产部”；增加方式 “直接购入”；使用状况“在用”；开始使用日期“2012-01-10”；原值“2 400 000”；累计折旧“293280.00”；可使用年限（月）“360”；其他信息自动计算。

（4）单击“保存”按钮，弹出“数据成功保存！”信息提示框。

（5）单击“确定”按钮。

（6）根据【案例 8】资料录入其他固定资产原始卡片的信息。

提示：

卡片编号：系统根据初始化时定义的编码方案自动设定，不能修改，如果删除一张卡片，而它又不是最后一张时，系统将保留空号。

在固定资产卡片界面中，除“固定资产”主卡片外，还有若干的附属标签，附属标签上的信息只供参考，不参与计算也不回溯。

在执行原始卡片录入或资产增加功能时，可以为一个资产选择多个使用部门。

当资产为多个部门使用时，原值、累计折旧等数据可以在多个部门间按设置比例分摊。

单个资产对应多个使用部门时，卡片上的对应折旧科目处不能输入，只能按使用部门选择时确定。

卡片中其他标签录入的内容只是为管理卡片设置，不参与计算。并且除附属设备外，其他内容在录入月结账后由系统自动生成（除“备注”不能修改和输入以外）。

2. 修改固定资产卡片

操作步骤为：

（1）执行“固定资产”→“卡片”→“卡片管理”命令，打开“查询条件选择—卡片管理”对话框，设置查询的条件，单击“确定”按钮。

（2）进入“卡片管理”窗口，如图 9-12 所示。

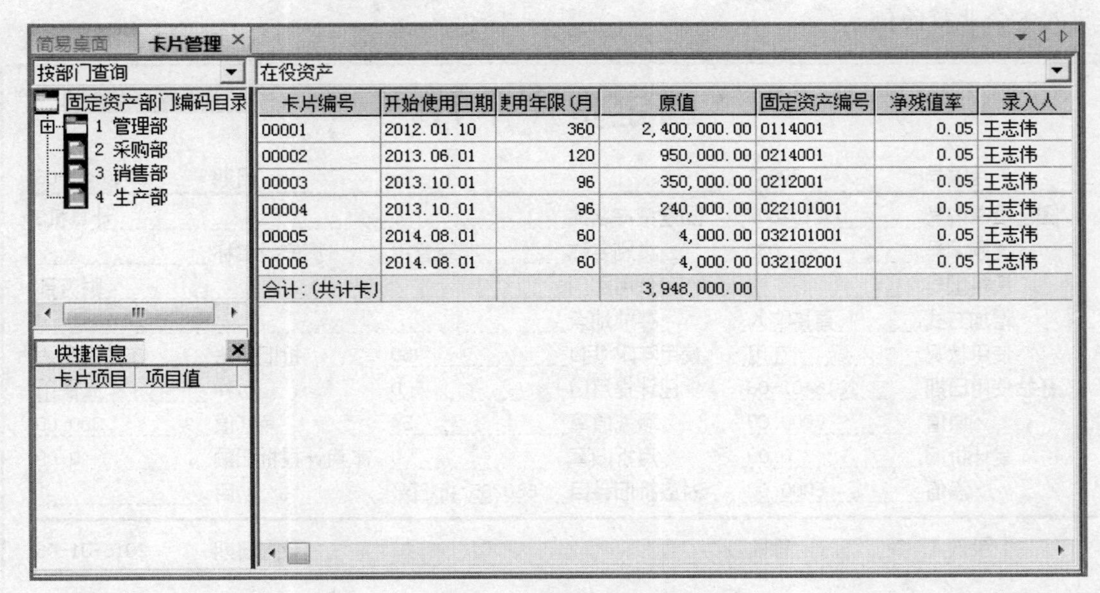

卡片编号	开始使用日期	使用年限(月)	原值	固定资产编号	净残值率	录入人
00001	2012.01.10	360	2,400,000.00	0114001	0.05	王志伟
00002	2013.06.01	120	950,000.00	0214001	0.05	王志伟
00003	2013.10.01	96	350,000.00	0212001	0.05	王志伟
00004	2013.10.01	96	240,000.00	022101001	0.05	王志伟
00005	2014.08.01	60	4,000.00	032101001	0.05	王志伟
00006	2014.08.01	60	4,000.00	032102001	0.05	王志伟
合计：(共计卡)			3,948,000.00			

图 9-12　“卡片管理”窗口

（3）在固定资产卡片列表中选择要修改的卡片。

（4）单击“修改”按钮，进入“固定资产卡片”窗口，即可以进行修改。

（5）修改完成后单击“保存”按钮。

提示：

当用户在使用过程中发现卡片录入有错误，或需要修改卡片内容时，可通过卡片修改功能实现。

如果固定资产卡片进行过变动单、评估单、制作凭证的操作，不能直接进行修改，需要删除相关操作后才能修改。

非本月录入的卡片不能修改。

（四）固定资产管理系统日常业务处理

——以“002 徐敏”的身份注册进入“企业应用平台”。

1. 资产增加（业务 1）

操作步骤为：

（1）执行“固定资产”→“卡片”→“资产增加”命令，打开“资产类别参照”对话框。

（2）选择“032 非经营用”。

（3）单击“确定”按钮，进入“固定资产卡片”窗口。

（4）根据【案例 8】资料输入相关信息，如图 9-13 所示。

（5）单击“保存”按钮，进入“填制凭证”窗口。

（6）对生成的凭证进行完善、补充信息，单击“保存”按钮，如图 9-14 所示。

提示：

新卡片录入的第一个月不提折旧，折旧额为空或零。

固定资产原值录入的必须是卡片录入月初的价值，否则将会出现计算错误。

如果录入的累计折旧、累计工作量不是零，说明是旧资产，该累计折旧或累计工作量是在进入本企业前的值。

固定资产卡片

卡片编号	00007			日期	2016-01-08
固定资产编号	032102002	固定资产名称			计算机3
类别编号	032	类别名称	非经营用	资产组名称	
规格型号		使用部门			财务部
增加方式	直接购入	存放地点			
使用状况	在用	使用年限（月）	60	折旧方法	年数总和法
开始使用日期	2016-01-08	已计提月份	0	币种	人民币
原值	6000.00	净残值率	5%	净残值	300.00
累计折旧	0.00	月折旧率	0	本月计提折旧额	0.00
净值	6000.00	对应折旧科目	660205，折旧费	项目	
录入人	徐敏			录入日期	2016-01-08

图 9-13 新增加固定资产卡片信息

已生成

付 款 凭 证

付 字 0001　　制单日期：2016.01.08　　审核日期：　　附单据数：1

摘 要	科目名称	借方金额	贷方金额
直接购入资产.	固定资产	600000	
直接购入资产.	银行存款/建行存款/人民币		600000
票号 - 日期	数量 单价 合 计	600000	600000

备注　项 目　　部 门
　　　个 人　　客 户
　　　业务员

记账　　审核　　出纳　　制单 徐敏

图 9-14 生成付款凭证

2．资产评估（业务 2）

操作步骤为：

（1）执行“固定资产”→“卡片”→“资产评估”命令，进入“资产评估”窗口。

（2）单击“增加”按钮，打开“评估资产选择”对话框，如图 9-15 所示。

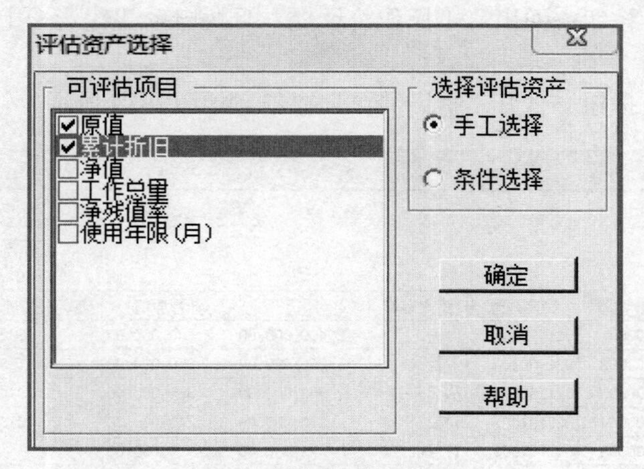

图 9-15　选择资产评估项目

（3）选择要评估的项目“原值”和“累计折旧”，单击“确定”按钮。

（4）返回“资产评估”窗口，单击“卡片编号”栏的参照按钮，选择要评估的资产“轿车”卡片，单击“确定”按钮，返回“资产评估”窗口，如图 9-16 所示。

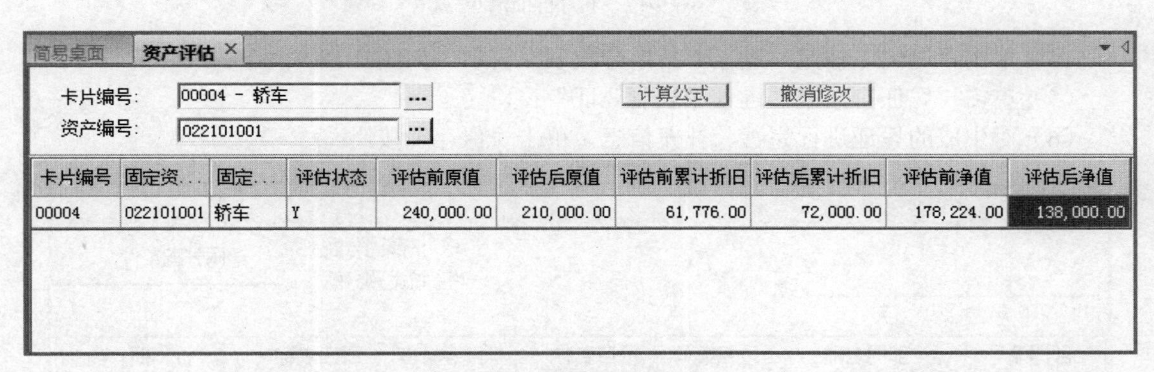

图 9-16　“资产评估”窗口

（5）根据【案例 8】资料输入评估信息。

（6）单击“保存”按钮，弹出“是否确认要进行资产评估？”信息提示框，单击“是”按钮，进入“填制凭证”窗口。

（7）对生成的凭证进行完善、补充信息，单击“保存”按钮。

提示：

只有当月制作的评估单才可以删除。

原值、累计折旧和净值三项中只能而且必须选择两项，另一项通过公式“原值-累计折旧=净值”推算得到。

评估后的数据必须满足以下公式：原值-净值=累计折旧≥0

3. 折旧处理（业务 3）

操作步骤为：

（1）执行“固定资产”→“处理”→“计提本月折旧”命令，弹出“是否要查看折旧清单？”信息提示框。

（2）单击“是”按钮，弹出“本操作将计提本月折旧，并花费一定时间，是否继续？”信息提示框。

（3）单击“是”按钮，打开“折旧清单”窗口，如图 9-17 所示。

折旧清单 [2016.01]

输出　退出

2016.01（登录）（最新）

按部门查询

固定资产部门编码目录
1 管理部
2 采购部
3 销售部
4 生产部

卡片编号	资产编号	资产名称	原值	计提原值	本月计提折旧额	累计折旧	本年
00001	0114001	厂房	2,400,000.00	2,400,000.00	6,240.00	299,520.00	
00002	0214001	设备	950,000.00	950,000.00	7,505.00	232,655.00	
00003	0212001	货运卡车	350,000.00	350,000.00	3,465.00	93,555.00	
00004	022101001	轿车	210,000.00	240,000.00	2,376.00	74,376.00	
00005	032101001	计算机1	4,000.00	4,000.00	63.20	1,074.40	
00006	032102001	计算机2	4,000.00	4,000.00	63.20	1,074.40	
合计			3,918,000.00	3,948,000.00	19,712.40	702,254.80	

图 9-17　1 月折旧清单

（4）单击“退出”按钮，进入“折旧分配表”窗口，如图 9-18 所示。

（5）单击“凭证”按钮，进入“填制凭证”窗口。

（6）对生成的凭证进行完善、补充信息，单击“保存”按钮。

简易桌面　折旧分配表

按部门分配　按类别分配　部门分配条件...

01（2016.01-->2016.01）

部门编号	部门名称	项目编号	项目名称	科目编号	科目名称	折　旧　额
101	经理办公室			660205	折旧费	2,439.20
102	财务部			660205	折旧费	63.20
2	采购部			660205	折旧费	3,465.00
4	生产部			510102	折旧费	13,745.00
合计						19,712.40

图 9-18　1 月折旧分配表

提示：

在一个期间可以多次计提折旧，每次计提折旧后，只是将计提的折旧额累加到月初的累计折旧额上，不会重复累计。

如果上次计提折旧已制单把数据传递到账务系统，则必须删除该凭证才能重新计提折旧。

计提折旧后又对账套进行了影响折旧计算或分配的操作，必须重新计提折旧，否则系统不允许结账。

4. 资产减少（业务4）

操作步骤为：

（1）执行“固定资产”→“卡片”→“资产减少”命令，进入“资产减少”窗口，如图9-19所示。

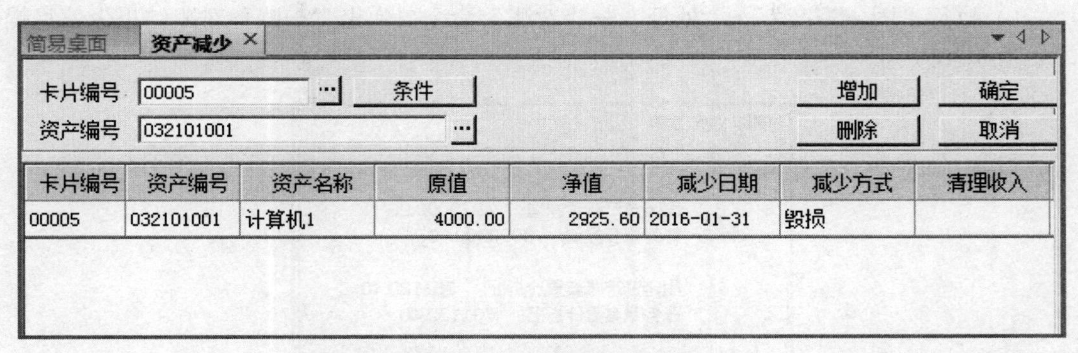

卡片编号 00005

资产编号 032101001

条件 增加 确定 删除 取消

卡片编号	资产编号	资产名称	原值	净值	减少日期	减少方式	清理收入
00005	032101001	计算机1	4000.00	2925.60	2016-01-31	毁损	

图9-19 “资产减少”窗口

（2）选择要减少资产的卡片编号“00005”。

（3）单击“增加”按钮。

（4）选择减少方式“毁损”。

（5）单击“确定”按钮，进入“填制凭证”窗口。

（6）对生成的凭证进行完善、补充信息，单击“保存”按钮。

提示：

只有当资产开始计提折旧后，才可以使用资产减少功能，否则，减少资产只有通过删除卡片来完成。

如果要减少的资产较少或没有共同点，则通过输入资产编号或卡号，单击“增加”按钮，将资产添加到资产减少表中。

如果要减少的资产较多并且有共同点，则通过单击“条件”按钮，输入一些查询条件，将符合条件的资产挑选出来进行批量减少操作。

所输入的资产的清理信息可以通过该资产的附属页签“减少信息”查看。

如果当时清理收入和费用还不知道，可以以后在该卡片的附表“清理信息”中输入。

5. 总账系统处理

操作步骤为：

（1）以“003 谭梅”的身份重注册进入“企业应用平台”，在总账管理系统中，对固定资产管理系统传递过来的记账凭证进行出纳签字。

（2）以“001 王志伟”的身份重注册进入“企业应用平台”，在总账管理系统中，对记账凭证进行审核和记账。

（五）固定资产管理系统账表查询及月末处理

1. 账表查询

操作步骤为：

（1）执行“固定资产”→“账表”→“我的账表”命令，进入“固定资产—报表”窗口。

（2）单击“分析表”，可以查询“价值结构分析表”等分析数据。

（3）单击“统计表”，可以查询“固定资产原值一一览表”等统计数据。

（4）单击“折旧表”，可以查询“（部门）折旧计提汇总表”的折旧数据。

2. 月末处理一对账

操作步骤为：

（1）执行“固定资产”→“处理”→“对账”命令，弹出“与账务对账结果”信息提示框，如图 9-20 所示。

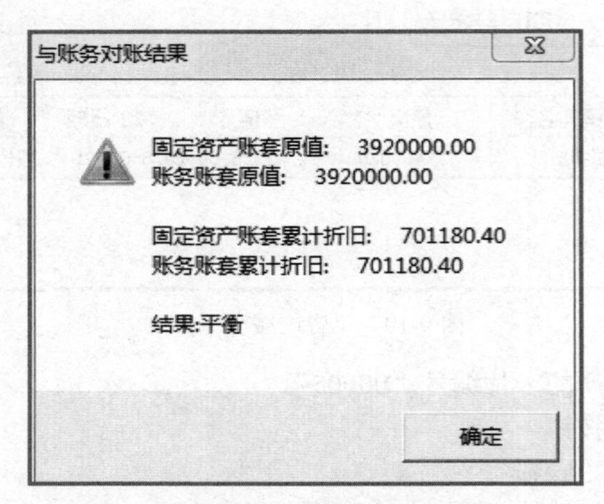

图 9-20 “与账务对账结果”信息提示框

（2）显示“结果：平衡”，单击“确定”按钮。

提示：

只有设置账套参数时选择了“与财务系统进行对账”，本功能才能操作。

当总账记账完毕后，固定资产管理系统才可以进行对账，对账平衡，开始月末结账。

3. 月末处理一结账

（1）结账。操作步骤为：

1）执行“固定资产”→“处理”→“月末结账”命令，打开“月末结账”对话框，如图 9-21 所示。

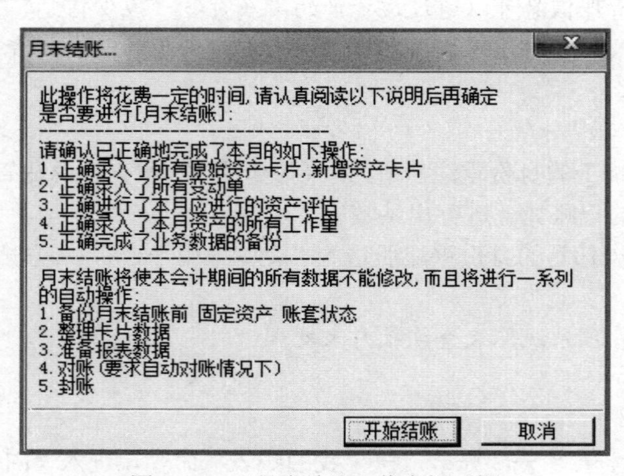

图 9-21 “月末结账”信息提示框

2）单击“开始结账”按钮，弹出“与财务对账结果”信息提示框，单击“确定”按钮。弹出“月末结账成功完成！”信息提示框。

3）单击“确定”按钮，弹出信息提示框，如图 9-22 所示。

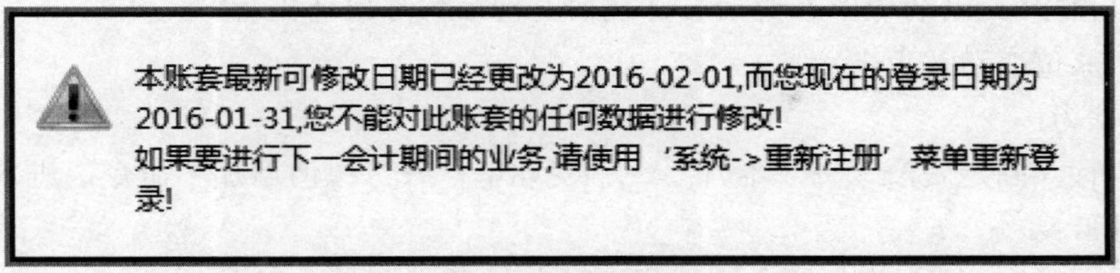

本账套最新可修改日期已经更改为2016-02-01,而您现在的登录日期为2016-01-31,您不能对此账套的任何数据进行修改!
如果要进行下一会计期间的业务,请使用‘系统->重新注册’菜单重新登录!

图 9-22　结账后信息提示框

（2）取消结账。操作步骤为：

1）执行“处理”→“恢复月末结账前状态”命令，弹出“是否继续？”信息提示框。

2）单击“确定”按钮，弹出“成功恢复月末结账前状态！”信息提示框。

3）单击“确定”按钮。

提示：

总账系统未进行月末结账时才可以使用恢复结账前状态的功能。

如果成本系统提取了本期的数据，该期不能取消结账。如果当前账套已经做了年末处理，则不允许取消结账。

（六）固定资产管理系统下月业务处理

——以“002 徐敏”的身份注册进入“企业应用平台”。

1. 资产部门转移（业务 5）

操作步骤为：

（1）执行“固定资产”→“卡片”→“变动单”→“部门转移”命令，进入“固定资产变动单”窗口。

（2）根据【案例 8】资料输入或选择变动单信息，如图 9-23 所示。

固定资产变动单

－ 部门转移 －

变动单编号	00001			变动日期	2016-02-06
卡片编号	00006	资产编号	032102001	开始使用日期	2014-08-01
资产名称			计算机2	规格型号	
变动前部门	财务部			变动后部门	销售部
存放地点				新存放地点	
变动原因					业务需要
				经手人	徐敏

图 9-23　部门转移的变动单

（3）单击“保存”按钮，弹出“部门已改变，请查看资产对应折旧科目是否正确！”信息提示框，可以在“卡片管理”窗口中查看。

提示：

变动单不能修改，只有在当月删除重做，所以请仔细检查后再保存。

当月原始录入的或增加的固定资产不允许进行部门转移的变动处理。

进行部门转移变动的资产在变动当月就按变动后的部门计提折旧。

2. 资产原值变动（业务 6）

操作步骤为：

（1）执行“固定资产”→“卡片”→“变动单”→“原值增加”命令，进入“固定资产变动单”窗口。

（2）根据【案例 8】资料输入或选择变动单信息，如图 9-24 所示。

固定资产变动单

— 原值增加 —

变动单编号	00002			变动日期	2016-02-20
卡片编号	00004	资产编号	022101001	开始使用日期	2013-10-01
资产名称			轿车	规格型号	
增加金额	5000.00	币种	人民币	汇率	1
变动的净残值率	5%	变动的净残值			250.00
变动前原值	210000.00	变动后原值			215000.00
变动前净残值	10500.00	变动后净残值			10750.00
变动原因					添置新配件
				经手人	徐敏

图 9-24 原值增加的变动单

（3）单击“保存”按钮，进入“填制凭证”窗口。

（4）对生成的凭证进行完善、补充信息，单击“保存”按钮。

提示：

当月原始录入的或增加的固定资产不允许进行原值的变动处理。

固定资产原值减少处理与增加处理的方法相同。

必须保证变动后的净值大于变动后的净残值。

本月录入的原值增加变动单信息在下月计提折旧时生效。

3. 计提减值准备（业务 7）

操作步骤为：

（1）执行“固定资产”→“卡片”→“变动单”→“计提减值准备”命令，进入“固定资产变动单”窗口。

（2）根据【案例 8】资料输入或选择变动单信息，如图 9-25 所示。

（3）单击“保存”按钮，进入“填制凭证”窗口。

（4）对生成的凭证进行完善、补充信息，单击“保存”按钮。

固定资产变动单

－计提减值准备－

变动单编号	00003			变动日期	2016-02-28
卡片编号	00006	资产编号	032102001	开始使用日期	2014-08-01
资产名称			计算机2	规格型号	
减值准备金额	1000.00	币种	人民币	汇率	1
原值	4000.00	累计折旧			1074.40
累计减值准备金额	1000.00	累计转回准备金额			0.00
可回收市值	1925.60				
变动原因					市场价格变动
				经手人	徐敏

图 9-25　计提减值准备的变动单

复习思考题

一、选择题

1．某企业固定资产中，设备类编码为 03，使用年限为 10 年，净残值率为 3%，折旧方法为平均年限法，欲在该设备类下级增加机床类别，并对其进行设置，下列非法的项是（　　）。

A．净残值率改为 4%　　B．使用年限改为 8 年

C．编码改为 0402　　D．折旧方法改为双倍余额递减法

2．设置固定资产类别时，下列说法中错误的是（　　）。

A．定义资产类别的顺序必须是自下而上

B．资产类别编码不能重复，同一上级的类别名称不能相同

C．类别编码、类别名称、净残值率、卡片式样、计提属性不能为空

D．系统已经使用的类别的计提属性不能修改

3．固定资产管理系统的日常业务处理主要包括（　　）。

A．增减变动处理与计提折旧　　B．凭证的输入、审核与记账

C．计提折旧与成本核算　　D．固定资产的评估处理

4．卡片删除是指把卡片资料彻底从系统中清除，该功能只有在（　　）情况中有效。

A．当月录入的卡片如有错误可以删除

B．通过“资产减少”功能减少的卡片资料，在其满足会计档案管理要求后可以删除

C．对卡片做过一次月末结账后可以删除

D．在年结后对停用的固定资产卡片可以删除

5．在下列固定资产卡片项目的操作中无须进行资产变动处理的是（　　）。

A．变更资产名称　　B．原值变动

C．部门转移　　D．使用状况变动

二、判断题

1．固定资产管理系统的开始使用期不能大于企业账套的启用时期。（ ）

2．固定资产管理系统参数中的财务接口用于确定与总账管理系统的固定资产原值、累计折旧的余额核对。（ ）

3．固定资产管理系统初始化时设置的参数，已经设定不能修改。（ ）

4．固定资产原始卡片的录入不限制必须在第一个会计期间结账之前，任何时候都可以录入原始卡片。（ ）

5．使用资产减少功能，应该在固定资产管理系统开始计提折旧之前。（ ）

三、简答题

1．固定资产管理系统主要包括哪些功能？各功能所起的作用是什么？

2．如何进行固定资产管理系统初始化？

3．固定资产管理系统日常业务处理分哪几个步骤？

4．固定资产折旧处理时应注意哪些问题？

5．在什么情况下需要作固定资产的变动处理？

第十章 应收款管理系统

第一节 知识点

应收款管理系统主要用于核算和管理客户往来款项。该系统以发票、应收单等原始单据为依据，记录销售业务及其他业务所形成的往来款项，处理应收款项的收回、坏账、转账等情况，同时提供统计分析的功能。

根据对客户往来款项核算和管理的程度不同，系统提供了在“应收系统核算”和在“总账管理系统核算”客户往来款项两种应用方案，可供选择。如果使用单位的销售业务及应收款核算与管理业务比较繁多，可选择在应收系统中核算并管理客户往来款项。这时所有的客户往来凭证全部由应收款管理系统生成，其他系统不再生成这类凭证。如果使用单位的销售业务及应收款核算与管理业务并不十分复杂，或者现销业务较多，可选择在总账管理系统核算并管理客户往来款项。具体选择哪一种方案，可在总账管理系统中通过设置系统选项的方式进行设置。本章中的案例是介绍客户往来款项在“应收系统核算”的有关操作方法。

一、应收款管理系统的主要功能

1. 系统初始化

应收款管理系统初始化包括系统参数设置、初始设置和期初数据录入。初始设置是指建立应收款管理的基础数据，确定使用哪些单据处理应收业务，确定需要进行账龄管理的账龄区间，使应收业务管理更符合单位的需要。期初余额录入是指将正式启用账套前的所有应收业务数据录入系统中，作为期初建账的数据，这样就保证了数据的连续性和完整性。

2. 日常业务处理

（1）单据处理。是应收款管理系统处理的起点，在此，可以录入销售业务中的各类发票以及销售业务之外的应收单。根据业务模型的不同，单据处理的方式也不同，有两种情况：如果应收款管理系统与销售管理系统集成使用，销售发票和代垫运费单在销售管理系统中录入、复核，在应收款管理系统中可以对这些单据进行审核、查询、核销、制单等操作。此时应收款管理系统仅限于录入应收单；如果没有使用销售管理系统，则所有发票和应收单均需要在应收款管理系统中录入。

（2）转账处理。应收款管理系统提供了处理预收冲应收、应收冲应收、应收冲应付和红票对冲等转账业务的处理功能。

（3）票据管理。在票据管理中，可以对银行承兑汇票和商业承兑汇票进行管理，记录票据的详细信息、票据的处理情况，包括票据贴现、背书、计息、结算转出等情况。如果要实现票据的登记簿管理，必须将“应收票据”科目设置为带有客户往来辅助核算的会计科目。

（4）坏账处理。系统提供了计提应收坏账准备处理、坏账发生后的处理、坏账收回后的处理等功能。计提坏账的方法主要有：销售收入百分比法、应收账款百分比法、账龄分析法和直接转销法。在进行坏账处理之前，应先在系统选项中选择坏账处理的方法，并在期初设置中设置相关参数。坏账处理的内容包括自动计提应收款的坏账准备、坏账发生及回收、取消坏账处理等。

坏账处理的作用是系统自动计提应收款的坏账准备，当坏账发生时即可进行坏账核销，当被核销坏账又收回时，即可进行相应处理。

（5）制单。应收款管理系统可根据销售发票、应收单、结算单等原始单据生成相应的记账凭证，并传递至总账系统。这些凭证可以在总账系统中进行查询、审核和记账的操作。在单据处理、转账处理、票据处理和坏账处理等功能的操作中，系统会在许多处询问是否立即制单。可以立即制单，也可以使用制单功能进行批处理制单。

3. 期末处理

期末处理功能包括汇兑损益的结算和月末结账。在进行月末处理时，结算单还有未核销的，不能结账；单据（发票和应收单）在结账前应该全部审核。在进行期末处理时，应对所有核销、坏账、转账等处理全部制单，系统列示检查结果。而且对于本年度外币余额为零的单据，必须将本币余额结转为零，即必须执行汇兑损益操作。

4. 查询统计分析

应收款管理系统的查询统计功能主要有：单据查询、业务账表查询、业务分析和科目账表查询。

二、应收款管理系统与其他子系统的关系

应收款管理系统与其他子系统的关系如图 10-1 所示。

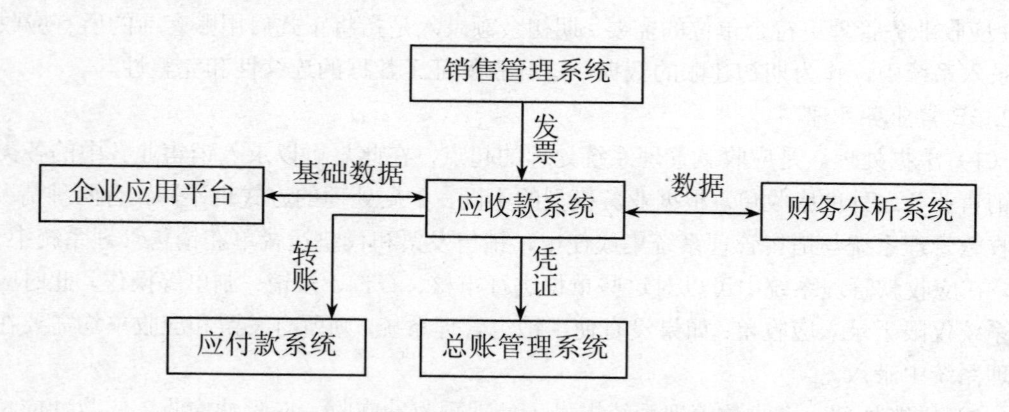

图 10-1 应收款管理系统与其他子系统的关系

三、应收款管理系统的业务处理流程

应收款管理系统的业务处理流程如图 10-2 所示。

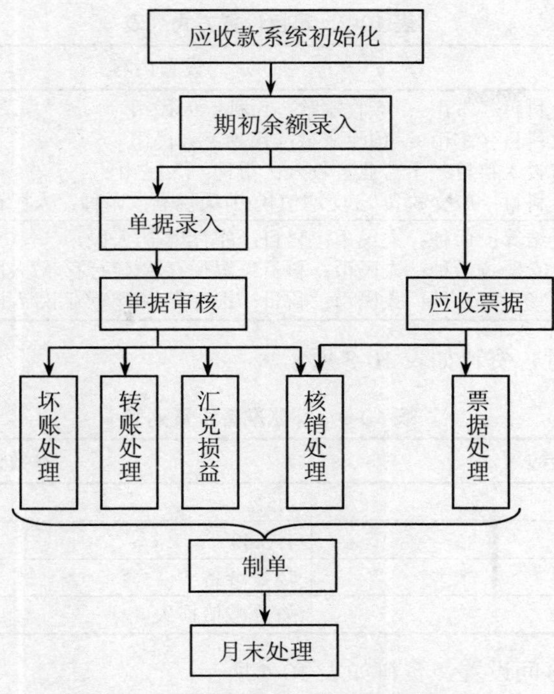

图 10-2　应收款管理系统的业务流程

第二节　【案例 9】资料

1. 应收款管理系统参数设置

（1）控制参数设置，资料如表 10-1 所示。

表 10-1　应收款管理系统控制参数列表

控制参数	参数设置
单据审核日期依据	单据日期
坏账处理方式	应收余额百分比法
收付款单打印时显示客户全称	是
受控科目制单方式	明细到单据
非受控科目制单方式	明细到客户
核销生成凭证	否
收付款单制单表体科目不合并	是
控制操作员权限	否
应收款核销方式	按单据
其他参数	默认系统设置

（2）设置科目，资料如表 10-2 所示。

表 10-2 科目设置方式列表

科目类别	设置内容
基本科目	应收科目（本币）：应收账款；币种：人民币 预收科目（本币）：预收账款；币种：人民币 销售收入科目：主营业务收入；币种：人民币 税金科目：应交税费/应交增值税/销项税额；币种：人民币
结算方式科目	现金结算；币种：人民币；科目：库存现金/人民币 现金支票；币种：人民币；科目：银行存款/建行存款/人民币 转账支票；币种：人民币；科目：银行存款/建行存款/人民币

（3）坏账准备设置，资料如表 10-3 所示。

表 10-3 坏账准备设置列表

控制参数	参数设置
提取比例	0.5%
坏账准备期初余额	153.40
坏账准备科目	坏账准备
对方科目	资产减值损失

（4）账期内账龄区间设置，资料如表 10-4 所示。

表 10-4 账期内账龄区间设置列表

序号	起止天数	总天数
01	0～30	30
02	31～60	60
03	61～90	90
04	90 以上	

（5）单据编号设置，设置销售发票（专用和普通）单据编号为手工编号。

（6）应收账款期初余额。

1）单据类型：销售专用发票，资料如表 10-5 所示。

表 10-5 销售专用发票明细

开票日期	客户名称	部门	科目	业务员	货物名称	数量	含税单价	金额	发票号
2015-12-10	华中信息科技公司	销售部	应收账款	尹小梅	甲产品	40	234.00	9 360.00	XZ0856

2）单据类型：销售普通发票，资料如表 10-6 所示。

表 10-6 销售普通发票明细

开票日期	客户名称	部门	科目	业务员	货物名称	数量	含税单价	金额	发票号
2015-12-23	北京昌平商贸公司	销售部	应收账款	李建春	乙产品	60	351.00	21 060.00	XP0892

3）单据类型：其他应收单，资料如表 10-7 所示。

表 10-7　其他应收单明细

开票日期	客户名称	部门	科目	业务员	金额	摘要
2015-12-10	华中信息科技公司	销售部	应收账款	尹小梅	260.00	代垫运输费

2. 2016 年 1 月发生系列经济业务

（1）3 日，销售部向华夏宝乐有限公司销售乙产品 20 件，不含税单价 310 元，开出销售专用发票（票号：XZ16201），货款尚未收到。

（2）5 日，收到华夏宝乐有限公司支付前欠乙产品 20 件的货款，转账支票一张（票号 Z161111），金额 7 254 元。

（3）8 日，销售部向北京昌平商贸公司销售甲产品 30 件，含税单价 234 元，开出销售普通发票（票号：XP16202），货款尚未收到。同时代垫运输费 200 元，用库存现金支付。

（4）16 日，收到华中信息科技公司的转账支票一张（票号：Z162222），金额 20 000 元，用以支付前欠货款及代垫运输费 9 620 元，剩余款转作预收账款。

（5）26 日，经三方同意，将北京昌平商贸公司购买甲产品的应收账款 7 020 元，转为华中信息科技公司的应收账款。

（6）26 日，经双方同意，用华中信息科技公司的预收账款冲抵其应收账款 7 020 元。

（7）30 日，确认 2016 年 1 月 8 日为北京昌平商贸公司代垫运输费 200 元，作为坏账处理。

（8）30 日，计提坏账准备。

第三节　操作指导

一、操作内容

（1）应收款管理系统的初始化。

（2）应收款管理系统日常业务的处理。

（3）应收款管理系统账表查询及月末处理。

二、操作步骤

- 操作准备：引入【案例 3】的账套备份数据。

（一）启用应收款管理系统

以“001 王志伟”身份注册进入“企业应用平台”（操作日期“2016-01-01”），启用应收款管理系统。

（二）应收款管理系统初始化

——以“001 王志伟”的身份注册进入“企业应用平台”。

1. 设置控制参数

操作步骤为：

1）单击“业务工作”标签，执行“财务会计”→“应收款管理”→“设置”→“选项”命令，打开“账套参数设置”对话框，如图 10-3～图 10-5 所示。

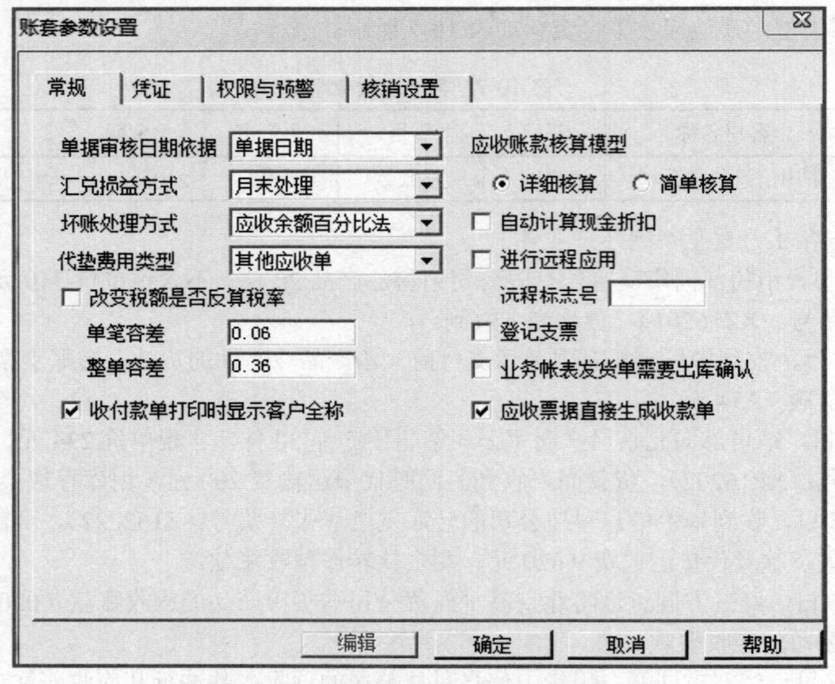

图 10-3 “账套参数设置—常规”选项卡

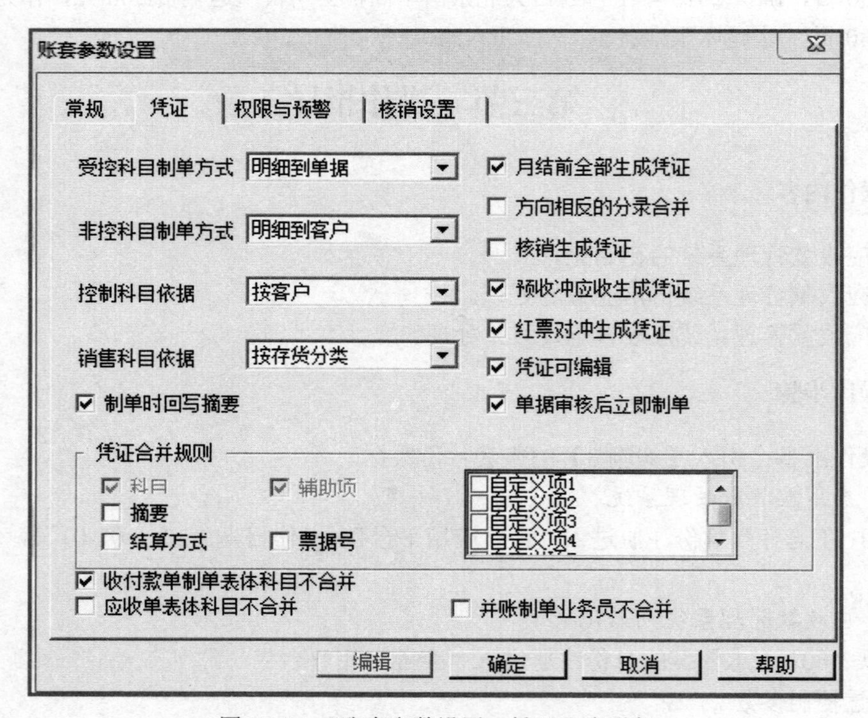

图 10-4 “账套参数设置—凭证”选项卡

2）单击“编辑”按钮，信息提示“选项修改需要重新登录才能生效”。

3）根据【案例 9】资料进行应收款管理系统账套参数的设置。

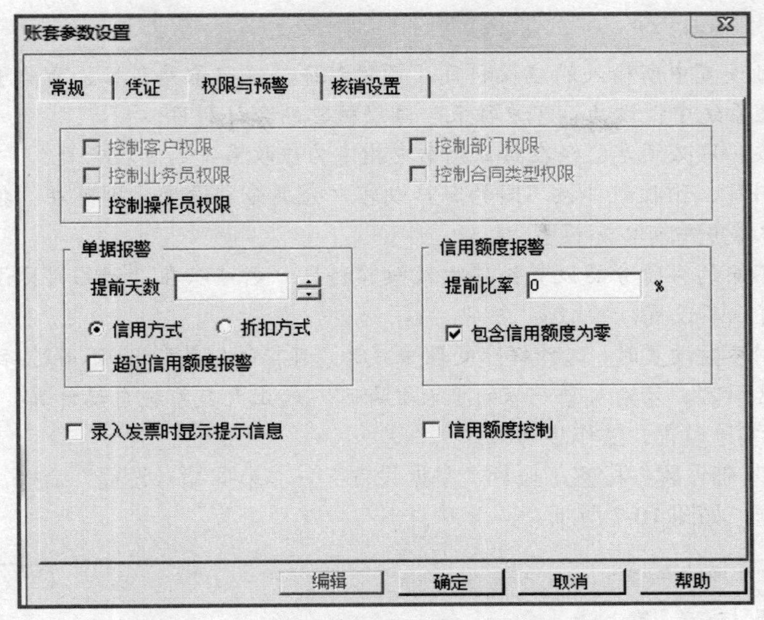

图 10-5 “账套参数设置—权限与预警”选项卡

提示：

系统提供两种应收账款的核算类型，即简单核算和详细核算。

选择简单核算，即应收款管理系统只完成将销售管理系统传递来的发票生成凭证传递到总账系统，在总账系统中以凭证为依据进行往来业务的查询。

选择详细核算，即应收款管理系统可以对往来业务进行详细的核算、控制、查询和分析。

选择不同的核销方式，将影响账龄分析的精确性。一般选择按单据核销能够进行更精确的账龄分析。

如果当年已计提过坏账准备，则坏账处理方式不允许修改。只能在下一年度修改。

2. 其他设置

（1）初始设置。操作步骤为：

1）执行“应收款管理”→“设置”→“初始设置”命令，进入“初始设置”窗口。

2）选择“基本科目设置”，单击“增加”按钮，根据【案例 9】资料设置基本科目，如图 10-6 所示。

3）选择“结算方式科目设置”，根据【案例 9】资料设置结算科目。

4）选择“坏账准备设置”，根据【案例 9】资料设置坏账准备。

5）选择“账期内账龄区间设置”，根据【案例 9】资料设置账龄区间。

简易桌面 | 初始设置

设置科目
- 基本科目设置
- 控制科目设置
- 产品科目设置
- 结算方式科目设置

坏账准备设置

账期内账龄区间设置

基础科目种类	科目	币种
应收科目	1122	人民币
预收科目	2203	人民币
销售收入科目	6001	人民币
税金科目	22210103	人民币

图 10-6 “初始设置—基本科目设置”页面

提示：

在基本科目设置中所输入的应收科目、预收科目、银行承兑科目、商业承兑科目，必须是已在总账管理系统中被设为“客户往来”辅助核算的会计科目。

应收和预收科目必须是已经在科目档案中指定为应收系统的受控科目。

如果应收科目、预收科目按不同的客户或客户分类分别设置，则可在“控制科目设置”中进行设置，本案例中可以不设置。

如果针对不同的存货分类设置销售收入核算科目，则可以在“产品科目设置”中进行设置，本案例中可以不设置。

如果在控制参数设置时，选择坏账处理方式为“直接转销法”，则不用进行坏账准备设置。

设置账龄区间时，只输入每一级的总天数即可，起止天数系统自动计算。

（2）单据编号设置。操作步骤为：

1）单击“基础设置”标签，执行“单据设置”→“单据编号设置”命令，打开“单据编号设置”对话框，如图 10-7 所示。

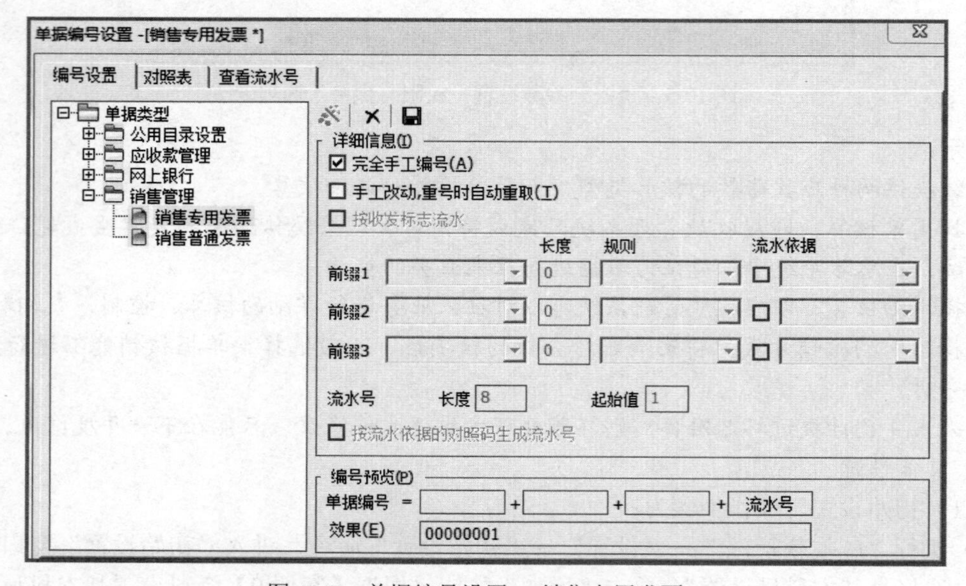

图 10-7 单据编号设置—[销售专用发票*]

2）在“单据类型”列表中，依次选择“销售管理”→“销售专用发票”。

3）单击“修改”按钮，选择“完全手工编号”项。

4）单击“保存”按钮。

5）同样的方法修改“销售普通发票”的单据编号设置。

（三）录入应收款管理系统期初余额

1. 录入期初销售发票

操作步骤为：

（1）执行“应收款管理”→“设置”→“期初余额”命令，打开“期初余额—查询”对话框。

（2）单击“确定”按钮，进入“期初余额—期初余额明细表”窗口。

（3）单击“增加”按钮，打开“单据类别”对话框。

（4）选择单据名称“销售发票”，单据类型“销售专用发票”。

（5）单击“确定”按钮，进入“期初销售发票”窗口。

（6）单击“增加”按钮，根据【案例 9】资料录入“销售专用发票”的相关信息，单击“保存”按钮，如图 10-8 所示。

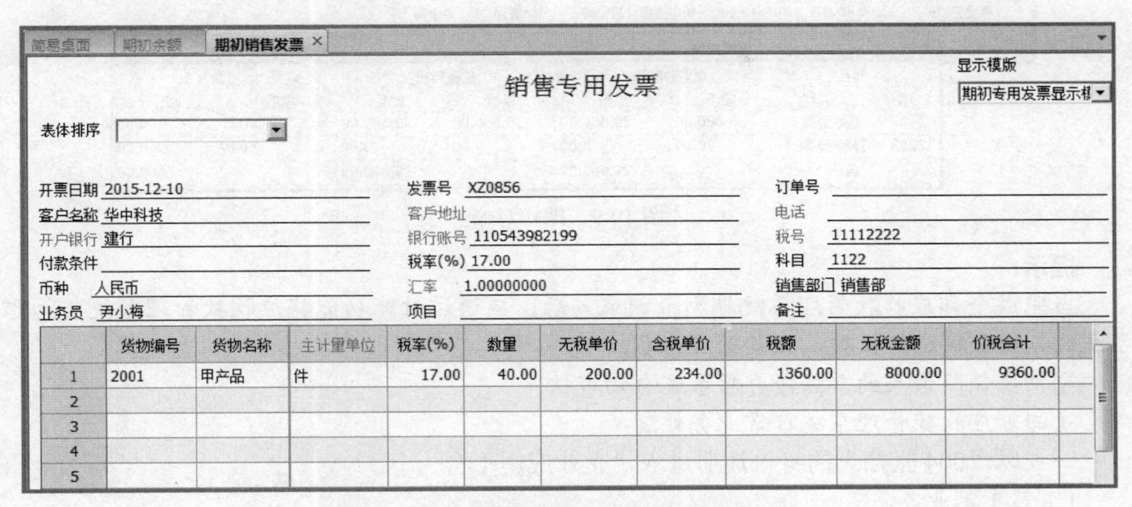

图 10-8　“期初销售发票—销售专用发票”窗口

（7）同样的方法，根据【案例 9】资料录入“销售普通发票”的信息。

提示：

在初次使用应收款管理系统时，应将启用应收款管理系统时未处理完的所有客户的应收账款、预收账款、应收票据等数据录入本系统。

输入销售发票时，要确定科目，以便与总账系统的应收账款等科目进行对账。

已进行核销处理的期初销售发票，不允许修改或删除。

如果没有设置允许修改销售专用发票的编号，则在填制销售专用发票时将不允许修改其编号，其他单据编号也一样，系统默认的状态为不允许修改。

期初余额所录入的票据保存后系统自动审核。

2. 录入期初其他应收单

操作步骤为：

（1）在“期初余额—期初余额明细表”窗口中，单击“增加”按钮，打开“单据类型”对话框。

（2）选择单据名称“应收单”，单据类型“其他应收单”。

（3）单击“确定”按钮，进入“单据录入—应收单”窗口。

（4）单击“增加”按钮，根据【案例 9】资料录入“应收单”的相关信息。单击“保存”按钮。

3. 应收款管理系统与总账系统对账

操作步骤为：

（1）在“期初余额”窗口中，单击“对账”按钮，进入“期初对账”窗口。

（2）查看应收款管理系统与总账系统的期初余额是否平衡，如图 10-9 所示。

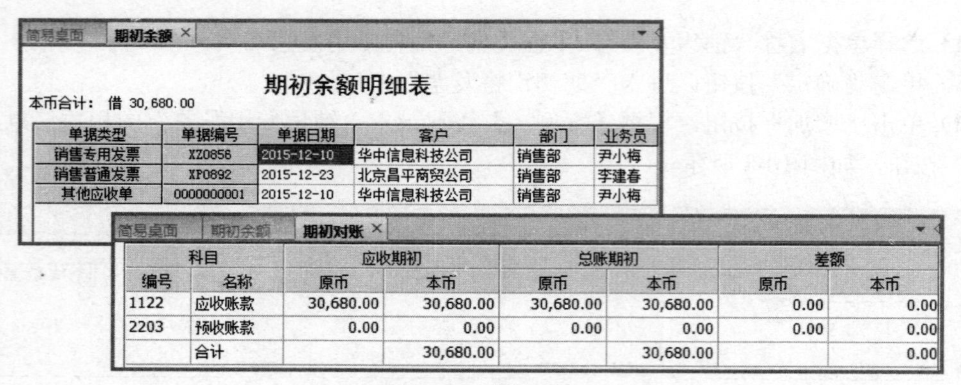

简易桌面 | 期初余额 ×

期初余额明细表

本币合计：借 30,680.00

单据类型	单据编号	单据日期	客户	部门	业务员
销售专用发票	XZ0856	2015-12-10	华中信息科技公司	销售部	尹小梅
销售普通发票	XP0892	2015-12-23	北京昌平商贸公司	销售部	李建春
其他应收单	0000000001	2015-12-10	华中信息科技公司	销售部	尹小梅

简易桌面 | 期初余额 | 期初对账 ×

科目		应收期初		总账期初		差额	
编号	名称	原币	本币	原币	本币	原币	本币
1122	应收账款	30,680.00	30,680.00	30,680.00	30,680.00	0.00	0.00
2203	预收账款	0.00	0.00	0.00	0.00	0.00	0.00
	合计		30,680.00		30,680.00		0.00

图 10-9　期初对账

提示：

当完成全部应收款管理系统期初余额录入后，应通过对账功能将应收款管理系统与总账系统的期初余额进行核对，且差额应为零。

期初余额所录入的票据保存后系统自动审核。

（四）应收款管理系统日常业务处理

——以“004 张翔”的身份注册进入“企业应用平台”。

1. 第 1 笔业务

（1）录入销售专用发票。操作步骤为：

1）执行“应收款管理”→“应收单据处理”→“应收单据录入”命令，打开“单据类型”对话框。

2）选择单据名称“销售发票”，单据类型“销售专用发票”。

3）单击“确定”按钮，进入“销售发票—销售专用发票”窗口。

4）单击“增加”按钮。

5）根据【案例 9】资料进行专用销售发票的录入，单击“保存”按钮，如图 10-10 所示。

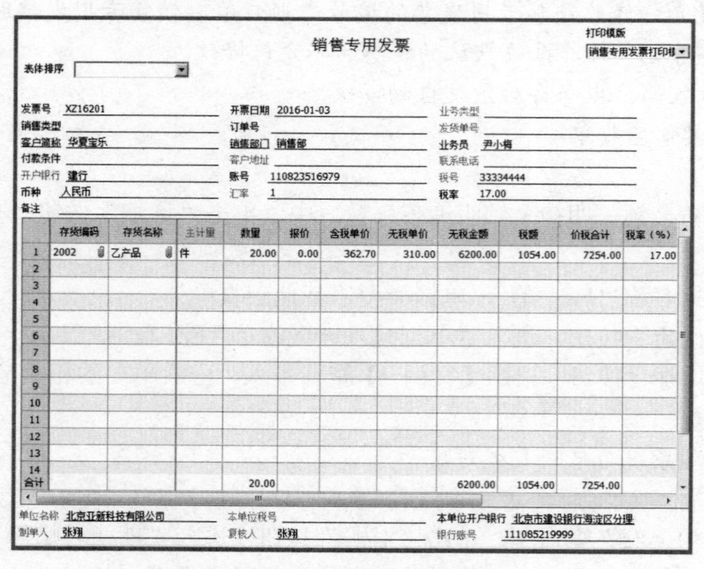

销售专用发票

打印模版 销售专用发票打印楷

表体排序

发票号 XZ16201　开票日期 2016-01-03　业务类型

销售类型　订单号　发货单号

客户简称 华夏宝乐　销售部门 销售部　业务员 尹小梅

付款条件　客户地址　联系电话

开户银行 建行　账号 110823516979　税号 33334444

币种 人民币　汇率 1　税率 17.00

备注

	存货编码	存货名称	主计量	数量	报价	含税单价	无税单价	无税金额	税额	价税合计	税率（%）
1	2002	乙产品	件	20.00	0.00	362.70	310.00	6200.00	1054.00	7254.00	17.00
2											
3											
4											
5											
6											
7											
8											
9											
10											
11											
12											
13											
14											
合计				20.00				6200.00	1054.00	7254.00	

单位名称 北京亚新科技有限公司　本单位税号　本单位开户银行 北京市建设银行海淀区分理

制单人 张翔　复核人 张翔　银行账号 111085219999

图 10-10　录入销售专用发票

（2）审核销售专用发票。操作步骤为：

1）执行“应收单据处理”→“应收单据审核”命令，打开“应收单查询条件”对话框。

2）单击“确定”按钮，进入“单据处理—应收单据列表”窗口。

3）单击“全选”按钮，或双击“选择”标志栏中要审核的单据，如图 10-11 所示。

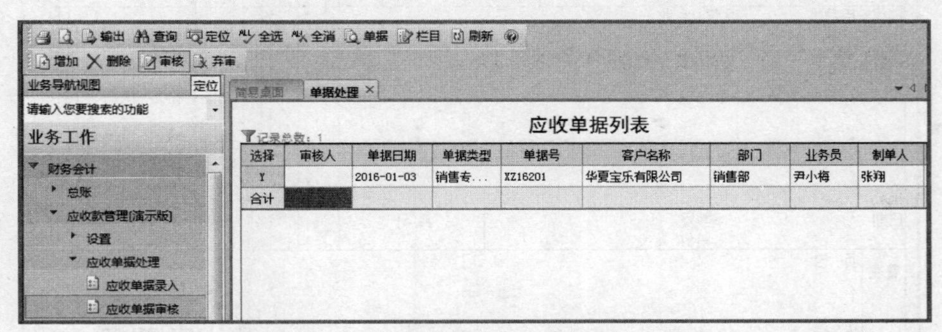

图 10-11 “单据处理—应收单据列表”窗口

4）单击“审核”按钮，审核完毕后，系统提示单据被审核情况，单击“确定”按钮。

（3）制单处理。操作步骤为：

1）执行“制单处理”命令，打开“制单查询”对话框。

2）选择“发票制单”项，单击“确定”按钮，进入“制单—销售发票制单”窗口，如图 10-12 所示。

制单 单据 摘要 自动 标记 取消 栏目

简易桌面 制单

销售发票制单

凭证类别 转账凭证 制单日期 2016-01-03 共 1 条

选择标志	凭证类别	单据类型	单据号	日期	客户编码	客户名称	部门	业务员	金额
	转账凭证	销售专用发票	XZ16201	2016-01-03	03	华夏宝乐有...	销售部	尹小梅	7,254.00

图 10-12 “制单—销售发票制单”窗口

3）单击“全选”按钮，或在要制单单据的“选择标志”栏中输入“1”。

4）单击“制单”按钮，进入“填制凭证”窗口。

5）对生成的凭证进行完善、补充信息，单击“保存”按钮，如图 10-13 所示。

提示：

已审核的单据不能修改或删除，已生成的凭证或进行过核销处理的单据在单据界面不再显示。

在录入单据后可以直接进行审核，且系统会提示“是否立即制单？”，此时可以直接制单。如果录入的单据不直接审核，可以在审核功能中进行审核，再到制单功能中制单。

制单日期系统默认为当前业务日期。制单日期应大于等于所选的单据的最大日期，但小于当前业务日期。

制单日期还应该满足总账制单日期序时要求：即大于同月同凭证类别的日期。

已审核的单据在未进行其他处理之前，可以取消审核后修改。

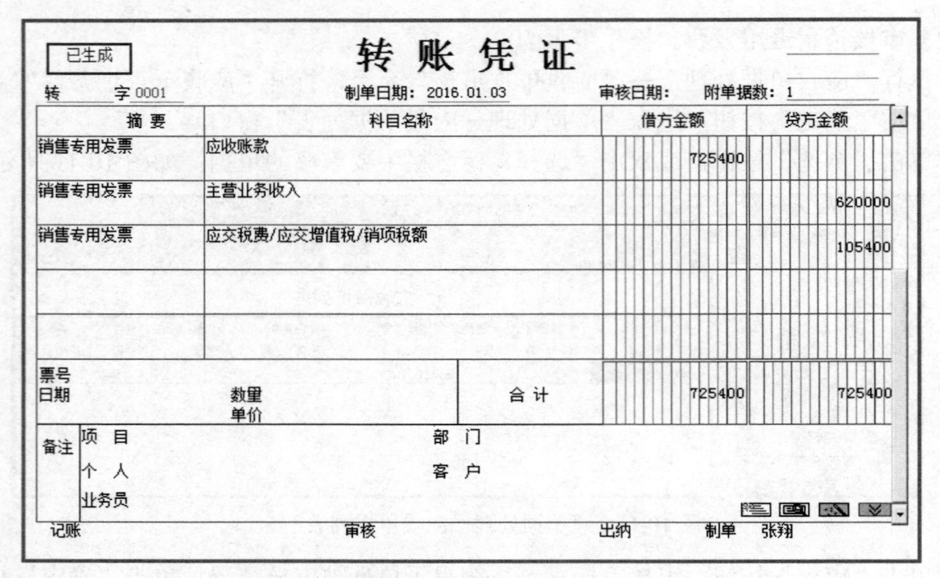

已生成

转账凭证

转 字 0001 制单日期：2016.01.03 审核日期： 附单据数：1

摘要	科目名称	借方金额	贷方金额
销售专用发票	应收账款	725400	
销售专用发票	主营业务收入		620000
销售专用发票	应交税费/应交增值税/销项税额		105400
票号 日期 数量 单价	合计	725400	725400

备注 项目 部门

个人 客户

业务员

记账 审核 出纳 制单 张翔

图 10-13 生成凭证

2. 第 2 笔业务

（1）录入收款单。操作步骤为：

1）执行“应收款管理”→“收款单据处理”→“收款单据录入”命令，进入“收付款单录入—收款单”窗口。

2）单击“增加”按钮。

3）根据【案例 9】资料进行收款单的录入，单击“保存”按钮，如图 10-14 所示。

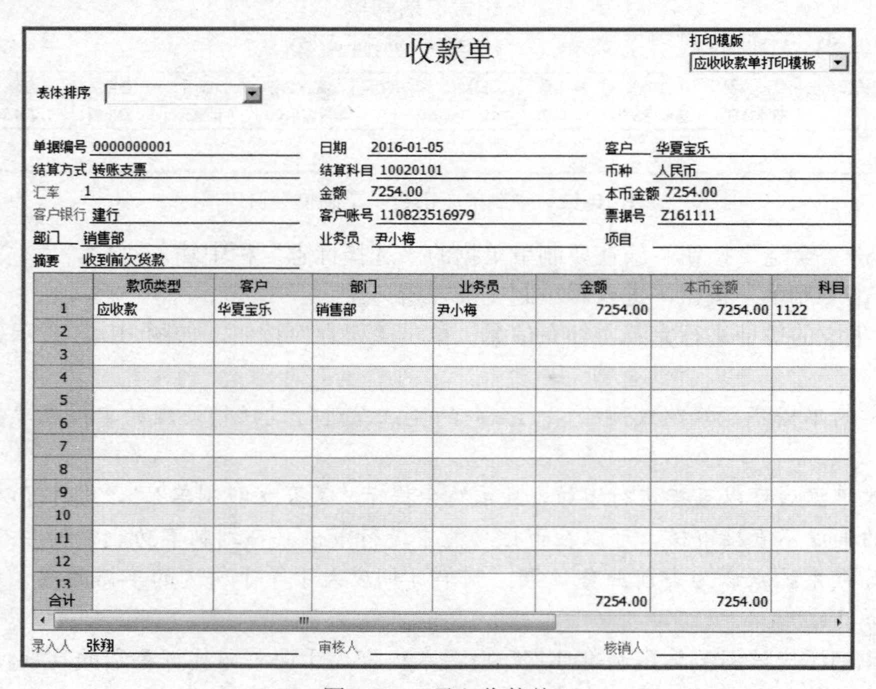

收款单

打印模版 应收收款单打印模板

表体排序

单据编号 0000000001 日期 2016-01-05 客户 华夏宝乐

结算方式 转账支票 结算科目 10020101 币种 人民币

汇率 1 金额 7254.00 本币金额 7254.00

客户银行 建行 客户账号 110823516979 票据号 Z161111

部门 销售部 业务员 尹小梅 项目

摘要 收到前欠货款

	款项类型	客户	部门	业务员	金额	本币金额	科目
1	应收款	华夏宝乐	销售部	尹小梅	7254.00	7254.00	1122
2							
3							
4							
5							
6							
7							
8							
9							
10							
11							
12							
13							
合计					7254.00	7254.00	

录入人 张翔 审核人 核销人

图 10-14 录入收款单

提示：

收款单表体中的款项类型系统默认为“应收款”，其可以修改。款项类型还包括“预收款”“其他费用”等。

在录入收款单后，可以直接单击“核销”按钮，进行单据核销的操作。

如果是退款给客户，则可以单击“切换”按钮，录入红字收款单。

（2）审核收款单。操作步骤为：

1）执行“收款单据处理”→“收款单据审核”命令，打开“收款单查询条件”对话框。

2）单击“确定”按钮，进入“收付款单列表”窗口。

3）单击“全选”按钮，再单击“审核”按钮。

4）审核完毕后，系统提示单据被审核情况，单击“确定”按钮。

（3）核销收款单。操作步骤为：

1）执行“核销处理”→“手工核销”命令，打开“核销条件”对话框。

2）选择客户“华夏宝乐有限公司”。

3）单击“确定”按钮，进入“单据核销”窗口，如图 10-15 所示。

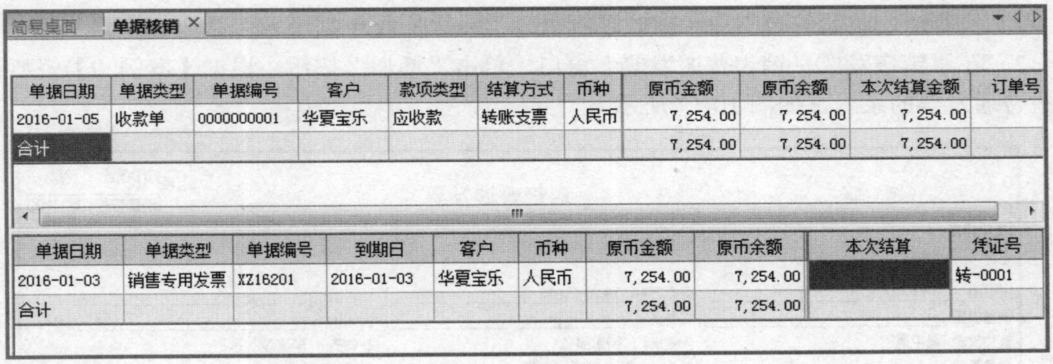

简易桌面 | 单据核销

单据日期	单据类型	单据编号	客户	款项类型	结算方式	币种	原币金额	原币余额	本次结算金额	订单号
2016-01-05	收款单	0000000001	华夏宝乐	应收款	转账支票	人民币	7,254.00	7,254.00	7,254.00	
合计							7,254.00	7,254.00	7,254.00	

单据日期	单据类型	单据编号	到期日	客户	币种	原币金额	原币余额	本次结算	凭证号
2016-01-03	销售专用发票	XZ16201	2016-01-03	华夏宝乐	人民币	7,254.00	7,254.00		转-0001
合计						7,254.00	7,254.00		

图 10-15 “单据核销”窗口

4）在销售专用发票行的“本次结算”栏里输入结算金额，单击“保存”按钮。

提示：

手工核销保存时，若结算单列表的本次结算金额大于或小于被核销单据列表的本次结算金额合计，系统将提示结算金额不相等，不能保存。

在结算列表中，单击“分摊”按钮，系统将当前结算单列表中的本次结算金额合计，自动分摊到被核销单据列表的本次结算栏中。核销顺序依据被核销单据的排序顺序。

如果核销后未进行其他操作，可以在“其他处理”→“取消操作”功能中取消核销操作。

（4）制单处理。操作步骤：

1）执行“制单处理”命令，打开“制单查询”对话框。

2）选择“收付款单制单”项，单击“确定”按钮，进入“制单—应收制单”窗口。

3）单击“全选”按钮，再单击“制单”按钮，进入“填制凭证”窗口。

4）对生成的凭证进行完善、补充信息，单击“保存”按钮，如图 10-16 所示。

3. 第 3 笔业务

（1）录入并审核销售普通发票。操作步骤为：

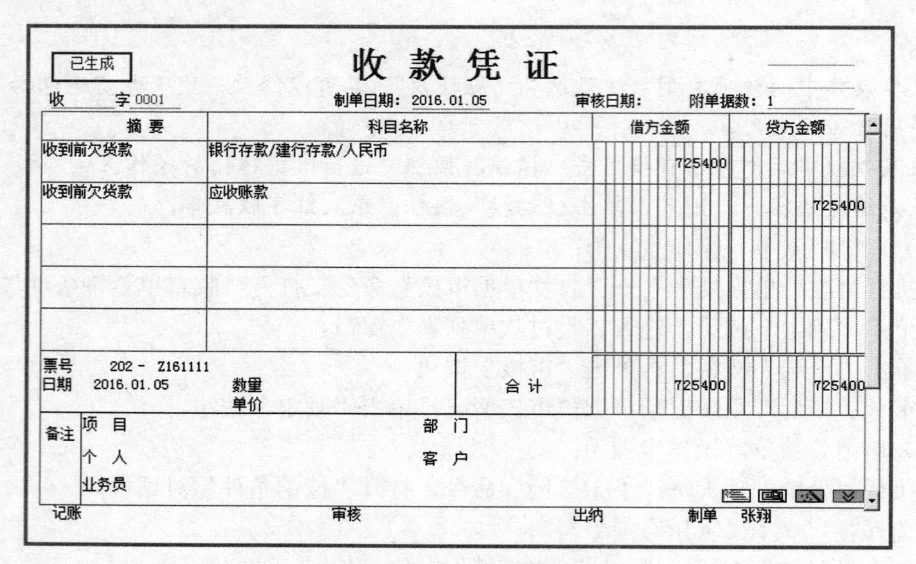

图 10-16 生成凭证

1）执行“应收款管理”→“应收单据处理”→“应收单据录入”命令。

2）在“销售发票—销售普通发票”窗口，单击“增加”按钮，根据【案例 9】资料进行销售普通发票的录入，如图 10-17 所示。

图 10-17 录入销售普通发票

3）单击“保存”按钮。

4）单击“审核”按钮，进行单据审核。弹出“是否立即制单？”信息提示框。

5）单击“是”按钮，生成凭证。

（2）录入并审核其他应收单（代垫运费）。操作步骤为：

1）执行“应收单据处理”→“应收单据录入”命令，打开“单据类型”对话框。

2）选择单据名称“应收单”，单据类型“其他应收单”。

3）单击“确定”按钮，进入“应收单”窗口。

4）单击“增加”按钮，根据【案例 9】资料进行其他应收单的录入，单击“保存”按钮，如图 10-18 所示。

应收单

打印模版：应收单打印模板

表体排序

单据编号 0000000002　　单据日期 2016-01-08　　客户 昌平商贸

科目 1122　　币种 人民币　　汇率 1

金额 200.00　　本币金额 200.00　　数量 0.00

部门 销售部　　业务员 李建春　　项目

付款条件　　摘要 代垫运输费用

	方向	科目	币种	汇率	金额	本币金额	部门	业务员	项目	摘要
1	贷	100101	人民币	1.00000000	200.00	200.00	销售部	李建春		代垫运输费用
2										
3										

图 10-18　录入应收单

5）单击“审核”按钮，进行单据审核。

6）立即制单，生成凭证。

4. 第 4 笔业务

（1）录入并审核收款单。操作步骤为：

1）在“收款单据录入—收款单”窗口中，单击“增加”按钮。

2）根据【案例 9】资料进行收款单的录入，单击“保存”按钮，如图 10-19 所示。

收款单

打印模版：应收收款单打印模板

表体排序

单据编号 0000000002　　日期 2016-01-16　　客户 华中科技

结算方式 转账支票　　结算科目 10020101　　币种 人民币

汇率 1　　金额 20000.00　　本币金额 20000.00

客户银行 建行　　客户账号 110543982199　　票据号 Z162222

部门 销售部　　业务员 尹小梅　　项目

摘要 收到前欠货款及运费，余额转作预收账

	款项类型	客户	部门	业务员	金额	本币金额	科目
1	应收款	华中科技	销售部	尹小梅	9360.00	9360.00	1122
2	应收款	华中科技	销售部	尹小梅	260.00	260.00	1122
3	预收款	华中科技	销售部	尹小梅	10380.00	10380.00	2203
4							
5							

图 10-19　录入收款单

3）单击“审核”按钮，进行单据审核。

4）立即制单，生成凭证。

（2）核销收款单。操作步骤为：

1）在“收款单据录入—收款单”窗口中，单击“核销”按钮，打开“核销条件”对话框，单击“确定”按钮。

2）进入“单据核销”窗口，单击“分摊”按钮，系统自动填制“本次结算”栏的金额，如图 10-20 所示。

3）单击“保存”按钮。

简易桌面 单据核销

单据日期	单据类型	单据编号	客户	款项类型	结算方式	币种	原币金额	原币余额	本次结算金额
2016-01-16	收款单	0000000002	华中科技	应收款	转账支票	人民币	9,360.00	9,360.00	9,360.00
2016-01-16	收款单	0000000002	华中科技	应收款	转账支票	人民币	260.00	260.00	260.00
2016-01-16	收款单	0000000002	华中科技	预收款	转账支票	人民币	10,380.00	10,380.00	
合计							20,000.00	20,000.00	9,620.00

单据日期	单据类型	单据编号	到期日	客户	币种	原币金额	原币余额	本次结算
2015-12-10	其他应收单	0000000001	2015-12-10	华中科技	人民币	260.00	260.00	260.00
2015-12-10	销售专用发票	XZ0856	2015-12-10	华中科技	人民币	9,360.00	9,360.00	9,360.00
合计						9,620.00	9,620.00	9,620.00

图 10-20 “单据核销”窗口

5. 第 5 笔业务（应收款冲抵应收款）

操作步骤为：

（1）执行“转账”→“应收冲应收”命令，进入“应收冲应收”窗口。

（2）根据【案例 9】资料选择信息：转出客户“北京昌平商贸公司”；转入客户为“华中信息科技公司”。

（3）单击“查询”按钮。系统显示转出客户未核销的应收款。

（4）选择单据类型为“销售普通发票”、余额为“7 020.00”元的记录，在“并账金额”栏里输入“7 020.00”，如图 10-21 所示。

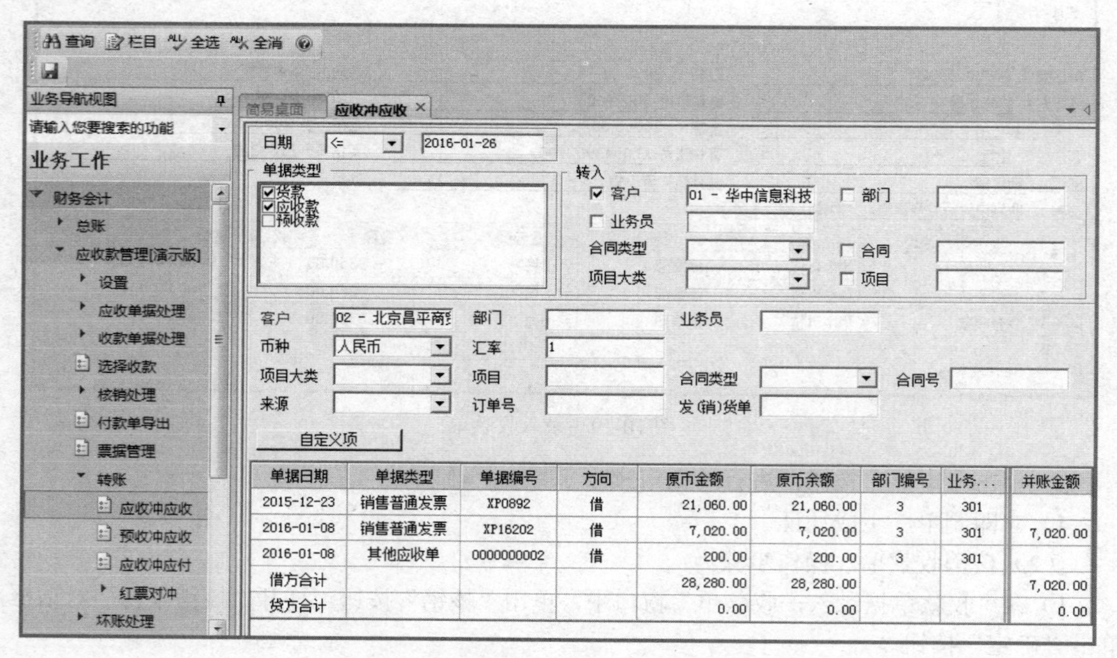

单据日期	单据类型	单据编号	方向	原币金额	原币余额	部门编号	业务...	并账金额
2015-12-23	销售普通发票	XP0892	借	21,060.00	21,060.00	3	301	
2016-01-08	销售普通发票	XP16202	借	7,020.00	7,020.00	3	301	7,020.00
2016-01-08	其他应收单	0000000002	借	200.00	200.00	3	301	
借方合计				28,280.00	28,280.00			7,020.00
贷方合计				0.00	0.00			0.00

图 10-21 “应收冲应收”窗口

（5）单击“保存”按钮。

（6）立即制单，生成凭证。

提示：

如果转账后未进行其他操作，可以在“其他处理”→“取消操作”功能中取消转账操作。

6. 第 6 笔业务（预收款冲抵应收款）

操作步骤为：

（1）执行“转账”→“预收冲应收”命令，打开“预收冲应收”对话框。

（2）单击“预收款”页签，选择客户“华中信息科技公司”，单击“过滤”按钮，显示客户预收账款的余额。

（3）单击“应收款”页签，选择客户“华中信息科技公司”，单击“过滤”按钮，显示客户应收账款的余额，如图 10-22 所示。

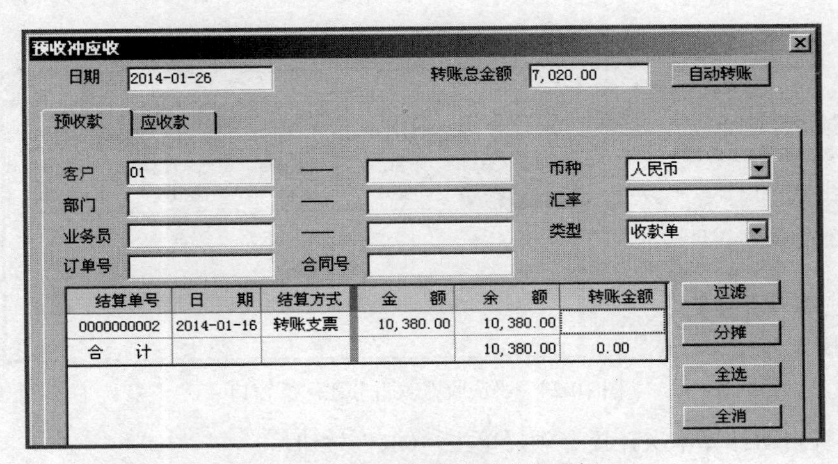

图 10-22　“预收冲应收”对话框

（4）在“转账总金额”栏中输入：“7020”，单击“自动转账”按钮，弹出“是否进行自动转账”信息提示框，单击“确定”按钮。

（5）立即制单，生成凭证。

（6）单击“退出”按钮，显示转账是否成功信息。

7. 第 7 笔业务（发生坏账）

操作步骤为：

（1）执行“坏账处理”→“坏账发生”命令，打开“坏账发生”对话框。

（2）根据【案例 9】资料选择发生坏账的客户。

（3）单击“确定”按钮，进入“发生坏账损失—坏账发生单据明细”窗口，如图 10-23 所示。

简易桌面　发生坏账损失 ×

坏账发生单据明细

单据类型	单据编号	单据日期	到期日	余额	部门	业务员	本次发生...
销售普通发票	XP0892	2015-12-23	2015-12-23	21,060.00	销售部	李建春	
其他应收单	0000000002	2016-01-08	2016-01-08	200.00	销售部	李建春	200.00
合　计				21,260.00			200.00

图 10-23　“坏账发生单据明细”窗口

（4）选择发生坏账的单据，并输入本次发生坏账的金额，单击“OK”按钮。

（5）立即制单，生成凭证。

提示：

本次坏账发生金额只能小于等于单据余额。

如果坏账处理后未进行其他操作，可以在“其他处理”→“取消操作”功能中取消坏账处理的操作。

8. 第 8 笔业务（计提坏账准备）

操作步骤为：

（1）执行“坏账处理”→“计提坏账准备”命令，进入“应收账款百分比法”窗口，如图 10-24 所示。

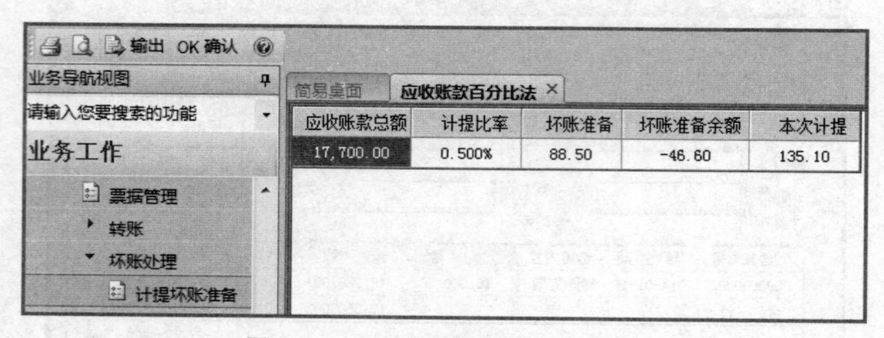

图 10-24 “应收账款百分比法”窗口

（2）系统自动计算本次计提金额，单击“OK”按钮。

（3）立即制单，生成凭证。

提示：

如果坏账准备已计提成功，本年度将不能再次计提坏账准备。

（五）应收款管理系统账表查询及月末处理

——以“001 王志伟”的身份注册进入“企业应用平台”。

1. 账表查询

操作步骤为：

（1）执行“应收款管理”→“单据查询”命令。

（2）单击“凭证查询”，打开“凭证查询条件”对话框，选择全部凭证，单击“确定”按钮，进入“凭证查询”窗口。

（3）执行“应收款管理”→“账表管理”命令。

（4）单击“业务账表”，可以查询业务总账、明细账等，还可以与总账进行对账。

（5）单击“统计分析”，可以查询应收账和收款账龄分析等信息。

（6）单击“科目账查询”，可以查询各客户的明细账和科目余额表等信息。

2. 月末结账

（1）结账。操作步骤为：

1）执行“期末处理”→“月末结账”命令，打开“月末结账”对话框。

2）双击需要结账月份的结账标志栏，单击“下一步”按钮，显示各处理类型的处理情况。

3）在处理情况都是“是”的情况下，单击“完成”按钮，弹出“1 月份结账成功”信息提示框。

4）单击“确定”按钮。

提示：

本月的单据（发票和应收单）在结账前应全部审核，本月的结算单在结账前应全部核销。

应收系统结账后，总账管理系统才能结账。

应收款管理系统与销售系统集成使用时，销售系统应先结账，才能对应收款管理系统进行结账。

（2）取消结账。操作步骤为：

1）执行“应收款管理”→“期末处理”→“取消月结”命令，打开“取消结账”对话框。

2）选择最后一个“已结账”月份。

3）单击“确认”按钮，弹出“取消结账成功”信息提示框，单击“确定”按钮。

提示：如果总账管理系统已经结账，则应收款管理系统不能取消结账。

复习思考题

一、选择题

1．应收款管理系统提供了（　　）几种应收款核销方式。

A．按单据　　B．按存货　　C．按产品　　D．按客户

2．控制科目是指所有带有客户往来辅助核算的科目，本系统提供了（　　）几种设置控制科目的依据。

A．按客户　　B．按客户分类　　C．按地区　　D．按行业

3．在录入代垫运费发票时，应该在“收款单”中选择（　　）款项类型。

A．应收款　　B．预收款　　C．其他应收款　　D．其他费用

4．在应收款管理系统制单时，下列说法错误的有（　　）。

A．制单日期系统默认为当前业务日期

B．制单日期应大于或等于总账系统中同类凭证类别的日期

C．制单后自动传递到总账系统，可以进行删除、审核和记账的操作

D．一张原始单据制单后，将不能再次制单

5．进行计提坏账准备操作时，下列说法正确的有（　　）。

A．初次计提坏账准备，用户应该在本系统初始化时，设置相关计提坏账准备的参数

B．坏账收回处理所涉及的结算单为未核销的收款单

C．坏账处理后发现有关内容有错，可以执行取消操作后进行修改

D．如果坏账准备计提成功，本年度将不能再次计提坏账准备

二、判断题

1．如果当年已计提坏账准备，则坏账处理方式允许修改。　　（　　）

2．在进行基本科目设置时输入的科目都必须是总账系统中的末级科目。　　（　　）

3．核销是确定销售发票与收款单、应收单之间对应关系的操作。　　（　　）

4．应收冲应收的转账业务处理在执行“取消操作”时，应将操作类型选为“并账”。（　）

5．应收款管理系统与销售管理系统集成使用时，本系统应在销售系统结账之前进行结账处理。（　）

三、简答题

1．应收款管理系统的主要功能有哪些？

2．根据对客户往来款项核算和管理的程度不同，系统提供了哪两种应用方案？各有什么特点？

3．简述应收款管理系统的操作流程。

4．应收款管理系统提供了哪些转账处理功能？

5．应收款管理系统结账时需要注意哪些问题？

第十一章　应付款管理系统

第一节　知识点

应收与应付是企业经营活动的两个方面，应付款管理系统与应收款管理系统的绝大部分功能相类似，本章主要介绍与应收款管理系统的不同之处。

应付款管理系统主要用于核算和管理供应商往来款项。该系统以发票、应付单等原始单据为依据，记录采购业务及其他业务所形成的往来款项，处理应付款项的支付、转账等情况，同时提供统计分析的功能。

根据对供应商往来款项核算和管理的程度不同，系统提供了在“应付系统核算”和在“总账系统核算”供应商往来款项两种应用方案，可供选择。如果使用单位的采购业务及应付款核算与管理业务比较复杂，可选择在应付系统中核算并管理供应商往来款项。这时所有的供应商往来凭证全部由应付款管理系统生成，其他系统不再生成这类凭证。如果使用单位的采购业务及应付款核算与管理业务并不十分复杂，或者现购业务较多，可选择在总账系统核算并管理供应商往来款项。具体选择哪一种方案，可在总账系统中通过设置系统选项的方式进行设置。本章中的案例是介绍供应商往来款项在“应付系统核算”的有关操作方法。

一、应付款管理系统的主要功能

1. 系统初始化

应付款管理系统初始化包括系统参数设置、初始设置和期初数据录入。初始设置是指建立应付管理的基础数据，确定使用哪些单据（单据模板）处理应付业务，确定需要进行账龄管理的账龄区间，确定凭证科目。可以选择使用自定义的单据类型，进行业务的处理、统计、分析、制单，使应付业务管理更符合单位的需要。期初余额录入可将正式启用账套前的所有应付业务数据录入系统中，作为期初建账的数据，这样保证了数据的连续性和完整性。

2. 日常业务处理

（1）单据处理。它是应付款管理系统处理的起点，在此，可以录入采购业务中的各类发票以及采购业务之外的应付单。根据业务模型的不同，单据处理的方式也不同，有两种情况：如果应付款管理系统与采购管理系统集成使用，采购发票在采购管理系统中录入、复核，在应付款管理系统中可以对这些单据进行审核、查询、核销、制单等操作。此时应付款管理系统仅限于录入应付单；如果没有使用采购管理系统，则所有发票和应付单均需要在应付款管理系统中录入。

（2）转账处理。应付款管理系统提供了处理预付冲应付、应付冲应付、应付冲应收和红票对冲等转账业务的处理功能。

（3）票据管理。在票据管理中，可以对开出的应付票据进行登记、转出、计息、结算等处理，应付票据的管理与应收票据的管理基本类似。如果要实现票据的登记簿管理，必须将“应付票据”科目设置为带有供应商往来辅助核算的会计科目。

（4）制单。应付款管理系统可根据采购发票、应付单、结算单等原始单据生成相应的记账凭证，并传递至总账系统。这些凭证可以在总账系统中进行查询、审核和记账的操作。系统提供了成批制单及汇总制单功能。

3. 期末处理

期末处理功能包括汇兑损益的结算和月末结账。在进行月末处理时，结算单还有未核销的，不能结账；单据（发票和应付单）在结账前应该全部审核。在进行期末处理时，应对所有核销、转账等处理全部制单，系统列示检查结果。而且对于本年度外币余额为零的单据，必须将本币余额结转为零，即必须执行汇兑损益操作。

4. 查询统计分析

应付款管理系统的查询统计功能主要有：单据查询、业务账表查询、业务分析和科目账表查询。

二、应付款管理系统与其他子系统的关系

应付款管理系统与其他子系统的关系如图 11-1 所示。

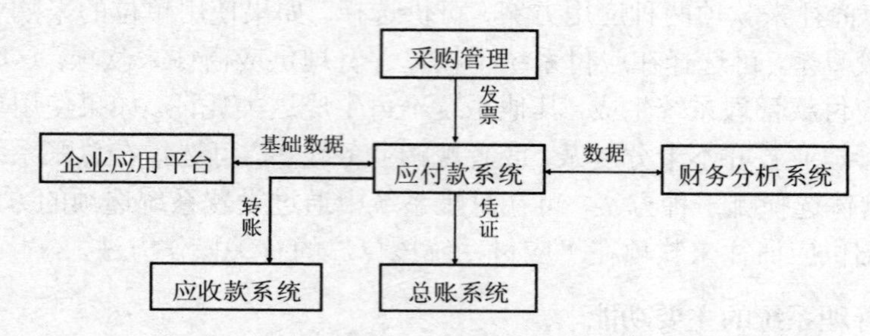

图 11-1 应付款管理系统与其他子系统的关系

三、应付款管理系统的业务处理流程

应付款管理系统的业务流程如图 11-2 所示。

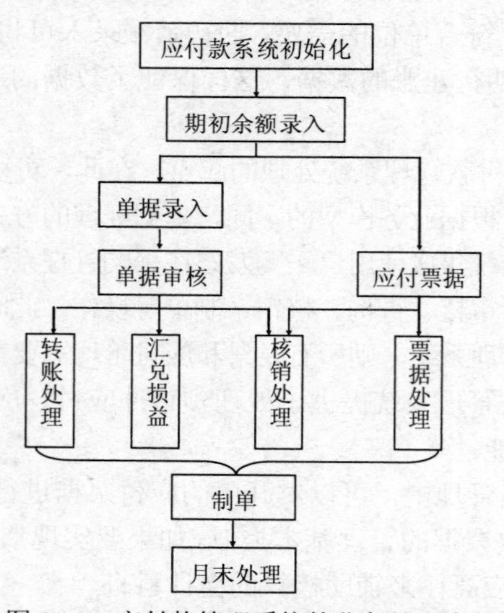

图 11-2 应付款管理系统的业务处理流程

第二节 【案例10】资料

1. 应付款管理系统参数设置

（1）控制参数设置，资料如表11-1所示。

表11-1 应付款管理系统控制参数列表

控制参数	参数设置
单据审核日期依据	单据日期
收付款单打印时显示供应商全称	是
受控科目制单方式	明细到单据
非受控科目制单方式	明细到供应商
核销生成凭证	否
收付款单制单表体科目不合并	是
控制操作员权限	否
应付款核销方式	按单据
其他参数	默认系统设置

（2）设置科目，资料如表11-2所示。

表11-2 科目设置方式列表

科目类别	设置方式
基本科目	应付科目（本币）：应付账款 预付科目（本币）：预付账款 采购科目：在途物资/A材料 税金科目：应交税费/应交增值税/进项税额
结算方式科目	现金结算；币种：人民币；科目：库存现金/人民币 现金支票；币种：人民币；科目：银行存款/建行存款/人民币 转账支票；币种：人民币；科目：银行存款/建行存款/人民币

（3）账期内账龄区间设置，资料如表11-3所示。

表11-3 账期内账龄区间设置列表

序号	起止天数	总天数
01	0～30	30
02	31～60	60
03	61～90	90
04	91以上	

（4）单据编号设置，设置采购发票（专用和普通）单据编号为手工编号。

（5）应付账款期初余额，单据类型：采购专用发票，资料如表11-4所示。

表 11-4 采购专用发票明细

开票日期	供应商名称	部门	科目	业务员	货物名称	数量	不含税单价	价税合计	发票号
2015-12-15	上海兴盛有限公司	采购部	应付账款	邹小林	A 材料	20	350.00	8 190.00	CZ0897

2. 2016 年 1 月发生系列经济业务

（1）8 日，采购部从北京宏达有限公司购进 A 材料 30 箱，不含税单价 360 元，收到采购专用发票（票号：CZ16456），货款未付。

（2）11 日，采购部从光华原材料加工厂购进 B 材料 100 包，单价 31 元，收到采购普通发票（票号：CP16123），运输费用 80 元，货款及运杂费未付。

（3）15 日，签发转账支票一张（票号：ZZ16011），金额 12 636 元，支付从北京宏达有限公司购入 A 材料的货款。

（4）15 日，签发转账支票一张（票号：ZZ16012），金额 8 000 元，支付从光华原材料加工厂购入 B 材料的货款及代垫运费 3 180 元，剩余款转作预付账款。

（5）21 日，采购部从光华原材料加工厂购进 B 材料 100 包，单价 32.50 元，收到采购普通发票（票号：CP16301），货款未付。

（6）31 日，经双方同意，用从光华原材料加工厂购入 B 材料的应付账款 3 250 元与预付账款冲抵。

（7）31 日，经三方同意，将上海兴盛有限公司的应付账款 8 190 元，转为北京宏达有限公司的应付账款。

第三节 操作指导

一、操作内容

（1）应付款管理系统的初始化。

（2）应付款管理系统日常业务的处理。

（3）应付款管理系统账表查询及月末处理。

二、操作步骤

- 操作准备：引入【案例 3】的账套备份数据。

（一）启用应付款管理系统

以“001 王志伟”身份注册进入“企业应用平台”（操作日期“2016-01-01”），启用应付款管理系统。

（二）应付款管理系统初始化

——以“001 王志伟”的身份注册进入“企业应用平台”。应付款管理系统初始化的操作与应收款管理系统大致相同，可以参照。

1. 设置控制参数

操作步骤为：

（1）单击“业务工作”标签，执行“财务会计”→“应付款管理”→“设置”→“选项”命令，打开“账套参数设置”对话框。

（2）单击“编辑”按钮，分别单击“常规”“凭证”和“权限与预警”页签，根据【案例10】资料进行控制参数的设置。

2. 其他设置

（1）初始设置。操作步骤为：

1）执行“设置”→“初始设置”命令，进入“初始设置”窗口，根据【案例10】资料进行初始设置。

2）设置基本科目。

3）设置结算科目。

4）设置账期内账龄区间。

（2）单据编号设置。操作步骤为：

1）单击“基础设置”标签，执行“单据设置”→“单据编号设置”命令，打开“单据编号设置”对话框。

2）在“单据类型”列表中，依次选择“采购管理”→“采购专用发票”。

3）单击“修改”按钮，选择“完全手工编号”项。

4）单击“保存”按钮。

5）同样的方法修改“采购普通发票”的单据编号设置。

（三）录入应付款管理系统期初余额

（1）录入期初采购发票。操作步骤为：

1）执行“应付款管理”→“设置”→“期初余额”命令，打开“期初余额—查询”对话框。

2）单击“确定”按钮，进入“期初余额—期初余额明细表”窗口。

3）单击“增加”按钮，打开“单据类别”对话框。

4）选择单据名称“采购发票”，单据类型“采购专用发票”。

5）单击“确定”按钮，进入“期初采购发票—采购专用发票”窗口，如图11-3所示。

6）单击“增加”按钮，根据【案例10】资料输入“采购专用发票”的相关信息。单击“保存”按钮。

提示：

在初次使用应付款管理系统时，应将启用应付款管理系统时未处理完的所有供应商的应付账款、预付账款、应付票据等数据录入本系统。

输入采购发票时，要确定科目，以便与总账管理系统的应付账款等科目进行对账。

已进行核销处理的期初采购发票，不允许修改或删除。

如果没有设置允许修改采购专用发票的编号，则在填制采购专用发票时将不允许修改其编号，其他单据编号也一样，系统默认的状态为不允许修改。

（2）应付款管理系统与总账管理系统期初余额对账。操作步骤为：

1）在“期初余额—期初余额明细表”窗口中，单击“对账”按钮，进入“期初对账”窗口。

2）查看应付款管理系统与总账管理系统的期初余额是否平衡。

采购专用发票

打印模版 期初专用发票打印模

表体排序

发票号 CZ0897　开票日期 2015-12-15　订单号

供应商 上海兴盛　付款条件　科目 2202

币种 人民币　汇率 1　部门 采购部

业务员 邹小林　项目　备注

税率 17.00

	存货编码	存货名称	主计量	税率(%)	数量	原币单价	原币金额	原币税额	原币价税合计
1	1001	A材料	箱	17.000000	20.00	350.000	7000.00	1190.00	8190.00
2									
3									
4									
5									
6									
7									
8									
9									
10									
11									
12									
13									
14									
15									
16									
17									
18									
19									
合计					20.00		7000.00	1190.00	8190.00

审核人 王志伟　制单人 王志伟

图 11-3 “期初采购发票—采购专用发票”窗口

提示：

当完成全部应付款管理系统期初余额录入后，应通过对账功能将应付款管理系统与总账系统的期初余额进行核对，且差额应为零。

期初余额所录入的票据保存后系统自动审核。

（四）应付款管理系统日常业务处理

——以“004 张翔”的身份注册进入“企业应用平台”。

1. 第 1 笔业务

（1）录入采购专用发票。操作步骤为：

1）执行“应付款管理”→“应付单据处理”→“应付单据录入”命令，打开“单据类型”对话框。

2）选择单据名称“采购发票”，单据类型“采购专用发票”。

3）单击“确定”按钮，进入“采购发票—专用发票”窗口。

4）单击“增加”按钮。

5）根据【案例 10】资料进行专用发票的录入，单击“保存”按钮，如图 11-4 所示。

（2）审核采购专用发票。操作步骤为：

1）执行“应付单据处理”→“应付单据审核”命令，打开“应付单查询条件”对话框。

2）单击“确定”按钮，进入“单据处理—应付单据列表”窗口。

专用发票

打印模版 专用发票打印模版

表体排序

业务类型 发票类型 采购专用发票 发票号 CZ16456

开票日期 2016-01-08 供应商 北京宏达 代垫单位 北京宏达

采购类型 税率 17.00 部门名称 采购部

业务员 赵斌 币种 人民币 汇率 1

发票日期 付款条件 备注

	存货编码	存货名称	主计量	数量	原币单价	原币金额	原币税额	原币价税合计	税率	原币含税单价
1	1001	A材料	箱	30.00	360.00	10800.00	1836.00	12636.00	17.00	421.20
2										
3										
4										

图 11-4 录入采购专用发票

3）单击“全选”按钮，或双击“选择”标志栏中要审核的单据，单击“审核”按钮。

4）审核完毕后，系统提示单据被审核情况，单击“确定”按钮。

（3）制单处理。操作步骤为：

1）执行“制单处理”命令，打开“制单查询”对话框。

2）选择“发票制单”项，单击“确定”按钮，进入“制单—采购发票制单”窗口。

3）单击“全选”按钮，或在要制单单据的“选择标志”栏中输入“1”。

4）单击“制单”按钮，进入“填制凭证”窗口。

5）对生成的凭证进行完善、补充信息，单击“保存”按钮，如图 11-5 所示。

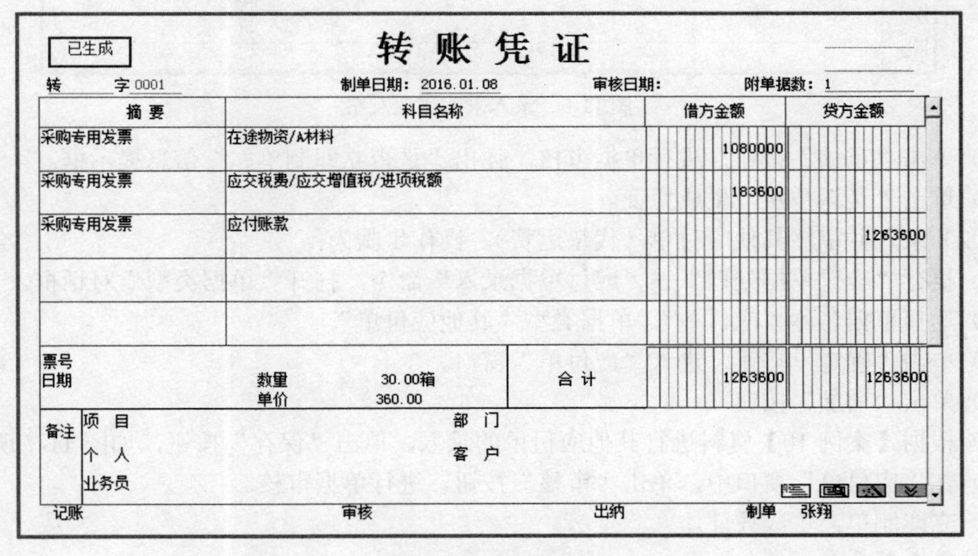

已生成

转账凭证

转 字 0001 制单日期：2016.01.08 审核日期： 附单据数：1

摘要	科目名称	借方金额	贷方金额
采购专用发票	在途物资/A材料	1080000	
采购专用发票	应交税费/应交增值税/进项税额	183600	
采购专用发票	应付账款		1263600
票号 日期	数量 30.00箱 单价 360.00 合计	1263600	1263600

备注 项目 部门 个人 客户 业务员

记账 审核 出纳 制单 张翔

图 11-5 凭证生成

提示：

如果应付款管理系统与采购管理系统集成使用，采购发票和代垫运费单在采购管理系统中录入，在应付款管理系统中可以对这些单据进行审核、查询、核销、制单等操作。此时应付款管理系统只限于录入应付单。

如果没有使用采购管理系统，则所有发票和应付单均需要在应付款管理系统中录入。

已审核的单据不能修改或删除，已生成的凭证或进行过核销处理的单据在单据界面不再显示。

在录入单据后可以直接进行审核，且系统会提示“是否立即制单？”，此时可以直接制单。如果录入的单据不直接审核，可以在审核功能中进行审核，再到制单功能中制单。

已审核的单据在未进行其他处理之前，可以取消审核后修改。

2. 第2笔业务

（1）录入并审核采购普通发票。操作步骤为：

1）执行“应付单据处理”→“应付单据录入”命令。

2）在“采购发票—普通发票”窗口中，单击“增加”按钮，根据【案例10】资料进行普通发票的录入，单击“保存”按钮，如图11-6所示。

普通发票

打印模版 普通发票打印模版

表体排序

业务类型 发票类型 采购普通发票 发票号 CP16123

开票日期 2016-01-11 供应商 光华原材料 代垫单位 光华原材料

采购类型 税率 0.00 部门名称 采购部

业务员 邹小林 币种 人民币 汇率 1

发票日期 付款条件 备注

	存货编码	存货名称	规格型号	主计量	数量	原币单价	原币金额	原币税额	税率
1	1002	B材料		包	100.00	31.00	3100.00	0.00	0.00
2									
3									
4									

图11-6 录入采购普通发票

3）单击“审核”按钮，进行单据审核。弹出“是否立即制单？”信息提示框。

4）单击“是”按钮，生成凭证。

（2）录入并审核其他应付单（代垫运费）。操作步骤为：

1）执行“应付单据处理”→“应付单据录入”命令，打开“单据类型”对话框。

2）选择单据名称“应付单”，单据类型“其他应付单”。

3）单击“确定”按钮，进入“应付单”窗口。

4）单击“增加”按钮。

5）根据【案例10】资料进行其他应付单的录入，单击“保存”按钮，如图11-7所示。

6）在“应付单”窗口中，单击“审核”按钮，进行单据审核。

7）立即制单，生成凭证。

3. 第3笔业务

（1）录入并审核付款单。操作步骤为：

1）执行“付款单据处理”→“付款单据录入”命令，进入“收付款单录入—付款单”窗口。

2）单击“增加”按钮。

3）根据【案例10】资料进行付款单的录入，单击“保存”按钮，如图11-8所示。

应付单

打印模版 应付单打印模板

表体排序

单据编号 0000000001　单据日期 2016-01-11　供应商 光华原材料

科目 2202　币种 人民币　汇率 1

金额 80.00　本币金额 80.00　数量 0.00

部门 采购部　业务员 邹小林　项目

付款条件　摘要 代垫运输费用

	方向	科目	币种	汇率	金额	本币金额	部门	业务员	项目	摘要
1	借	140202	人民币	1.00000000	80.00	80.00	采购部	邹小林		代垫运输费用
2										
3										
4										

图 11-7　录入其他应付单

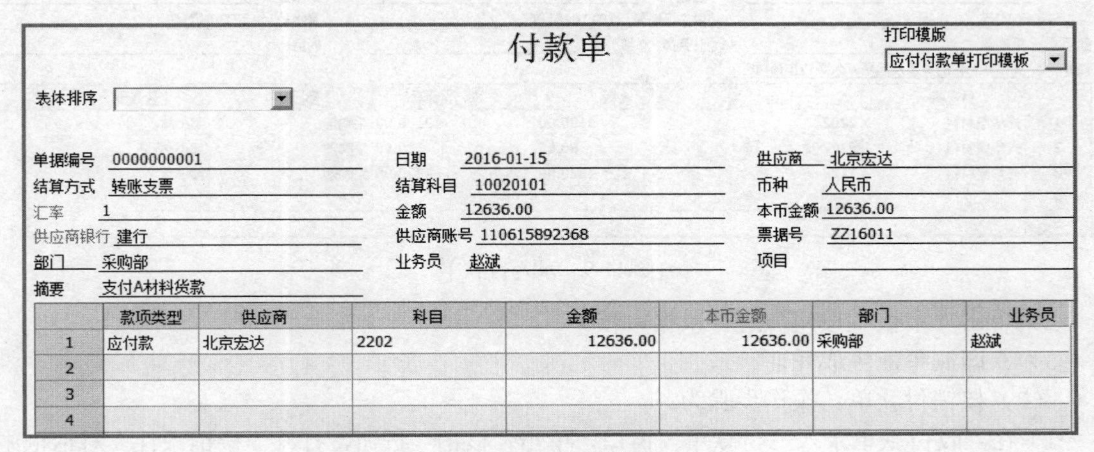

付款单

打印模版 应付付款单打印模板

表体排序

单据编号 0000000001　日期 2016-01-15　供应商 北京宏达

结算方式 转账支票　结算科目 10020101　币种 人民币

汇率 1　金额 12636.00　本币金额 12636.00

供应商银行 建行　供应商账号 110615892368　票据号 ZZ16011

部门 采购部　业务员 赵斌　项目

摘要 支付A材料货款

	款项类型	供应商	科目	金额	本币金额	部门	业务员
1	应付款	北京宏达	2202	12636.00	12636.00	采购部	赵斌
2							
3							
4							

图 11-8　录入付款单

提示：

付款单表体中的款项类型系统默认为“应付款”，其可以修改。款项类型还包括“预付款”“其他费用”等。

在录入付款单后，可以直接单击“核销”按钮，进行单据核销的操作。

如果是供应商退款业务，则可以单击“切换”按钮，录入红字付款单。

4）在“收付款单录入—付款单”窗口中，单击“审核”按钮，进行单据审核。

5）立即制单，生成凭证。

（2）核销付款单。操作步骤为：

1）执行“核销处理”→“手工核销”命令，打开“核销条件”对话框。

2）选择供应商“北京宏达有限公司”。

3）单击“确定”按钮，进入“单据核销”窗口。

4）单击“分摊”按钮，在采购专用发票行的“本次结算”栏里显示结算金额，单击“保存”按钮。

提示：

手工核销保存时，若结算单列表的本次结算金额大于或小于被核销单据列表的本次结算金额合计，系统将提示结算金额不相等，不能保存。

如果核销后未进行其他操作，可以在“期末处理”→“取消操作”功能中取消核销操作。

4. 第 4 笔业务

（1）录入并审核付款单。操作步骤为：

1）在“收付款单录入—付款单”窗口中，单击“增加”按钮，根据【案例 10】资料进行单据录入，单击“保存”按钮，如图 11-9 所示。

付款单

打印模版 应付付款单打印模板

表体排序

单据编号 0000000002　日期 2016-01-15　供应商 光华原材料

结算方式 转账支票　结算科目 10020101　币种 人民币

汇率 1　金额 8000.00　本币金额 8000.00

供应商银行 农行　供应商账号 210110107866　票据号 ZZ16012

部门 采购部　业务员 邹小林　项目

摘要 支付B材料的货款及运费，余额转作预付am

	供应商	科目	金额	本币金额	部门	业务员
1	光华原材料	2202	3100.00	3100.00	采购部	邹小林
2	光华原材料	2202	80.00	80.00	采购部	邹小林
3	光华原材料	1123	4820.00	4820.00	采购部	邹小林
4						
5						

图 11-9 录入付款单

2）单击“审核”按钮，进行单据审核。

3）立即制单，生成凭证。

（2）核销付款单。操作步骤为：

1）在“收付款单录入—付款单”窗口，单击“核销”按钮，打开“核销条件”对话框中，单击“确定”按钮。

2）进入“单据核销”窗口，单击“分摊”按钮，系统自动填制“本次结算”栏的金额，如图 11-10 所示。

简易桌面 | 收付款单录入 | 单据核销

单据日期	单据类型	单据编号	供应商	款项类型	结算方式	币种	汇率	原币金额	原币余额	本次结算
2016-01-15	付款单	0000000002	光华原材料	应付款	转账支票	人民币	1.00000000	3,100.00	3,100.00	3,100.00
2016-01-15	付款单	0000000002	光华原材料	应付款	转账支票	人民币	1.00000000	80.00	80.00	80.00
2016-01-15	付款单	0000000002	光华原材料	预付款	转账支票	人民币	1.00000000	4,820.00	4,820.00	
合计								8,000.00	8,000.00	3,180.00

单据日期	单据类型	单据编号	到期日	供应商	币种	原币金额	原币余额	可享受折扣	本次折扣	本次结算
2016-01-11	采购普通发票	CP16123	2016-01-11	光华原材料	人民币	3,100.00	3,100.00	0.00	0.00	3,100.00
2016-01-11	其他应付单	0000000001	2016-01-11	光华原材料	人民币	80.00	80.00	0.00	0.00	80.00
合计						3,180.00	3,180.00	0.00	0.00	3,180.00

图 11-10 “单据核销”窗口

3）单击“保存”按钮。

5. 第 5 笔业务

操作步骤为：

（1）在“采购普通发票”窗口，根据【案例 10】资料进行普通发票的录入，操作方法同业务 2。

（2）单击“审核”按钮，进行单据审核。

（3）立即制单，生成凭证。

6. 第 6 笔业务（预付款冲抵应付款）

操作步骤为：

（1）执行“转账”→“预付冲应付”命令，打开“预付冲应付”对话框。

（2）根据【案例 10】资料，输入日期，输入转账总金额。

（3）单击“预付款”页签，选择供应商“光华原材料加工厂”，单击“过滤”按钮，显示预付供应商账款的余额，如图 11-11 所示。

（4）单击“应付款”页签，单击“过滤”按钮，显示应付供应商账款的余额。

（5）单击“自动转账”按钮，提示信息“是否进行自动转账”，单击“是”按钮。

（6）立即制单，生成凭证。

（7）单击“退出”按钮，显示转账是否成功信息。

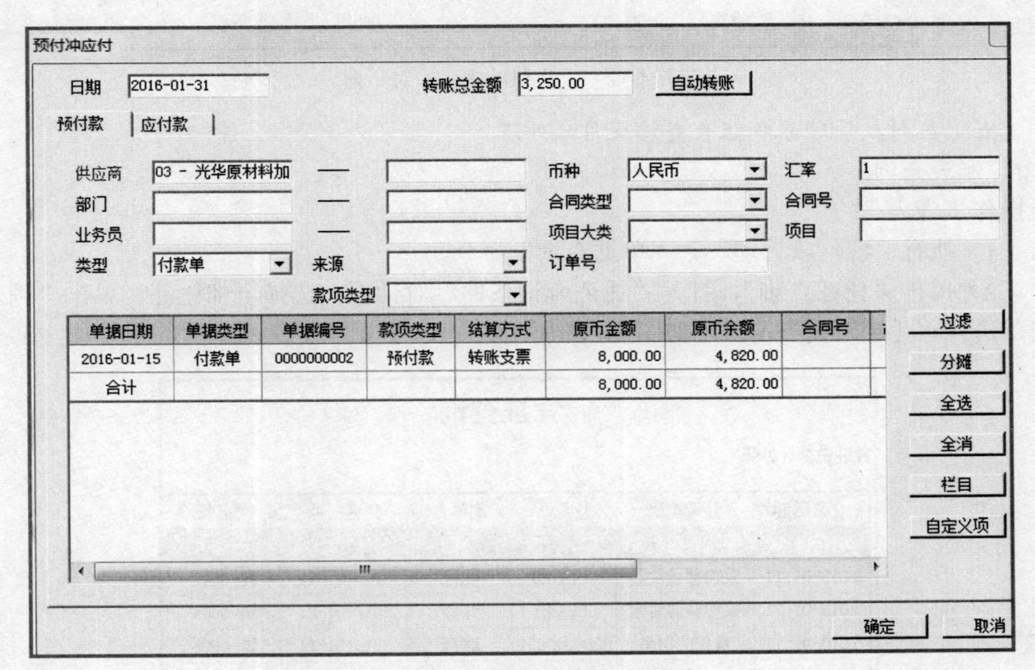

图 11-11　“预付冲应付”对话框

7. 第 7 笔业务（应付冲应付）

操作步骤为：

（1）执行“转账”→“应付冲应付”命令，打开“应付冲应付”对话框，如图 11-12 所示。

（2）根据【案例 10】资料，输入日期，分别选择转出户和转入户。

（3）单击“查询”按钮。

（4）在“并账金额”栏里输入金额，单击“保存”按钮。

（5）立即制单，生成凭证。

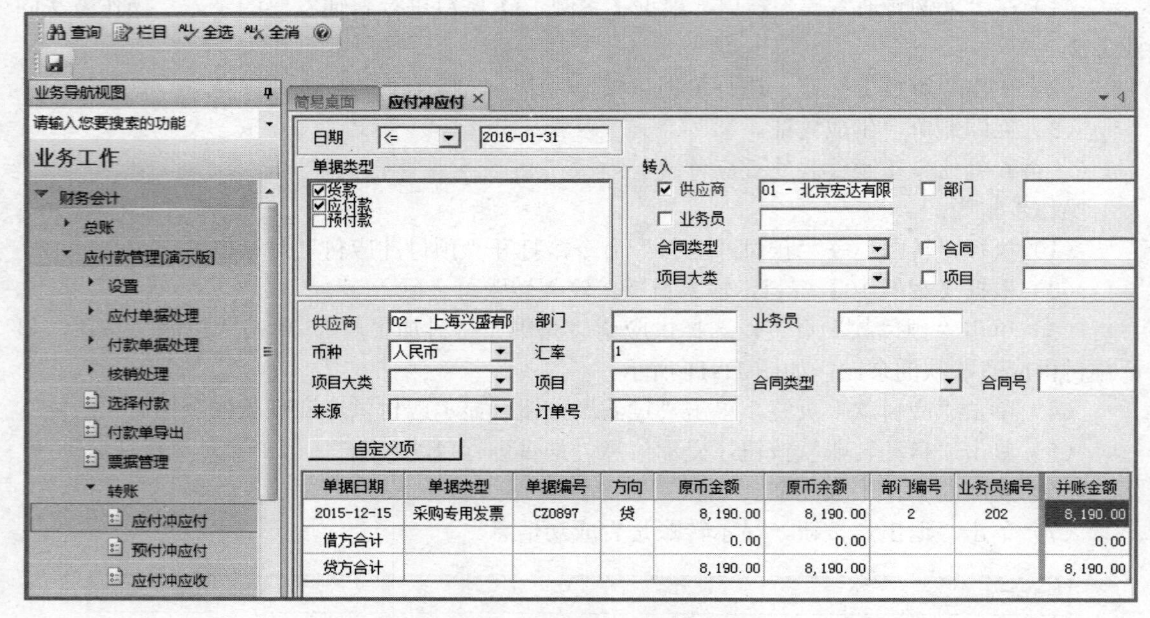

图 11-12 “应付冲应付”对话框

（五）应付款管理系统账表查询及月末处理

1. 账表查询

操作步骤为：

（1）执行“应付款管理”→“单据查询”命令。

（2）单击“凭证查询”，打开“凭证查询条件”对话框，选择全部凭证，单击“确定”按钮，进入“凭证查询”窗口，如图 11-13 所示。

凭证查询

凭证总数：8 张

业务日期	业务类型	业务号	制单人	凭证日期	凭证号
2016-01-08	采购专用发票	CZ16456	张翔	2016-01-08	转-0001
2016-01-11	采购普通发票	CP16123	张翔	2016-01-11	转-0002
2016-01-21	采购普通发票	CP16301	张翔	2016-01-21	转-0004
2016-01-11	其他应付单	0000000001	张翔	2016-01-11	转-0003
2016-01-15	付款单	0000000001	张翔	2016-01-15	付-0001
2016-01-15	付款单	0000000002	张翔	2016-01-15	付-0002
2016-01-31	预付冲应付	CP16301	张翔	2016-01-31	转-0005
2016-01-31	并账	CZ0897	张翔	2016-01-31	转-0006

图 11-13 “凭证查询”窗口

（3）执行“应付款管理”→“账表管理”命令。

（4）单击“业务账表”，可以查询业务总账、明细账等，还可以与总账进行对账。

（5）单击“统计分析”，可以查询应付账和付款账龄分析等信息。

（6）单击“科目账查询”，可以查询各供应商的明细账和科目余额表等信息。

2. 月末结账

操作步骤：

（1）执行“应付款管理”→“期末处理”→“月末结账”命令，打开“月末结账”对话框。

（2）双击需要结账月份的结账标志栏，单击“下一步”按钮，显示各处理类型的处理情况。

（3）在处理情况都是“是”的情况下，单击“完成”按钮，弹出“1 月份结账成功”信息提示框。

（4）单击“确定”按钮。

复习思考题

一、选择题

1．应付款管理系统提供的制单方式有（　　）。

A．明细到供应商　　B．明细到单据　　C．明细到产品　　D．汇总方式

2．应付款管理系统的初始化过程包括（　　）。

A．系统参数设置　　B．基本信息设置　　C．初始设置　　D．期初余额录入

3．在录入期初余额时，下列说法正确的是（　　）。

A．单据日期必须小于或等于该系统的启用日期

B．期初采购发票录入后，一经保存不允许修改或删除

C．应付款管理系统与总账管理系统期初对账时，不显示未注明科目的期初单据

D．应付款管理系统与总账管理系统的期初余额差额应为零

4．如果采购管理与应付款管理系统集成使用，则应付款管理系统中可以录入单据有（　　）。

A．采购发票　　B．采购入库单　　C．应付单　　D．付款单

5．应付款管理系统提供了“取消操作”的功能，但以下几种情况中不能执行“取消操作”的是（　　）。

A．已生成凭证的结算单要执行“取消核销”操作

B．删除了对应凭证的结算单要执行“取消核销”操作

C．未生成凭证的转账处理要执行“取消转账”操作

D．转账处理日期在已经结账的月份内要执行“取消转账”操作

二、判断题

1．一张凭证被删除后，它所对应的原始单据可以重新制单。（　　）

2．单据录入审核后，可立即制单，也可以后在制单功能中批量制单。（　　）

3．预付冲应付的转账业务处理在执行“取消操作”时，应将操作类型选为“并账”。（　　）

4．应付款管理系统和应收款管理系统之间不能进行转账处理。（　　）

5．应付款管理系统在进行月末结账时，仅对“本月单据全部记账”和“本月结算单全部核销”进行检查，对其他栏目没用强制性约束。（　　）

三、简答题

1. 应付款管理系统的主要功能有哪些？
2. 应付款管理系统与其他子系统是什么关系？
3. 应付款管理系统的初始设置主要包含哪些内容？
4. 简述付款单据录入需注意的事项。
5. 简述应付款的核销的概念。

第十二章　供应链管理系统初始设置

第一节　知识点

供应链管理系统是用友 ERP-U8 管理软件的重要组成部分，它突破了会计核算软件单一财务管理的局限，实现了从财务管理到企业财务业务一体化全面管理，实现了物流、资金流管理的统一。

供应链管理系统是由若干个子系统构成，主要包括合同管理、采购管理、委外管理、销售管理、库存管理、存货核算、售前分析、质量管理系统等。本章主要介绍其中的采购管理、销售管理、库存管理和存货核算系统。其主要作用是增加预测的准确性，提高存货的管理水平；减少工作流程周期，降低供应链成本，加快市场响应速度；加强了对采购、销售等业务的控制，以及对存货资金占用的控制。使企业的管理模式更具有实时性、安全性和科学性。

一、供应链管理系统中各子系统之间的数据流程

供应链管理系统中各子系统之间的数据流程如图 12-1 所示。

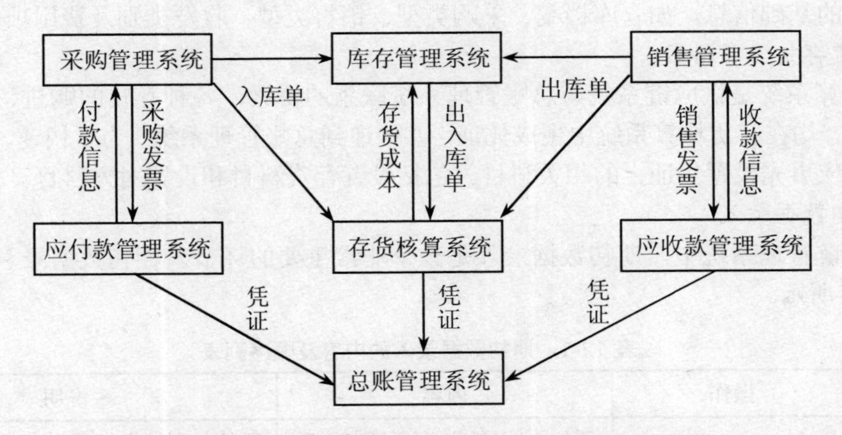

图 12-1　供应链管理系统中各子系统之间的数据流程图

1. 采购管理

向库存管理系统传递采购入库单，追踪存货的入库情况，把握存货的畅滞信息，减少盲目采购，避免存货积压；向应付款管理系统传递采购发票，形成企业的应付账款；应付款管理系统为采购管理系统提供采购发票的核销情况。

2. 库存管理

接收在采购和销售管理系统中填制的各种出入库单；向存货核算系统传递经审核后的出入库单和盘点数据；接收存货核算系统传递过来的出入库存货的成本。

3. 存货核算

接收采购、销售和库存管理系统中传递的已经审核过的出入库单，进行记账，并生成凭

证传递到总账系统；向库存管理系统传递出入库存货的成本；向采购和销售管理系统传递存货信息；接收成本管理系统中传递的产成品单位成本，进行产成品成本的分配。

4. 销售管理

向库存管理系统传递销售出库单，冲减库存管理系统的货物现存量，同时库存管理系统为销售管理系统提供可供销售货物的现存量；向应收款管理系统传递销售发票，形成企业的应收账款；应收账系统为销售管理系统提供销售发票的核销情况。

在总账管理系统中接收应收款、应付款和存货核算系统中生成的凭证，并进行出纳签字、审核和记账的操作。

二、供应链管理系统的初始化

供应链管理系统涉及总账管理系统和各子系统的结合，各子系统之间的数据传递关系比较复杂，因此，在初始化设置时需要确定各项子系统之间的数据传递关系和各业务规则，以决定这整个供应链管理系统的处理流程。

1. 供应链管理系统中各子系统的建账

根据企业购销存业务的实际情况，通过各业务系统的“选项”功能，设置各子账套的参数及业务范围。

2. 基础档案设置

除前面案例涉及的基础信息之外，供应链管理系统还需增设与业务处理、查询统计、财务连接相关的基础信息。如仓库档案、采购类型、销售类型、收发类别及费用项目等。

3. 设置存货业务科目

存货核算系统是供应链系统与总账管理系统联系的桥梁，各种存货的购进、销售及其他出入库业务，均在存货核算系统中生成凭证，并传递到总账管理系统。为了快速、准确地完成制单操作，应事先设置凭证上的相关科目。包括设置存货科目和设置对方科目。

4. 期初数据录入

在供应链管理系统中，期初数据录入是一个非常重要的环节。期初数据录入的内容及顺序如表 12-1 所示。

表 12-1 期初数据录入的内容及顺序列表

系统名称	操作	内容	说明
采购管理	录入	暂估入库、在途存货期初余额	暂估入库是指货到票未到的在途存货
	记账	采购期初数据	没有期初数据也要执行期初记账
存货核算	录（取数）并记账	存货期初余额及差异	存货和库存共用期初数据
库存管理	取数（录入）并审核	存货期初余额及差异	
销售管理	录入并审核	委托代销期初余额	

第二节 【案例 11】资料

1. 基础信息设置

（1）仓库档案设置，资料如表 12-2 所示。

表 12-2 仓库档案列表

仓库编号	仓库名称	所属部门	负责人	计价方式	仓库属性
1	材料库	生产部	王丹	全月平均法	普通仓
2	成品库	生产部	王丹	全月平均法	普通仓

（2）收发类别设置，资料如表 12-3 所示。

表 12-3 收发类别列表

收发类别编号	收发类别名称	收发标志	收发类别编号	收发类别名称	收发标志
10	入库	收	20	出库	发
11	采购入库	收	21	销售出库	发
12	产成品入库	收	22	材料领用	发
13	其他入库	收	23	其他出库	发

（3）采购类型设置，资料如表 12-4 所示。

表 12-4 采购类型列表

采购类型编码	采购类型名称	入库类别	是否默认值	是否委外默认只
1	生产采购	采购入库	是	否
2	其他采购	采购入库	否	否

（4）销售类型设置，资料如表 12-5 所示。

表 12-5 销售类型列表

销售类型编码	销售类型名称	出库类别	是否默认值
1	批发	销售出库	是
2	零售	销售出库	否

2. 存货核算系统

（1）存货科目设置，资料如表 12-6 所示。

表 12-6 存货科目设置列表

仓库编码	仓库名称	存货编码及名称	存货科目编码及名称
1	材料库	1001 A 材料	原材料—A 材料
1	材料库	1002 B 材料	原材料—B 材料
2	成品库	2001 甲产品	库存商品—甲产品
2	成品库	2002 乙产品	库存商品—乙产品

（2）对方科目设置，资料如表 12-7 所示。

表 12-7 对方科目设置列表

收发类别	存货编码及名称	对方科目
11 采购入库	1001 A 材料	在途物资—A 材料
	1002 B 材料	在途物资—B 材料
12 产成品入库		生产成本—生产成本转出
21 销售出库		主营业务成本
22 材料领用		生产成本—直接材料

3. 应收款管理系统

（1）参数设置。应收款核销方式为“按单据”，坏账处理方式为“应收余额百分比法”，收付款单打印时显示客户全称，收付款单制单表体科目不合并，不控制操作员权限，其他参数设为系统默认值。

（2）基本科目设置。应收科目为“应收账款”，预收科目为“预收账款”，销售收入科目为“主营业务收入”，应交增值税科目为“应交税费/应交增值税/销项税额”，其他可暂时不设。

（3）结算方式科目设置。现金结算方式科目为“库存现金/人民币”，现金支票结算方式科目为“银行存款/建行存款/人民币”，转账支票结算方式科目为“银行存款/建行存款/人民币”。

（4）坏账准备设置。提取比例为 0.5%，其初余额为 153.40 元，科目为“坏账准备”，对方科目为“资产减值损失”。

（5）账期内账龄区间设置，资料如表 12-8 所示。

表 12-8 账期内账龄区间设置列表

序号	起止天数	总天数
01	0 ~ 30	30
02	31 ~ 60	60
03	61 ~ 90	90
04	91 以上	

4. 应付款管理系统

（1）参数设置。应付款核销方式为“按单据”，收付款单打印时显示供应商全称；收付款单制单表体科目不合并；不控制操作员权限；其他参数设为系统默认值。

（2）基本科目设置。应付款科目为“应付账款”，预付款科目为“预付账款”，采购科目为“在途物资/A 材料”，应交增值税科目为“应交税费/应交增值税/进项税额”，其他可暂时不设。

（3）结算方式科目设置。现金结算方式科目为“库存现金/人民币”，现金支票结算方式科目为“银行存款/建行存款/人民币”，转账支票结算方式科目为“银行存款/建行存款/人民币”。

（4）账期内账龄区间设置。账期内账龄区间的设置可参照应收款管理系统。

5. 期初数据

（1）库存和存货系统期初数据，资料如表 12-9 所示。

表 12-9 库存和存货系统期初数据列表

仓库名称	存货编码	存货名称	数量	单价	金额	合计
材料库	1001	A 材料	220	350.00	77 000.00	81 500.00
材料库	1002	B 材料	150	30.00	4 500.00	
成品库	2001	甲产品	560	160.00	89 600.00	113 600.00
成品库	2002	乙产品	100	240.00	24 000.00	

（2）应收款管理系统期初数据。

1）单据类型：销售专用发票，资料如表 12-10 所示。

表 12-10 销售专用发票明细

开票日期	客户名称	部门	科目	业务员	货物名称	数量	含税单价	金额
2015-12-10	华中信息科技公司	销售部	应收账款	尹小梅	甲产品	40	234.00	9 360.00

2）单据类型：销售普通发票，资料如表 12-11 所示。

表 12-11 销售普通发票明细

开票日期	客户名称	部门	科目	业务员	货物名称	数量	含税单价	金额
2015-12-23	北京昌平商贸公司	销售部	应收账款	李建春	乙产品	60	351.00	21 060.00

3）单据类型：其他应收单，资料如表 12-12 所示。

表 12-12 其他应收单明细

开票日期	客户名称	部门	科目	业务员	金额	摘要
2015-12-10	华中信息科技公司	销售部	应收账款	尹小梅	260.00	代垫运输费

（3）应付款管理系统期初数据。单据类型：采购专用发票，资料如表 12-13 所示。

表 12-13 采购专用发票明细

开票日期	供应商名称	部门	科目	业务员	货物名称	数量	不含税单价	价税合计
2015-12-15	上海兴盛有限公司	采购部	应付账款	邹小林	A 材料	20	350.00	8 190.00

第三节 操作指导

一、操作内容

（1）启动供应链管理系统。

（2）供应链管理系统基础信息设置。

（3）供应链管理系统期初数据录入。

二、操作步骤

● 操作准备：引入【案例 3】的账套备份数据。

——以“001 王志伟”的身份注册进入“企业应用平台”（操作日期“2016-01-01”）。

（一）启用供应链管理各系统

操作步骤为：

（1）单击“基础设置”标签，执行“基本信息”→“系统启用”命令，打开“系统启用”对话框。

（2）分别启用“应收款管理”“应付款管理”“销售管理”“采购管理”“库存管理”和“存货核算”系统，启用日期为“2016-01-01”。

（二）基础档案设置

操作步骤为：

（1）单击“基础设置”标签，执行“基础档案”→“业务”→“仓库档案”命令。

（2）单击“增加”按钮，进入“增加仓库档案”的窗口，如图 12-2 所示。

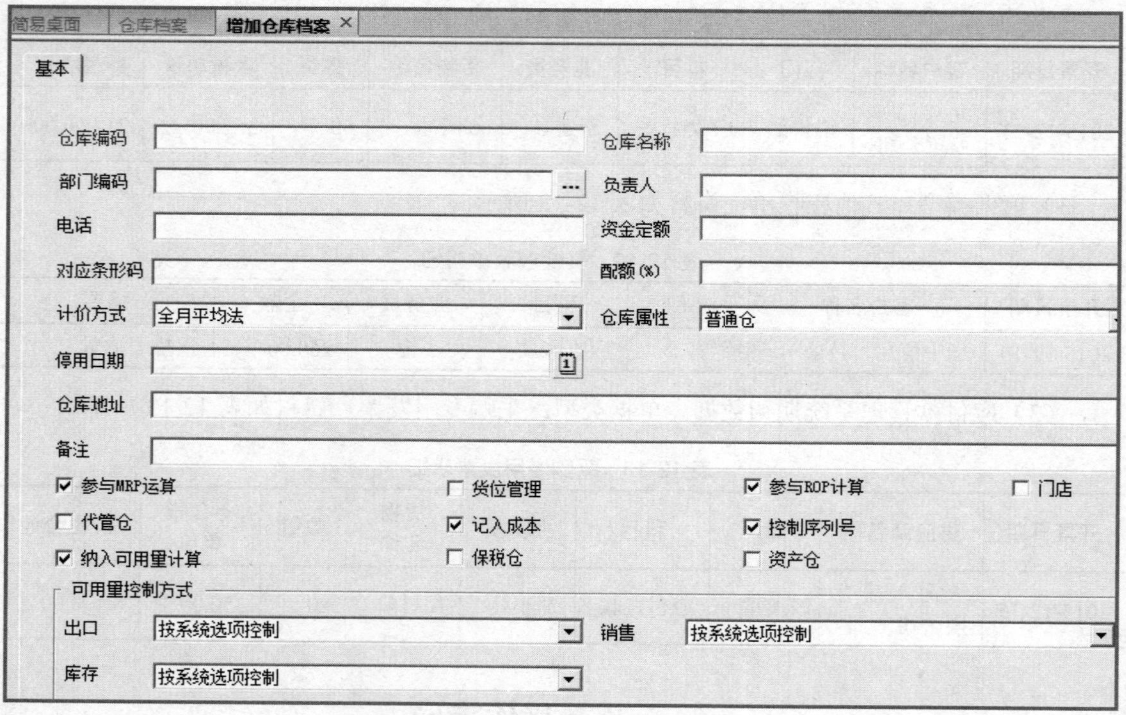

图 12-2　“仓库档案”设置窗口

（3）根据【案例 11】资料，进行仓库档案的设置。

（4）设置收发类别，如图 12-3 所示。

（5）设置采购类型，如图 12-4 所示。

（6）设置销售类型，如图 12-5 所示。

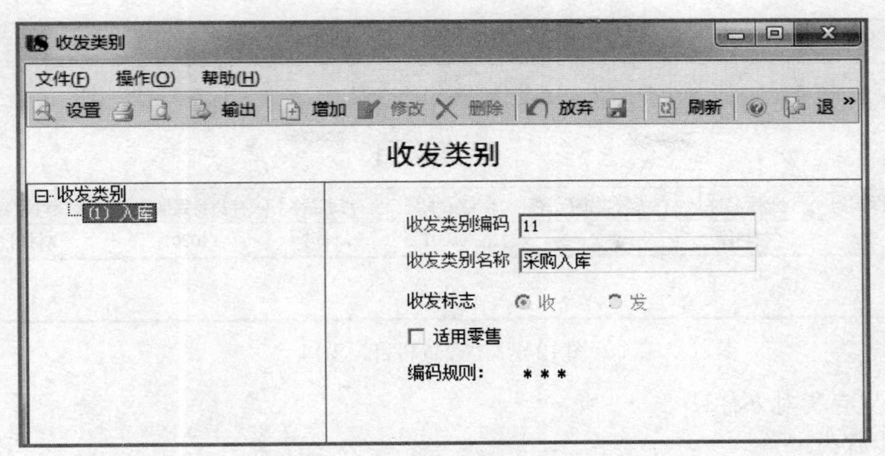

图 12-3 “收发类别”设置窗口

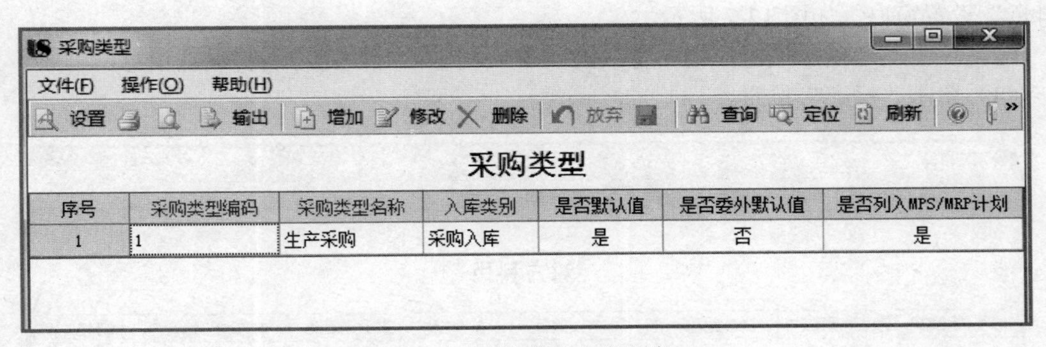

图 12-4 “采购类型”设置窗口

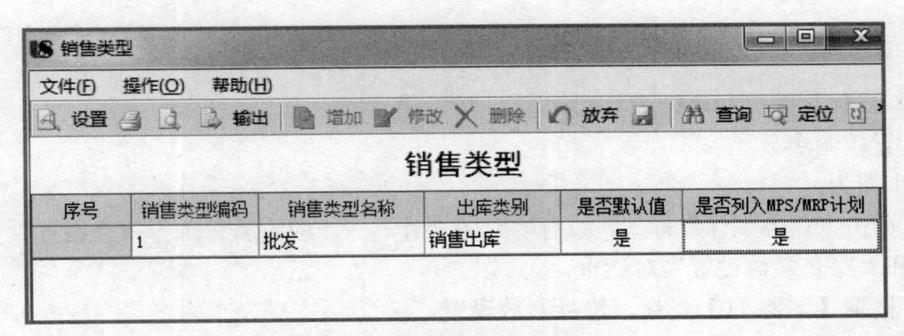

图 12-5 “销售类型”设置窗口

（三）存货核算系统初始设置

1. 设置存货科目

操作步骤为：

（1）单击“业务工作”标签，执行“供应链”→“存货核算”→“初始设置”→“科目设置”→“存货科目”命令，进入“存货科目”设置窗口，如图 12-6 所示。

（2）单击“增加”按钮，根据【案例 11】资料输入存货科目设置信息。

（3）单击“保存”按钮。

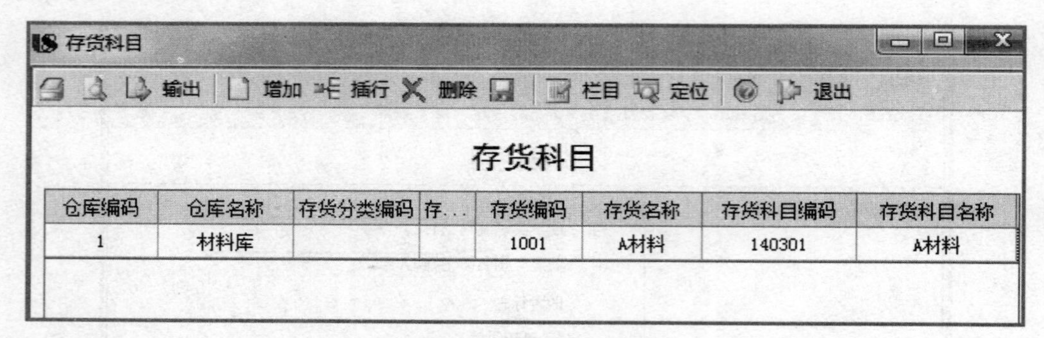

图 12-6 “存货科目”窗口

2. 设置存货对方科目

操作步骤为：

（1）执行“存货核算”→“初始设置”→“科目设置”→“对方科目”命令，进入“对方科目”设置窗口，如图 12-7 所示。

（2）单击“增加”按钮，根据【案例 11】资料输入存货对方科目设置信息。

（3）单击“保存”按钮。

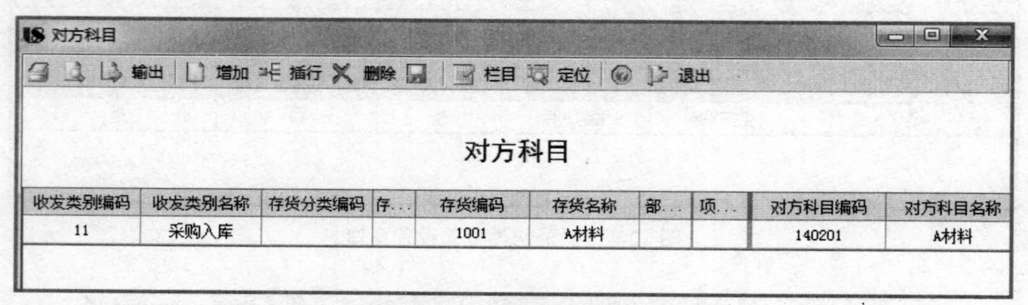

图 12-7 “对方科目”窗口

（四）应收款管理初始设置

1. 设置控制参数

操作步骤为：

（1）单击“业务工作”标签，执行“财务会计”→“应收款管理”→“设置”→“选项”命令，打开“账套参数设置”对话框。

（2）根据【案例 11】资料，进行参数设置。

2. 初始设置

操作步骤为：

（1）执行“设置”→“初始设置”命令，打开“初始设置”对话框。

（2）根据【案例 11】资料，进行基本科目、结算方式科目、坏账准备、账期内账龄区间的设置。

（五）应付款管理系统初始设置

——应付款管理系统的初始设置参照应收款管理系统初始设置。

（六）采购管理系统期初记账

操作步骤为：

（1）单击“业务工作”标签，执行“供应链”→“采购管理”→“设置”→“采购期初记账”命令，弹出“期初记账”信息提示框。

（2）单击“记账”按钮，稍候片刻，系统提示“期初记账完毕!”，如图 12-8 所示。

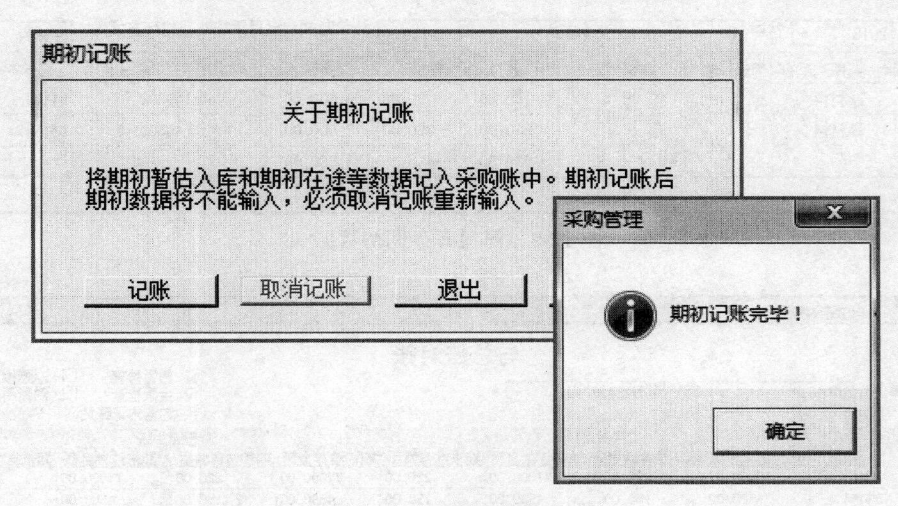

图 12-8　采购系统期初记账

（3）单击“确定”按钮。

提示：

采购管理系统如果不执行期初记账，就无法开始日常业务处理，因此，即使没有期初数据，也要执行期初记账。

如果不执行期初记账，库存管理和存货核算系统不能记账。

如果要取消期初记账，可以执行“设置”→“采购期初记账”命令，单击“取消记账”按钮即可。

以下情况不能取消记账：采购管理系统已进行月末结账；采购管理系统已经进行采购结算；存货核算系统已进行期初记账。

（七）输入存货/库存期初数据

1. 输入存货期初数据并记账

操作步骤为：

（1）执行“供应链”→“存货核算”→“初始设置”→“期初数据”→“期初余额”命令，进入“期初余额”窗口。

（2）选择仓库“材料库”，单击“增加”按钮，根据【案例 11】资料，输入“材料库”期初数据，如图 12-9 所示。

（3）选择仓库“成品库”，单击“增加”按钮，根据【案例 11】资料，输入“成品库”期初数据。

（4）单击“记账”按钮，系统对所有仓库进行记账，弹出“期初记账成功!”信息提示框。

（5）执行“财务核算”→“与总账对账”命令，核对信息，存货核算系统期初数据应与总账系统数据一致，如图 12-10 所示。

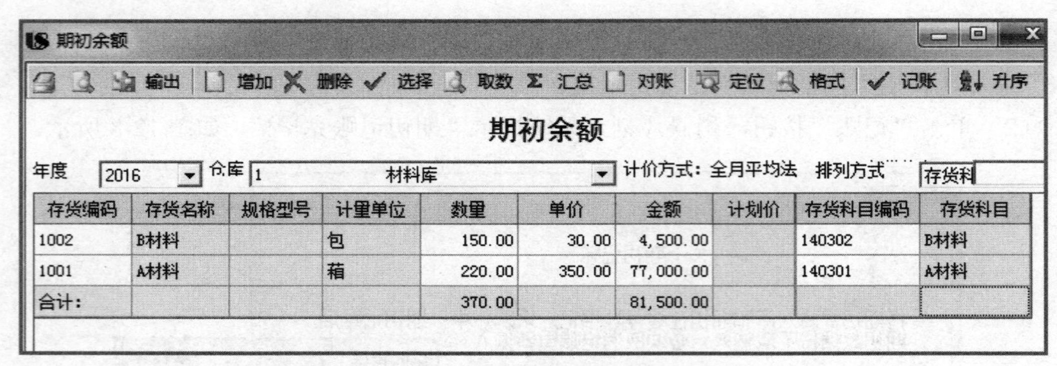

期初余额

输出 增加 删除 选择 取数 汇总 对账 定位 格式 记账 升序

年度 2016 仓库 1 材料库 计价方式：全月平均法 排列方式 存货科

存货编码	存货名称	规格型号	计量单位	数量	单价	金额	计划价	存货科目编码	存货科目
1002	B材料		包	150.00	30.00	4,500.00		140302	B材料
1001	A材料		箱	220.00	350.00	77,000.00		140301	A材料
合计:				370.00		81,500.00			

图 12-9 材料库存期初数据

简易桌面 与总账对账

与总账对账

会计年度 2016 会计月份 1月份

☑ 数量检查 ☐ 对账相平
☑ 金额检查 ☐ 对账不平
☐ 包含未记账凭证

科目		存货系统				总账系统			
编码	名称	期初结存金额	期初结存数量	期末结存金额	期末结存数量	期初结存金额	期初结存数量	期末结存金额	期末结存数量
140301	A材料	77000.00	220.00	77000.00	220.00	77000.00	220.00	77000.00	220.00
140302	B材料	4500.00	150.00	4500.00	150.00	4500.00	150.00	4500.00	150.00
140501	甲产品	89600.00	560.00	89600.00	560.00	89600.00	560.00	89600.00	560.00
140502	乙产品	24000.00	100.00	24000.00	100.00	24000.00	100.00	24000.00	100.00

图 12-10 与总账核对结果

提示：

期初数据可以在库存管理系统中输入，然后在库存管理系统中通过“取数”操作提取过来。

对于核对结果是否两账相符，系统采用不同显示颜色加以区分，白色显示记录表示对账结果相平；淡蓝色显示记录表示对账结果不平。

2. 输入库存期初数据

操作步骤为：

（1）执行“供应链”→“库存管理”→“初始设置”→“期初结存”命令，进入“库存期初数据录入”窗口。

（2）选择仓库“材料库”，单击“修改”按钮，单击“取数”按钮，单击“保存”按钮。

（3）单击“批审”（或“审核”）按钮，确认该仓库输入的存货信息，弹出“批量审核完成”信息提示框，单击“确定”按钮，如图 12-11 所示。

简易桌面 库存期初数据录入

库存期初

仓库 (1)材料库

表体排序

	仓库	仓库编码	存货编码	存货名称	主计量单位	数量	单价	金额	制单人	审核人	审核日期
1	材料库	1	1001	A材料	箱	220.00	350.00	77000.00	王志伟	王志伟	2016-01-01
2	材料库	1	1002	B材料	包	150.00	30.00	4500.00	王志伟	王志伟	2016-01-01
3											
4											

图 12-11 库存管理期初数据

提示：

审核即将期初数据记账。

审核后的单据为有效单据，可以被其他单据或其他系统参照、使用。

以下单据不可以弃审：已执行的单据或已关闭的单据；有下游单据生成，或被其他系统使用的单据。

（4）依据同样的方法，输入“成品库”的期初数据。

（5）单击“对账”按钮，核对信息，若库存管理系统与存货核算系统期初数据一致，弹出“对账成功！”信息提示框，单击“确定”按钮，如图 12-12 所示。

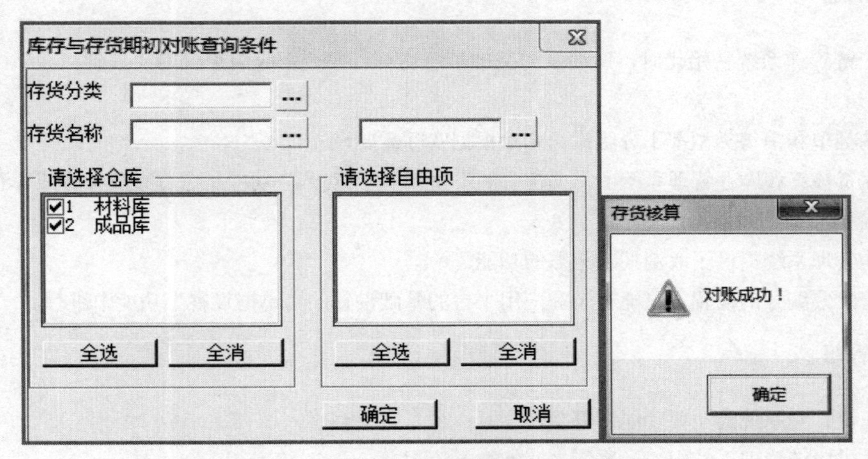

图 12-12　库存与存货期初数据对账

（八）输入应收/应付款管理系统期初数据

在应收款管理系统中，输入客户往来的期初数据，方法参见第十章。在应付款管理系统中，输入供应商往来的期初数据，方法参见第十一章。

- 账套数据备份：备份【案例 11】账套数据。

复习思考题

一、选择题

1. 下列（　　）模块不属于用友财务软件中的供应链管理系统。

   A. 成本管理　　B. 库存管理　　C. 存货核算　　D. 销售管理

2. 为了快速、准确地完成制单操作，应事先在（　　）子系统中设置相关会计科目。

   A. 应收款管理　　B. 存货核算　　C. 应付款管理　　D. 库存管理

3. 在供应链管理系统中，有生成凭证并传递到总账管理系统功能的子系统是（　　）。

   A. 采购管理　　B. 销售管理　　C. 存货核算　　D. 库存管理

4. 关于存货核算和库存管理系统期初数据录入的下列说法中正确的是（　　）。

   A. 期初数据在存货核算系统中录入，在库存管理系统通过“取数”方式输入

   B. 期初数据在库存管理系统中录入，在存货核算系统通过“取数”方式输入

C．对期初数据库存管理系统要执行“记账”，存货核算系统要执行“审核”

D．对期初数据存货核算系统要执行“记账”，库存管理系统要执行“审核”

5．关于采购管理系统期初数据录入的下列说法中错误的是（　　）。

A．采购管理系统录入期初数据的业务内容有暂估入库业务和在途业务

B．采购管理系统如果没有期初数据可以不执行“期初记账”

C．采购管理系统如果不执行“期初记账”，无法开始日常业务处理

D．采购管理系统如果不执行“期初记账”，库存管理和存货核算系统将不能记账

二、判断题

1．供应链管理系统初始化时，所涉及的基础信息均可以在企业应用平台的“基础档案”中进行设置。（　　）

2．采购类型和销售类型都不分级次，企业根据实际需要设立。（　　）

3．在存货核算和库存管理系统的“期初余额”窗口中，“对账”功能是进行存货核算或库存管理系统与总账管理系统的存货期初数据的对账。（　　）

4．采购管理系统提供了取消期初记账的功能。（　　）

5．销售发票编号的设置，只能在企业应用平台的基础设置的“单据设置”功能中进行。（　　）

三、简答题

1．供应链管理系统的主要功能有哪些？

2．简述供应链管理系统中各子系统之间的数据流程。

3．供应链管理系统的初始化主要包括哪几项工作？

4．采购管理系统的期初数据有哪些？怎样录入？

5．采购管理系统期初数据的录入需要注意哪些问题？

第十三章　供应链管理系统日常业务处理

第一节　知识点

供应链管理系统的基本功能是管理采购订单、采购入库单和采购发票，管理销售订单、销售发货、销售出库单和销售发票，管理各种存货的入库和出库业务；核算应收应付账款，核算材料采购、销售收入和税金，核算存货入库成本、出库成本和结余成本。

一、供应链管理系统中各子系统的主要功能

1. 采购管理系统

采购管理系统是对采购业务的全部流程进行管理，提供请购、订货、到货、入库、开票、采购结算的完整采购流程，企业可根据实际情况进行采购流程的定制。主要功能包括设置、供应商管理、采购业务、采购报表。

供应商管理包括对供应商供应的存货以及供货价格、供货质量、到货情况进行管理和分析。采购业务是指采购业务的日常操作的管理，系统提供了请购、采购订货、采购到货、采购入库、采购开票、采购结算等业务，企业可以根据业务需要选用不同的业务单据和业务流程。采购报表功能提供了对采购情况的各种统计报表、账簿的查询分析以及自定义报表的功能。

2. 销售管理系统

销售管理系统提供了报价、订货、发货、开票的完整销售流程，支持普通销售、委托代销、分期收款、直运、零售、销售调拨等多种类型的销售业务，并可对销售价格和信用进行实时监控。企业可根据实际情况对系统进行定制，构建自己的销售业务管理平台。主要功能包括设置、销售业务和销售报表。

销售业务是指进行销售业务的日常操作，包括报价、订货、发货、开票等业务；支持普通销售、委托代销、分期收款、直运、零售、销售调拨等多种类型的销售业务；可以进行现结业务、代垫费用、销售支出的业务处理；可以制订销售计划，对价格和信用进行实时监控。销售报表提供了可以在报表中查询销售业务常用的一些统计报表，如销售统计表、明细表、销售分析、综合分析以及自定义报表等功能。

3. 库存管理系统

库存管理系统为满足采购入库、销售出库、产成品入库、材料出库、其他出入库、盘点管理等业务需要，提供了仓库货位管理、批次管理、保质期管理、出库跟踪入库管理、可用量管理、序列号管理等全面的业务应用。

其主要功能包括初始设置、出入库和库存管理的日常业务操作、条形码管理、用户进行库存预留及释放等其他业务处理操作、进行库存与存货数据核对等对账操作、序列号管理、月末结账和各类报表的查询等。

4. 存货核算系统

存货核算是从资金的角度管理存货的出入库业务，主要用于核算企业的入库成本、出库成本及结余成本。反映和监督存货的收发、领退和保管情况，反映和监督存货资金的占用情况。

主要功能包括对存货可以按部门、按仓库、按存货进行核算；有六种计价方式可以满足不同存货管理需要；提供了不同的业务类型成本核算功能；可以进行出入库成本调整，处理各种异常；存货跌价准备的处理；单据记账和生成凭证处理；各种类型账簿查询统计等功能。

二、供应链管理系统几种业务处理流程

1. 单货同行采购业务

单货同行采购业务处理流程如图 13-1 所示。

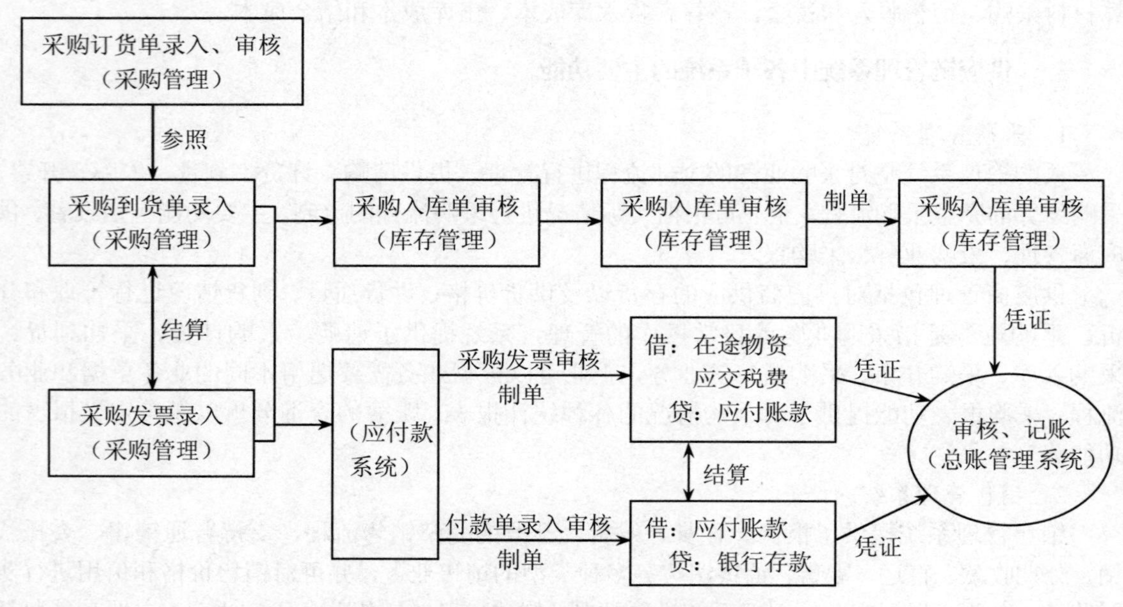

图 13-1 单货同行采购业务处理流程图

2. 现付采购业务

现付业务是指当采购业务发生时，立即付款，由供货单位开具发票，其业务处理流程如图 13-2 所示。

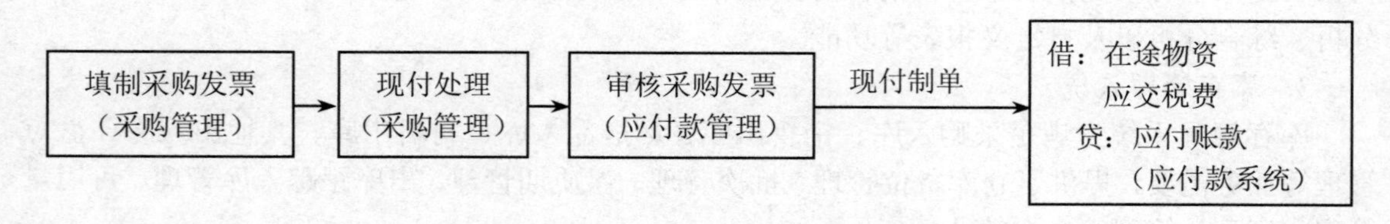

图 13-2 现付采购业务处理流程图

3. 先发货后开票销售业务

先发货后开票的销售业务处理流程如图 13-3 所示。

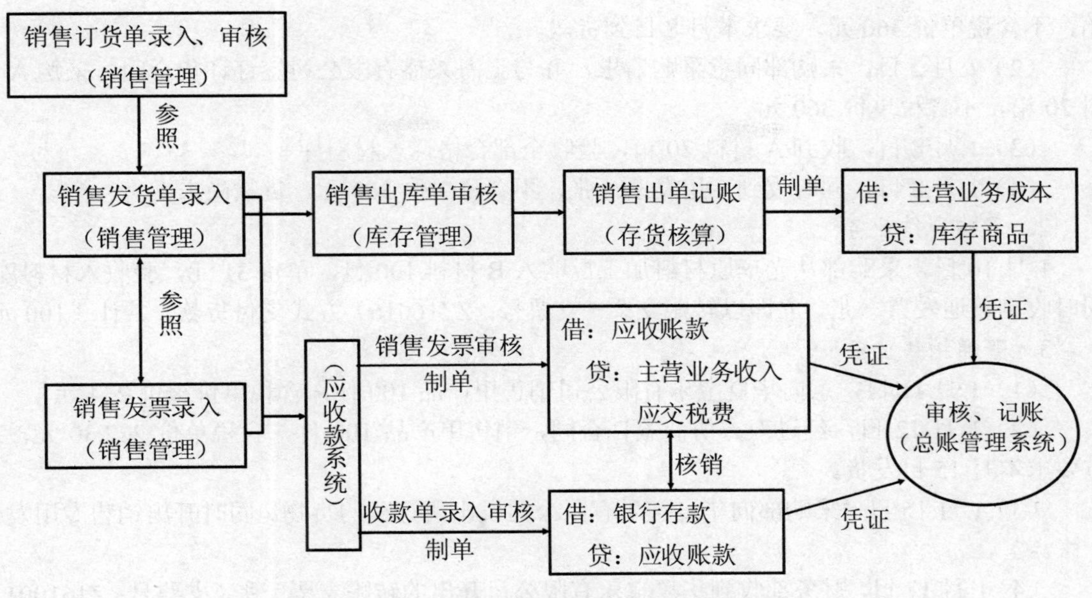

图 13-3　先发货后开票销售业务处理流程图

4. 现收销售业务

现收业务是指在销售货物的同时向客户收取货币资金的行为。在销售发票、销售调拨单和零售日报等销售结算单据中可以直接处理现收业务并结算，其业务处理流程如图 13-4 所示。

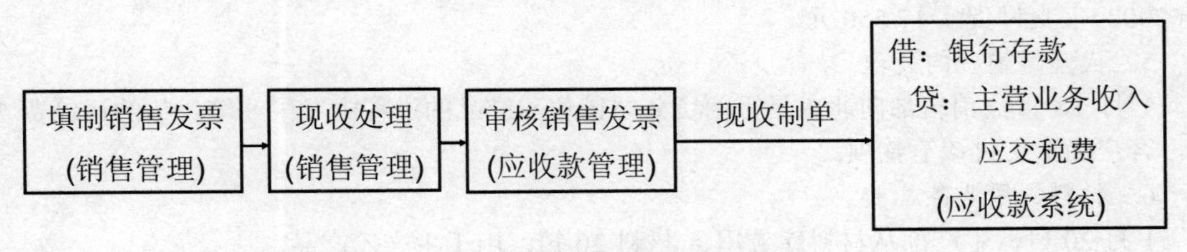

图 13-4　现结销售业务处理流程图

5. 产成品入库业务

产成品入库业务处理流程如图 13-5 所示。

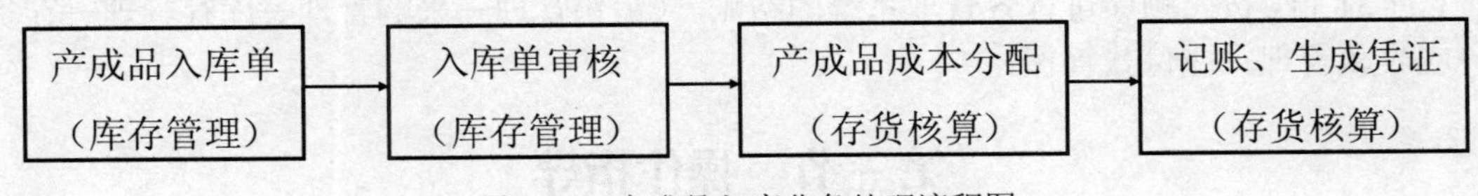

图 13-5　产成品入库业务处理流程图

第二节　【案例 12】资料

2016 年 1 月发生下列经济业务：

1. 普通采购业务

（1）1 月 2 日，采购员邹小林提出采购请求，请求从上海兴盛有限公司采购 A 材料 20

箱，不含税单价 360 元。要求本月 8 日到货。

（2）1 月 2 日，采购部同意采购请求，并与上海兴盛有限公司签订订货合同，采购 A 材料 20 箱，不含税单价 360 元。

（3）1 月 8 日，收到 A 材料 20 箱，验收全部合格，入材料库。

（4）1 月 8 日，同时收到专用发票一张，不含税单价 360 元，货款尚未支付。

2. 采购现结业务

1 月 10 日，采购部从光华原材料加工厂购入 B 材料 100 包，单价 31 元，验收入材料库。同时收到普通发票一张，立即以转账支票（支票号：ZZ16016）方式支付货款，共计 3 100 元。

3. 普通销售业务

（1）1 月 11 日，意向华夏宝乐有限公司销售甲产品 100 件，含税单价报价 234 元。

（2）1 月 12 日，经过双方协商签订合同，销售甲产品 100 件，含税单价 222.30 元，对方要求本月 15 日发货。

（3）1 月 15 日，采购部向华夏宝乐有限公司发出所订购的货物。同时开出销售专用发票一张。

（4）1 月 17 日，财务部收到华夏宝乐有限公司开出的转账支票一张（支票号：Z161001），价税合计 22 230 元，做收款处理。

4. 现结销售业务

1 月 18 日，销售部向北京昌平商贸公司销售乙产品 50 件，含税单价 351 元，货物已从成品库发出。开出销售普通发票一张，同时收到北京昌平商贸公司开出的转账支票一张（支票号：Z162002），支付货款 17 550 元。

5. 代垫运输费的处理

1 月 18 日，销售部向北京昌平商贸公司销售乙产品的过程中发生一笔代垫的运输费 280 元，客户尚未支付该笔款项。

6. 材料领用业务

1 月 20 日，生产部从材料库领用 A 材料 20 箱，用于生产乙产品。

7. 产成品入库业务

1 月 30 日，生产部生产完工乙产品 50 件，总成本为 12 250 元，验收入成品库。

8. 结账业务

1 月 31 日，按照顺序进行各管理系统的结账。（销售管理—采购管理—库存管理—存货核算—应收款管理—应付款管理）

第三节　操作指导

一、操作内容

（1）采购业务（普通采购业务、采购现结业务）。

（2）销售业务（普通销售业务、现结销售业务、代垫运输费处理）。

（3）材料领用业务。

（4）产成品入库业务。

（5）各管理系统月末处理。

二、操作指导

● 操作准备：引入【案例 11】的账套备份数据。

人员分工：1）以操作员“张翔”的身份进行应收款、应付款和存货核算业务的处理；

2）以操作员“赵斌”的身份进行采购业务的处理；

3）以操作员“李建春”的身份进行销售业务的处理；

4）以操作员“王丹”的身份进行库存业务的处理。

（一）采购业务

1. 普通采购业务（业务 1）

（1）录入并审核请购单。操作步骤为：

1）以“005 赵斌”的身份注册进入“企业应用平台”。

2）执行“供应链”→“采购管理”→“请购”→“请购单”命令，进入“采购请购单”窗口。

3）单击“增加”按钮。

4）根据【案例 12】资料，输入或选择表头和表体数据，如图 13-6 所示。

采购请购单　　显示模版 8171 采购请购单显示模版

表体排序　　　　合并显示 □

业务类型 普通采购　　单据号 0000000001　　日期 2016-01-02

请购部门 采购部　　请购人员 邹小林　　采购类型 生产采购

	存货编码	存货名称	主计量	数量	本币单价	本币价税合计	税率	需求日期	供应商
1	1001	A材料	箱	20.00	360.00	8424.00	17.00	2016-01-08	上海兴盛
2									
3									
4									
5									
6									
7									
8									
9									
10									
11									
12									
13									
14									
15									
合计				20.00		8424.00			

制单人 赵斌　　审核人　　关闭人

现存量 220.00

图 13-6 “采购请购单”窗口

5）单击“保存”按钮。

6）单击“审核”按钮，进行单据审核。

提示：

请购单的制单人与审核人可以是同一人。

如果企业要按部门或业务员进行考核，必须输入相关“部门”和“业务员”信息。

已经审核后的请购单不能直接修改，需要先“弃审”，然后再“修改”或者“删除”。

可以在“请购单列表”中，查询采购请购单。

（2）录入并审核采购订单。操作步骤为：

1）执行“采购管理”→“采购订货”→“采购订单”命令，进入“采购订单”窗口，如图 13-7 所示。

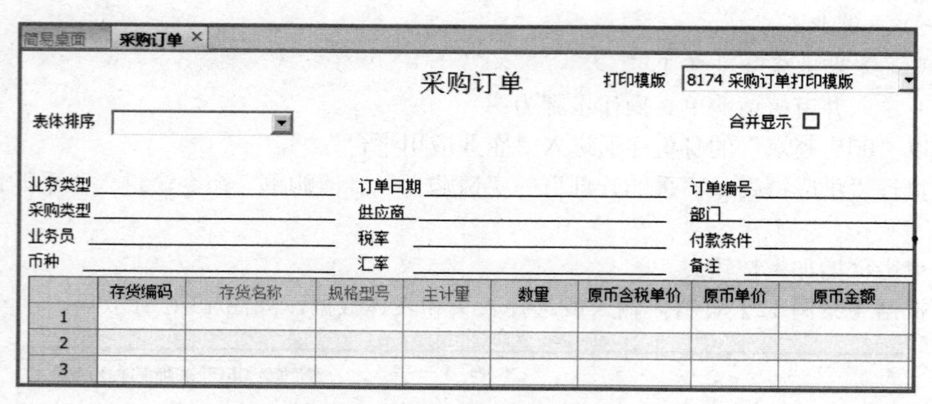

图 13-7 “采购订单”窗口

2）单击“增加”按钮。

3）单击“生单”按钮的下拉菜单，选择参照“请购单”，打开“查询条件选择—采购请购单列表过滤”对话框。

4）单击“确定”按钮，进入“拷贝并执行”窗口，如图 13-8 所示。

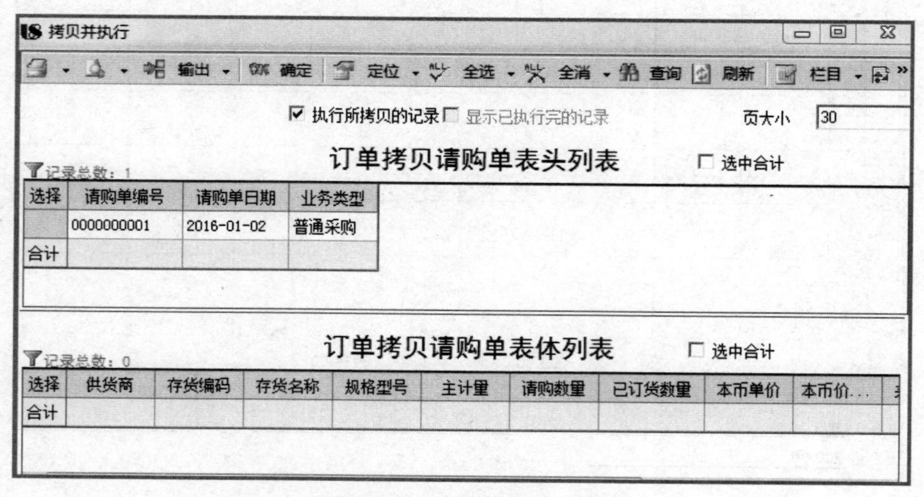

图 13-8 “拷贝并执行”窗口

5）双击需要参照请购单的“选择”栏，单击“OK 确定”按钮，将请购单的相关信息带入采购订单。

6）对信息进行补充或修改，单击“保存”按钮。

7）单击“审核”按钮，进行单据审核。

提示：

在录入采购订单时，单击鼠标右键可查看存货的现存量。

如果存货档案中设置了最高进价，则当采购订单中货物的进价高于最高进价时，系统会自动报警。

已经审核后的请购单不能直接修改，需要先“弃审”，然后再“修改”或者“删除”。

审核后的采购订单，可以在“采购订单列表”中查询。

（3）录入采购到货单。操作步骤为：

1）执行“采购管理”→“采购到货”→“到货单”命令，进入“到货单”窗口，

2）单击“增加”按钮。

3）单击“生单”按钮的下拉菜单，选择参照“采购订单”，生成“到货单”，如图 13-9 所示。

4）对信息进行补充或修改，单击“保存”按钮。

5）单击“审核”按钮，进行单据审核。

到货单

显示模版 8169 到货单显示模版

表体排序

合并显示 □

业务类型 普通采购　　单据号 0000000001　　日期 2016-01-08

采购类型 生产采购　　供应商 上海兴盛　　部门 采购部

业务员 邹小林　　币种 人民币　　汇率 1

运输方式　　税率 17.00　　备注

	存货编码	存货名称	主计量	数量	原币含税单价	原币单价	原币金额	原币税额	原币价税合计	税率	订单号
1	1001	A材料	箱	20.00	421.20	360.00	7200.00	1224.00	8424.00	17.00	000000001
2											
3											

图 13-9 “到货单”窗口

提示：

采购到货单是可选单据，用户可以根据业务需要选用；但启用《质量管理》时，对于需要报检的存货，必须使用采购到货单。

采购到货单可以手工新增，也可以参照采购订单生成；但必有订单时，采购到货单不可手工新增。

审核通过的采购到货单可以参照生成采购退货单、到货拒收单，参照生成入库单，质检存货可以报检。

（4）录入并审核采购入库单。操作步骤为：

1）以“007 王丹”的身份注册进入“企业应用平台”。

2）执行“库存管理”→“入库业务”→“采购入库单”命令，进入“采购入库单”窗口。

3）单击“生单”按钮的下拉菜单，选择参照“采购订单”或“采购到货单”，生成“采购入库单”，如图 13-10 所示。

4）对信息进行补充或修改，单击“保存”按钮。

5）单击“审核”按钮，进行单据审核。

图 13-10 “采购入库单”窗口

提示：

当采购管理系统与库存管理系统集成使用时，采购入库单必须在库存管理系统中录入，系统会自动将其传递到采购管理和存货核算系统。

生单时参照的单据是采购管理系统中已经审核、未关闭的采购订单或到货单。

采购管理系统如果设置“必有订货业务模式”时，不能手工录入采购入库单。

在库存管理系统中生成或直接录入的采购入库单，可以在采购管理系统的“采购入库单列表”中查看，但不能修改或删除。

（5）录入采购专用发票。操作步骤为：

1）以“005 赵斌”的身份注册进入“企业应用平台”。

2）执行“采购管理”→“采购发票”→“专用采购发票”命令，进入“专用发票”窗口。

3）单击“增加”按钮。

4）单击“生单”按钮的下拉菜单，选择参照“入库单”，生成“专用发票”。

5）根据【案例 12】资料补充或修改相关信息，单击“保存”按钮，如图 13-11 所示。

图 13-11 “专用发票”窗口

（6）采购结算。操作步骤为：

1）执行“采购管理”→“采购结算”→“自动结算”命令，打开“查询条件选择—采购自动结算”对话框，如图 13-12 所示。

2）选择结算模式为“入库单和发票”，单击“确定”按钮，弹出“结算成功”信息提示框。

3）单击“确定”按钮。

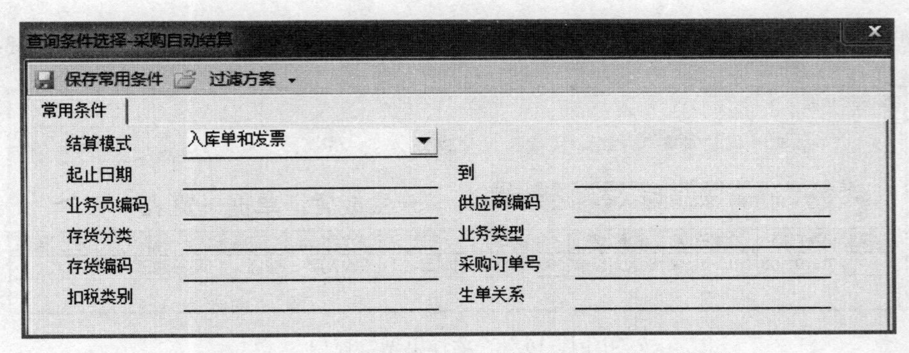

图 13-12 “查询条件选择—采购自动结算”对话框

提示：

录入完的采购发票需要与入库单进行采购结算，即确认其采购成本。本系统提供自动结算和手工结算两种操作方式。

结算结果可以在“结算单列表”中查询。

经过结算的采购发票自动传递到应付款管理系统，再对采购发票进行审核确认，并形成应付账款。

（7）采购发票的审核、制单。操作步骤为：

1）以“004 张翔”的身份注册进入“企业应用平台”。

2）执行“应付款管理”→“应付单据处理”→“应付单据审核”命令。

3）在“单据处理—应付单据列表”窗口，选择要审核的单据，单击“审核”按钮，退出。

4）执行“制单处理”命令。

5）在“制单查询”对话框中，选择相应条件。

6）在“制单—采购发票制单”窗口，选择要制单的单据，单击“制单”按钮。

7）生成凭证并保存。

（8）采购入库单的记账、制单。操作步骤为：

1）执行“存货核算”→“业务核算”→“正常单据记账”命令，打开“查询条件选择”对话框。

2）单击“确定”按钮，进入“正常单据记账列表”窗口，如图 13-13 所示。

3）选择要记账的单据，单击“记账”按钮。

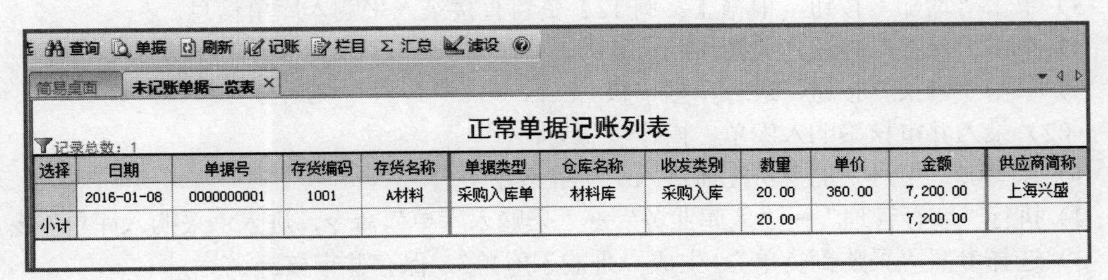

正常单据记账列表

记录总数：1

选择	日期	单据号	存货编码	存货名称	单据类型	仓库名称	收发类别	数量	单价	金额	供应商简称
	2016-01-08	0000000001	1001	A材料	采购入库单	材料库	采购入库	20.00	360.00	7,200.00	上海兴盛
小计								20.00		7,200.00	

图 13-13 “正常单据记账列表”窗口

4）执行“财务核算”→“生成凭证”命令，进入“生成凭证”窗口。

5）单击“选择”按钮，打开“查询条件”对话框。

6）单击“确定”按钮，进入“选择单据—未生成凭证单据一览表”窗口，如图 13-14 所示。

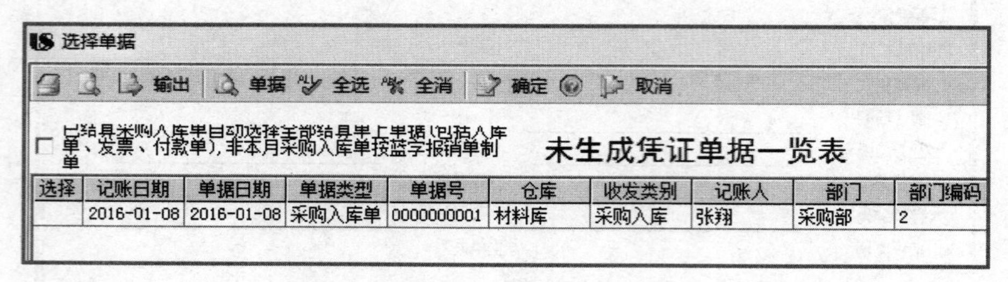

图 13-14 “选择单据”窗口

7）选择要生成凭证的单据，单击“确定”按钮，返回“生成凭证”窗口，如图 13-15 所示。

8）单击“生成”按钮，进入“填制凭证”窗口。

9）生成凭证，并保存。

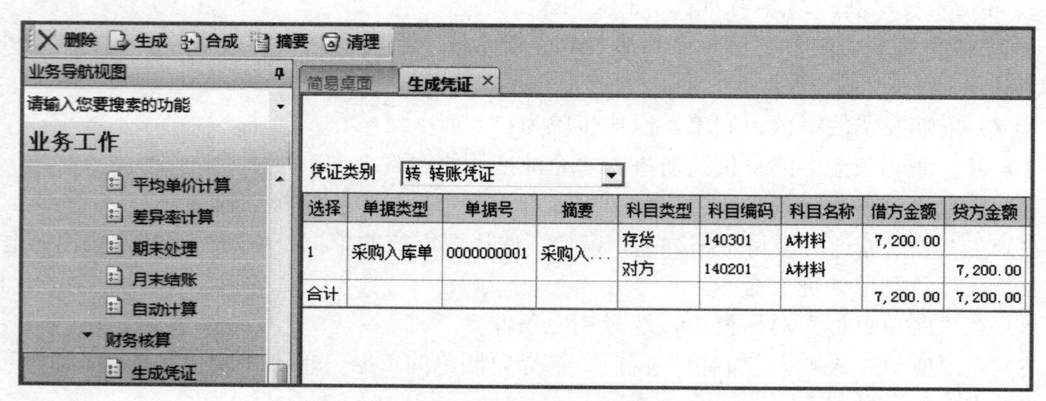

图 13-15 “生成凭证”窗口

2. 采购现结业务（业务 2）

（1）录入并审核采购到货单。操作步骤为：

1）以“005 赵斌”的身份注册进入“企业应用平台”。

2）执行“采购管理”→“采购到货”→“到货单”命令，进入“到货单”窗口。

3）单击“增加”按钮，根据【案例 12】资料直接录入采购入库单信息。

4）单击“保存”按钮，如图 13-16 所示。

5）单击“审核”按钮，进行单据审核。

（2）录入并审核采购入库单。操作步骤为：

1）以“007 王丹”的身份注册进入“企业应用平台”。

2）执行“库存管理”→“入库业务”→“采购入库单”命令，进入“采购入库单”窗口。

3）选择参照“采购到货单”，生成“采购入库单”，保存并审核。

（3）录入采购普通发票并结算。操作步骤为：

1）以“005 赵斌”的身份注册进入“企业应用平台”。

2）执行“采购管理”→“采购发票”→“普通采购发票”命令，进入“普通发票”窗口。

3）单击“增加”按钮。

图 13-16 “到货单”窗口

4）选择参照“入库单”，生成“普通发票”并保存。

5）单击“现付”按钮，打开“采购现付”对话框，如图 13-17 所示。

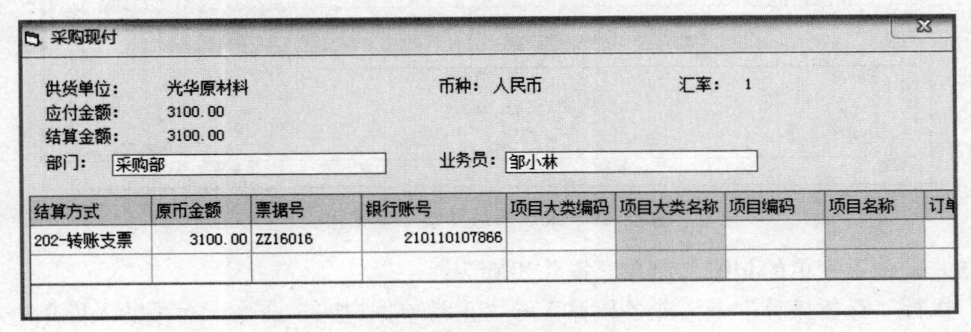

图 13-17 “采购现付”窗口

6）根据【案例 12】资料，选择或输入相关结算信息，单击“确定”按钮。

7）单击“结算”按钮，自动完成采购结算，如图 13-18 所示。

图 13-18 “普通发票”窗口

（4）采购发票的审核、制单。操作步骤为：

1）以“004 张翔”的身份注册进入“企业应用平台”。

2）执行“应付款管理”→“应付单据处理”→“应付单据审核”命令，打开“应付单查询条件”对话框。

3）选择“包含已现结发票”项，单击“确定”按钮，进入“应付单据列表”窗口。

4）对采购普通发票进行审核。

5）执行“制单处理”命令，在“制单查询”对话框中选择“现结制单”，生成凭证并保存，如图 13-19 所示,。

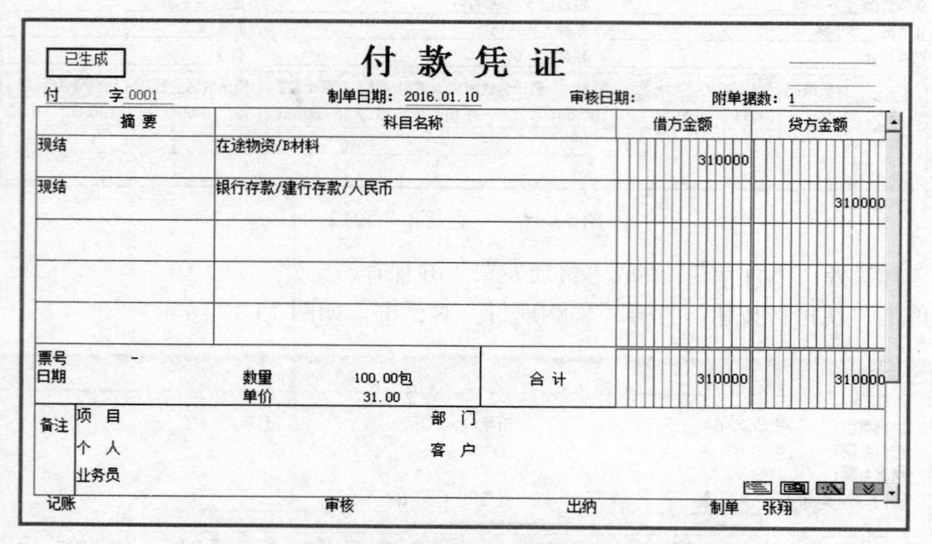

已生成

付 款 凭 证

付 字 0001　　制单日期：2016.01.10　　审核日期：　　附单据数：1

摘要	科目名称	借方金额	贷方金额
现结	在途物资/B材料	310000	
现结	银行存款/建行存款/人民币		310000
票号 - 日期	数量 100.00包 单价 31.00	合计 310000	310000

备注　项目　　部门

个人　　客户

业务员

记账　　审核　　出纳　　制单 张翔

图 13-19　采购普通发票—生成凭证

（5）采购入库单的记账、制单。操作步骤为：

1）执行“存货核算”→“业务核算”→“正常单据记账”命令，对采购入库单进行记账

2）执行“财务核算”→“生成凭证”命令，生成凭证并保存。

（二）销售业务

1. 普通销售业务（业务 3）

（1）录入并审核报价单，操作步骤为：

1）以“006 李建春”的身份注册进入“企业应用平台”。

2）执行“销售管理”→“销售报价”→“销售报价单”命令，进入“销售报价单”窗口。

3）单击“增加”按钮。

4）根据【案例 12】资料，输入或选择表头和表体数据，如图 13-20 所示。

销售报价单　　显示模版 销售报价单显示模版

表体排序　　合并显示 □

单据号 0000000001　　日期 2016-01-11　　业务类型 普通销售

销售类型 批发　　客户简称 华夏宝乐　　付款条件

销售部门 销售部　　业务员 尹小梅　　税率 17.00

币种 人民币　　汇率 1.00000000　　备注

	存货编码	存货名称	主计量	数量	报价	含税单价	无税单价	无税金额	税额	价税合计	税率（%）
1	2001	甲产品	件	100.00	234.00	234.00	200.00	20000.00	3400.00	23400.00	17.00
2											
3											

图 13-20　“销售报价单”窗口

5）单击“保存”按钮。

6）单击“审核”按钮，进行单据审核。

提示：

已经审核后的请购单不能直接修改，需要先“弃审”，然后再“修改”或者“删除”。

报价单被销售订单参照后，与其不建立关联，仍可以删除。

可以在“报价单列表”中，查询销售报价单。并可以执行“弃审”“变更”或者“删除”等操作。

（2）录入并审核销售订单。操作步骤为：

1）执行“销售管理”→“销售订货”→“销售订单”命令，进入“销售订单”窗口。

2）单击“增加”按钮。

3）单击“生单”按钮的下拉菜单，选择参照“报价”单，生成“销售订单”。

4）根据【案例 12】资料修改或补充相关信息，单击“保存”按钮，如图 13-21 所示。

销售订单

显示模版 销售订单显示模版

表体排序　　合并显示 □

订单号 0000000001　订单日期 2016-01-12　业务类型 普通销售

销售类型 批发　客户简称 华夏宝乐　付款条件

销售部门 销售部　业务员 尹小梅　税率 17.00

币种 人民币　汇率 1　备注

	存货编码	存货名称	主计量	数量	报价	含税单价	无税单价	无税金额	税额	价税合计	税率（%）	折扣额	扣率（%）
1	2001	甲产品	件	100.00	234.00	222.30	190.00	19000.00	3230.00	22230.00	17.00	1170.00	95.00
2													
3													

图 13-21　“销售订单”窗口

5）单击“审核”按钮，进行单据审核。

提示：

销售订单可以手工录入，也可以根据报价单参照生成。

审核后的销售订单，可以在“销售订单列表”中查询，并可以执行“弃审”“变更”或者“删除”等操作。

（3）录入并审核销售发货单。操作步骤为：

1）执行“销售管理”→“销售发货”→“发货单”命令，进入“销售发货单—发货单”窗口。

2）单击“增加”按钮，打开“查询条件选择—参照订单”对话框。

3）单击“确定”按钮，参照“销售订单”，生成“发货单”。

4）对信息进行补充或修改，单击“保存”按钮，如图 13-22 所示。

5）单击“审核”按钮，进行单据审核。

提示：

如果销售到货单与销售订单信息有差异，可以修改拷贝生成的发货单，也可以手工录入销售发货单。

在先发货后开票模式中，客户通过发货单取得货物所有权，销售发货处理是必需的。

图 13-22 “发货单”窗口

（4）录入并复核销售专用发票。操作步骤为：

1）执行“销售管理”→“设置”→“销售选项”命令，打开“选项”对话框。

2）单击“其他控制”页签，新增发票默认选择“参照发货”，单击“确定”按钮，如图 13-23 所示。

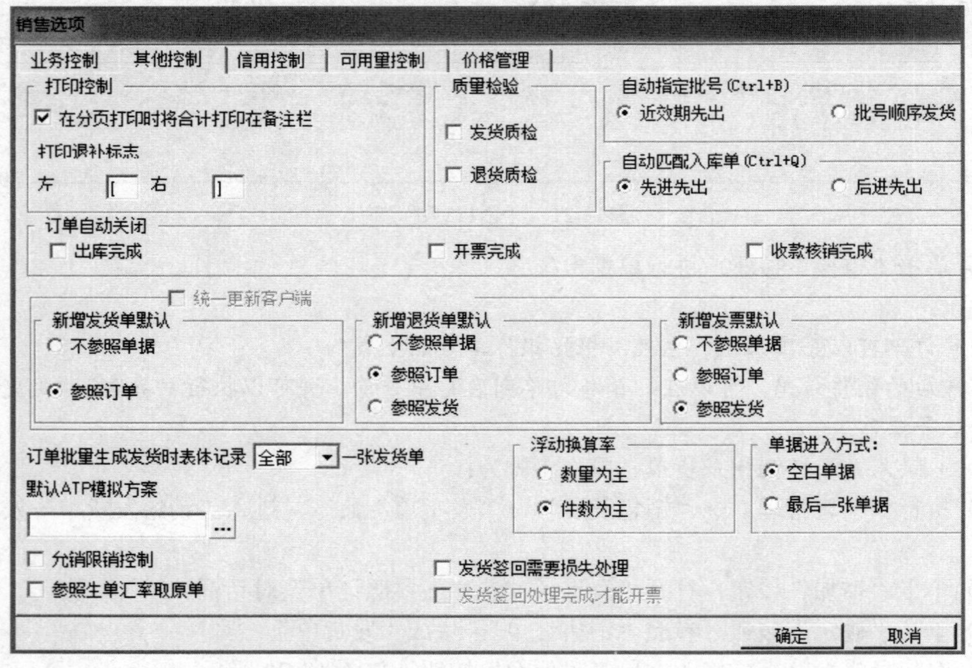

图 13-23 “销售选项—其他控制”页签

3）执行“销售开票”→“销售专用发票”命令，进入“销售专用发票”窗口。

4）单击“增加”按钮。

5）参照“发货单”，生成“销售专用发票”。

6）对信息进行补充或修改，单击“保存”按钮，如图 13-24 所示。

7）单击“复核”按钮，进行单据复核。

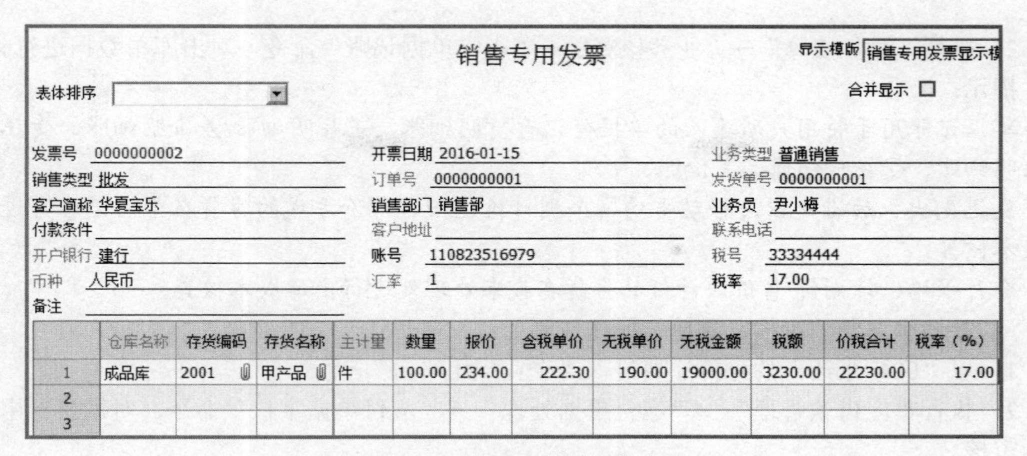

	仓库名称	存货编码	存货名称	主计量	数量	报价	含税单价	无税单价	无税金额	税额	价税合计	税率（%）
1	成品库	2001	甲产品	件	100.00	234.00	222.30	190.00	19000.00	3230.00	22230.00	17.00
2												
3												

图 13-24 “销售专用发票”窗口

（5）销售出库单的审核。操作步骤为：

1）以“007 王丹”的身份注册进入“企业应用平台”。

2）执行“库存管理”→“单据列表”→“销售出库单列表”命令，打开“查询条件选择—销售出库单列表”对话框。

3）单击“确定”按钮，进入“销售出库单列表”窗口，如图 13-25 所示。

4）选择要审核的单据，单击“审核”按钮，进行单据审核。

选择	审核人	记账人	仓库编码	仓库	出库日期	出库单号	出库类别	部门编码	销售部门
			2	成品库	2016-01-15	0000000001	销售出库	3	销售部
小计									
合计									

图 13-25 销售出库—审核

提示：

《销售管理》与《库存管理》集成使用时，《销售管理》选项：设置—销售选项—业务控制—销售生成出库单。

选择是，《销售管理》的发货单、销售发票、零售日报、销售调拨单在审核/复核时，自动生成销售出库单，并传到《库存管理》和《存货核算》。

选择否，销售出库单由《库存管理》参照上述单据生成，不可手工填制。在参照时，可以修改本次出库数量，即一次发货多次出库。

系统自动生成的销售出库单不能修改，可以直接审核。

（6）销售出库单的记账。操作步骤为：

1）以“004 张翔”的身份注册进入“企业应用平台”。

2）执行“存货核算”→“业务核算”→“正常单据记账”命令，对出库单数据进行记账。

提示：

单据记账用于将用户所输入的单据登记存货明细账、差异明细账/差价明细账、受托代销商品明细账、受托代销商品差价账。

先进先出、后进先出、移动平均、个别计价这四种计价方式的存货在单据记账时进行出库成本核算。

全月平均、计划价/售价法计价的存货在期末处理处进行出库成本核算。

（7）销售发票的审核、制单。操作步骤为：

1）以“004 张翔”的身份注册进入“企业应用平台”。

2）执行“应付款管理”→“应付单据处理”→“应付单据审核”命令，对销售专用发票进行审核。

3）执行“制单处理”命令，生成凭证并保存。

（8）录入核收款单、并审核制单。操作步骤为：

1）执行“应收款管理”→“收款单据处理”→“收款单据录入”命令，进入“收付款单录入—收款单”窗口。

2）单击“增加”按钮。

3）根据【案例 12】资料进行收款单的录入，单击“保存”按钮，如图 13-26 所示。

收款单

打印模版 应收收款单打印模板

表体排序

单据编号 0000000001　日期 2016-01-17　客户 华夏宝乐
结算方式 转账支票　结算科目 10020101　币种 人民币
汇率 1　金额 22230.00　本币金额 22230.00
客户银行 建行　客户账号 110823516979　票据号 Z161001
部门 销售部　业务员 尹小梅　项目
摘要 收到销售甲产品货款

	款项类型	客户	部门	业务员	金额	本币金额	科目	本币余额	余额
1	应收款	华夏宝乐	销售部	尹小梅	22230.00	22230.00	1122	22230.00	22230.00
2									
3									

图 13-26　收款单

4）单击“审核”按钮，进行单据审核。

5）立即制单，生成凭证。

6）单击“核销”按钮，进行单据的核销。

2. 销售现结业务（业务 4）

（1）录入并审核销售订单。操作步骤为：

1）以“006 李建春”的身份注册进入“企业应用平台”。

2）执行“销售管理”→“销售订货”→“销售订单”命令，进入“销售订单”窗口。

3）单击“增加”按钮，如图 13-27 所示。

4）根据【案例 12】资料录入表头和表体的相关信息，单击“保存”按钮。

5）单击“审核”按钮，进行单据审核。

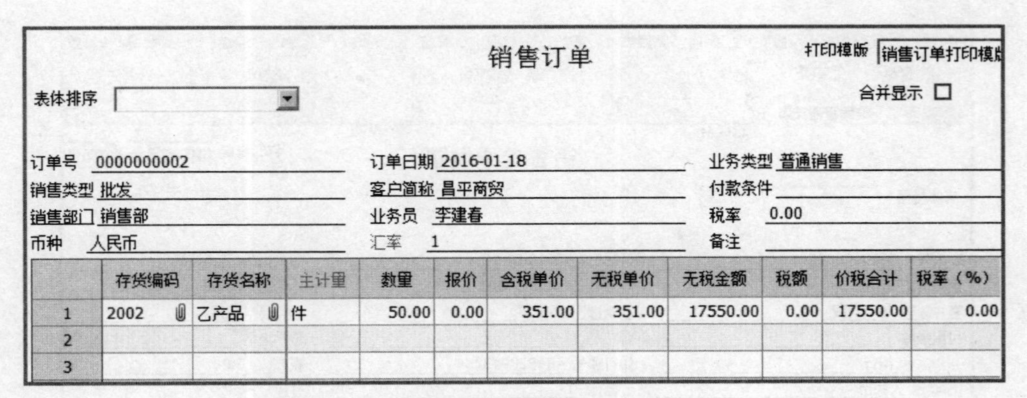

销售订单

打印模版 销售订单打印模版

表体排序

合并显示 □

订单号 0000000002　订单日期 2016-01-18　业务类型 普通销售

销售类型 批发　客户简称 昌平商贸　付款条件

销售部门 销售部　业务员 李建春　税率 0.00

币种 人民币　汇率 1　备注

	存货编码	存货名称	主计量	数量	报价	含税单价	无税单价	无税金额	税额	价税合计	税率（%）
1	2002	乙产品	件	50.00	0.00	351.00	351.00	17550.00	0.00	17550.00	0.00
2											
3											

图 13-27　“销售订单”窗口

（2）录入并审核销售发货单。操作步骤为：

1）执行“销售管理”→“销售发货”→“发货单”命令，进入“发货单”窗口。

2）参照“销售订单”，生成“发货单”。

3）补充或修改相关信息，单击“保存”，如图 13-28 所示。

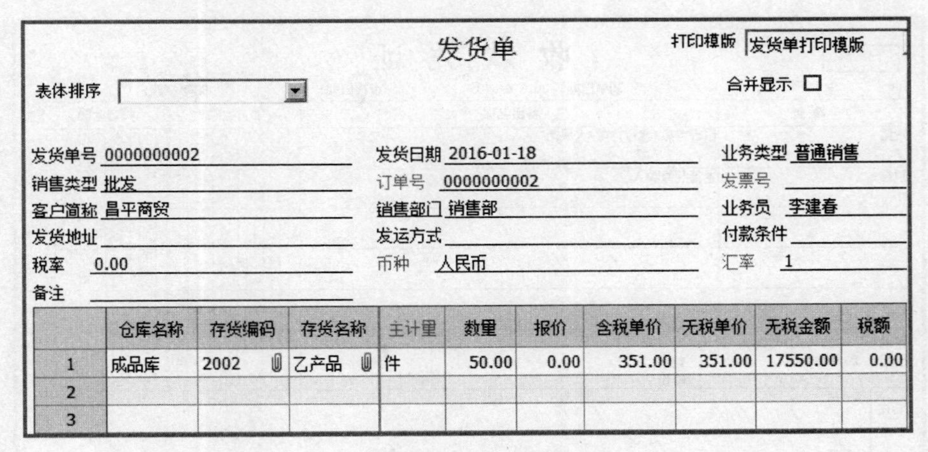

发货单

打印模版 发货单打印模版

表体排序

合并显示 □

发货单号 0000000002　发货日期 2016-01-18　业务类型 普通销售

销售类型 批发　订单号 0000000002　发票号

客户简称 昌平商贸　销售部门 销售部　业务员 李建春

发货地址　发运方式　付款条件

税率 0.00　币种 人民币　汇率 1

备注

	仓库名称	存货编码	存货名称	主计量	数量	报价	含税单价	无税单价	无税金额	税额
1	成品库	2002	乙产品	件	50.00	0.00	351.00	351.00	17550.00	0.00
2										
3										

图 13-28　“发货单”窗口

4）单击“审核”按钮，进行单据审核。

（3）录入并复核销售普通发票。操作步骤为：

1）在销售管理系统中，参照发货单生成销售普通发票并保存，如图 13-29 所示。

2）单击“现结”按钮，打开“现结”对话框。

3）根据【案例 12】资料，选择或输入相关结算信息，单击“确定”按钮。

4）单击“复核”按钮，进行单据复核。

（4）销售发票的审核、制单。操作步骤为：

1）以“004 张翔”的身份注册进入“企业应用平台”。

2）执行“应收款管理”→“应收单据处理”→“应收单据审核”命令，打开“应收单查询条件”对话框。

3）选择“包含已现结发票”项，单击“确定”按钮，进入“应收单据列表”窗口。

4）对销售普通发票进行审核。

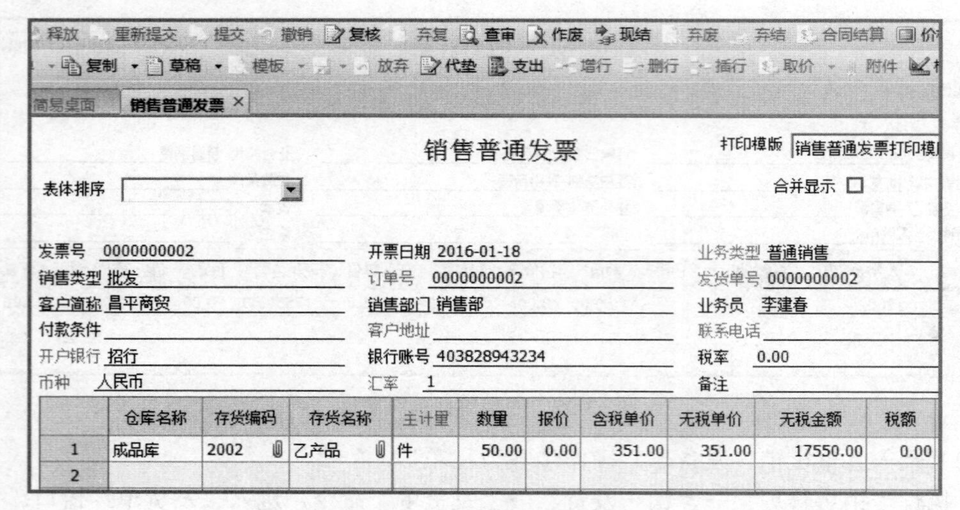

图 13-29 “销售普通发票”窗口

5）执行“制单处理”命令，选择“现结制单”，生成凭证并保存，如图 13-30 所示。

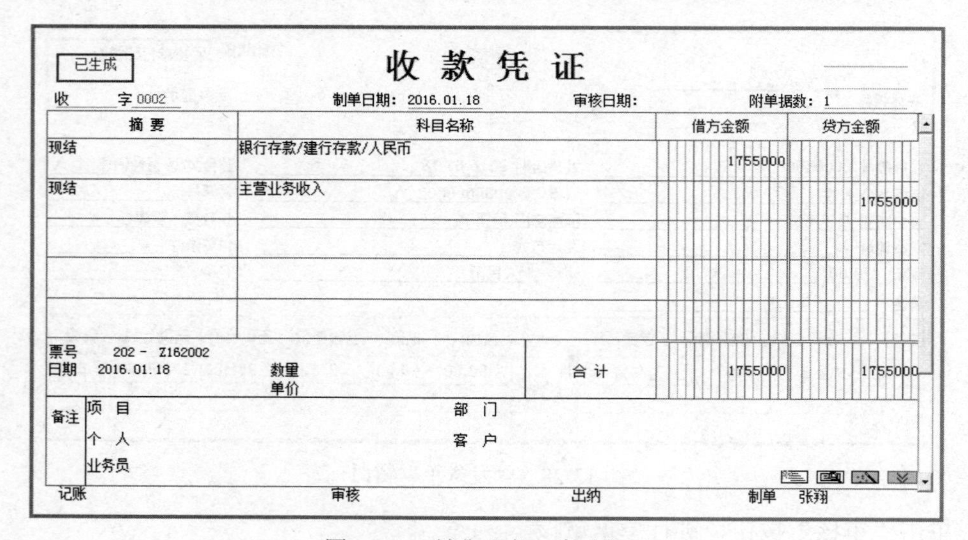

图 13-30 销售业务—生成凭证

（5）销售出库单的审核。

——在库存管理系统中，对销售出库单进行审核。操作方法参照业务 4。

（6）销售出库的单记账。

——在存货核算系统中，对销售出库单进行记账。操作方法参照业务 4。

3. 代垫运输费处理（业务 5）

（1）修改参数。操作步骤为：

1）以“001 王志伟”的身份注册进入“企业应用平台”。

2）单击“基础设置”标签，执行“基础档案”→“业务”→“费用项目分类”命令，进入“费用项目分类”窗口。增加费用项目分类“1 代垫费用”。

3）执行“费用项目”命令，进入“费用项目”窗口。增加 “01 代垫运输费用”。

（2）录入并审核代垫运费单。操作步骤为：

1）以“006 李建春”的身份注册进入“企业应用平台”。

2）执行“销售管理”→“代垫费用”→“代垫运费单”命令，进入“代垫运费单”窗口。

3）单击“增加”按钮，根据【案例 12】资料录入代垫运费单的相关信息。

4）单击“保存”按钮，如图 13-31 所示。

5）单击“审核”按钮，进行单据审核。

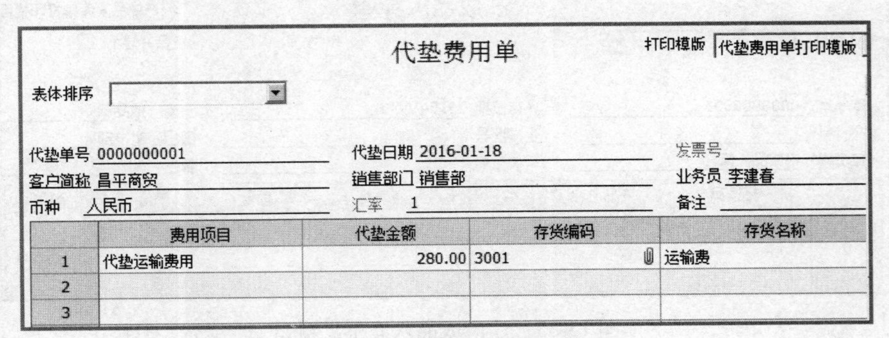

图 13-31 “代垫运费单”窗口

（3）代垫运费单的审核、制单。

——在应收款管理系统中，对代垫运费单进行审核，并生成凭证。

（三）材料领用业务（业务 6）

（1）录入并审核材料出库单。操作步骤为：

1）以“007 王丹”的身份注册进入“企业应用平台”。

2）执行“库存管理”→“出库业务”→“材料出库单”命令，进入“材料出库单”窗口。

3）单击“增加”按钮，根据【案例 12】资料录入材料出库单的相关信息。

4）单击“保存”按钮，如图 13-32 所示。

5）单击“审核”按钮，进行单据审核。

图 13-32 “材料出库单”窗口

（2）材料出库单的记账。

——在存货核算系统中，对材料出库单进行记账。

（四）产成品入库业务（业务 7）

（1）录入并审核产成品入库单。操作步骤为：

1）以“007 王丹”的身份注册进入“企业应用平台”。

2）执行“库存管理”→“入库业务”→“产成品入库单”命令，进入“产成品入库单”窗口。

3）单击“增加”按钮，根据【案例 12】资料录入产成品入库单的相关信息。

4）单击“保存”按钮，如图 13-33 所示。

产成品入库单

产成品入库单打印模版

表体排序 　　◉ 蓝字　○ 红字　　合并显示 □

入库单号 0000000001　入库日期 2016-01-30　仓库 成品库

生产订单号　生产批号　部门 生产部

入库类别 产成品入库　审核日期　备注

	产品编码	产品名称	规格型号	主计量单位	数量	单价	金额
1	2002	乙产品		件	50.00		
2							
3							

图 13-33 “产成品入库单”窗口

5）单击“审核”按钮，进行单据审核。

（2）分配产成品成本。操作步骤为：

1）以“004 张翔”的身份注册进入“企业应用平台”。

2）执行“存货核算”→“业务核算”→“产成品成本分配”命令，进入“产成品成本分配表”窗口，如图 13-34 所示。

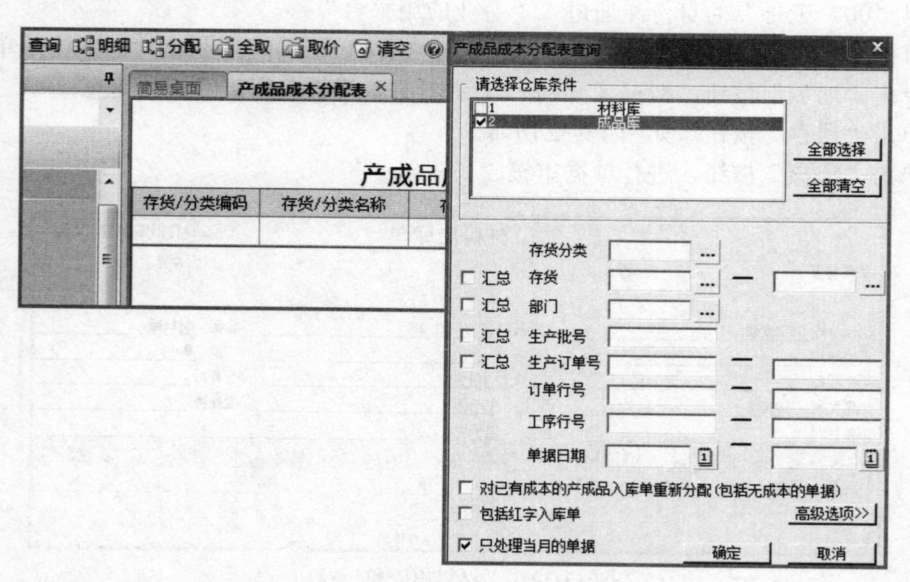

图 13-34 “产成品成本分配表”窗口

3）单击“查询”按钮，打开“产成品成本分配表查询”对话框。

4）选择“成品库”，单击“确定”按钮，返回。

5）在乙产品记录行的“金额”栏输入“12 250”。

6）单击“分配”按钮，弹出“分配操作顺利完成！”信息提示框，单击“确定”按钮，如图 13-35 所示。

简易桌面　产成品成本分配表

产成品成本分配

存货/分类编码	存货/分类名称	计量单位	数量	金额	单价
	存货 合计		50.00	12,250.00	245.00
2	库存商品小计		50.00	12,250.00	245.00
2002	乙产品	件	50.00	12,250.00	245.00

图 13-35　分配产成品成本

7）执行“日常业务”→“产成品入库单”命令，进入“产成品入库单”窗口，可以查看产成品入库单的单价，如图 13-36 所示。

蓝字　红字　产成品入库单　产成品入库单打印模版

表体排序

入库单号 0000000001　入库日期 2016-01-30　仓库 成品库
生产订单号　生产批号　部门 生产部
入库类别 产成品入库　审核日期 2016-01-30　备注

	产品编码	产品名称	规格型号	主计量单位	数量	单价	金额
1	2002	乙产品		件	50.00	245.00	12250.00
2							
3							

图 13-36　成本分配后的产成品入库单

（3）产成品入库单的记账、制单。

——在存货核算系统中，对产成品入库单进行记账，并生成凭证。

（五）存货核算系统月末处理

期末处理操作步骤：

1）以“004 张翔”的身份注册进入“企业应用平台”（操作日期“2014-01-31”）。

2）执行“存货核算”→“业务核算”→“期末处理”命令，打开“期末处理”对话框。

3）选择要进行期末处理的仓库，单击“处理”按钮，进入“月平均单价计算表”窗口，如图 13-37 所示。

4）单击“显示”按钮，显示所有存货成本计算信息。

5）单击“确定”按钮，提示信息“期末处理完毕！”。

6）执行“日常业务”→“单据列表”→“材料出库单列表”命令，可以查看有关材料出库单的存货单价。

7）执行“财务核算”→“生成凭证”命令，对销售出库单和材料出库单进行制单处理。

提示：

进行存货核算系统期末处理之前，采购、销售和库存管理系统必须进行月末结账。

进行期末处理前所有单据应该进行记账。

存货核算方法为“全月平均法”时，则需要进行期末处理后完成出库业务的制单操作。

月平均单价计算表

仓库平均单价计算表

记录总数：4

仓库编码	仓库名称	存货编码	存货名称	存货单位	期初数量	期初金额	入库数量	入库金额	平均单价	原单价
1	材料库	1001	A材料	箱	220.00	77,000.00	20.00	7,200.00	350.83	350.83
1	材料库	1002	B材料	包	150.00	4,500.00	100.00	3,100.00	30.40	30.40
2	成品库	2001	甲产品	件	560.00	89,600.00	0.00	0.00	160.00	160.00
2	成品库	2002	乙产品	件	100.00	24,000.00	50.00	12,250.00	241.67	241.67

图 13-37 “月平均单价计算表”窗口

（六）各管理系统月末结账

——以“001 王志伟”的身份注册进入“企业应用平台”（操作日期“2014-01-31”）。

提示：

购销存系统月末结账必须按照以下顺序：

①采购管理系统、销售管理系统

②存货核算系统

③应收款管理系统、应付款管理系统

1. 采购管理系统结账

操作步骤为：

（1）执行“采购管理”→“月末结账”命令，打开“结账”对话框。

（2）选择要结账的月份，单击“结账”按钮，进行结账。

提示：若应付款管理系统、库存管理系统或存货核算系统已经结账，采购管理系统不能取消结账。

2. 销售管理系统结账

操作步骤为：

（1）执行“销售管理”→“月末结账”命令，打开“结账”对话框。

（2）选择要结账的月份，单击“结账”按钮，进行结账。

提示：若应收款管理系统、库存管理系统或存货核算系统已经结账，销售管理系统不能取消结账。

3. 库存管理系统结账

操作步骤为：

（1）执行“库存管理”→“月末结账”命令，打开“结账”对话框。

（2）选择要结账的月份，单击“结账”按钮，进行结账。

4. 存货核算系统结账

操作步骤为：

（1）执行“存货核算”→“业务核算”→“月末结账”命令，打开“结账”对话框。

（2）单击“结账”按钮，进行结账。

5. 应收款和应付款管理系统结账

应收款和应付款管理系统的月末结账参照第七章和第八章介绍的操作方法。

复习思考题

一、选择题

1. 在供应链管理系统中，采购入库单（　　）。

A. 可以在采购管理中增加，也可以在库存管理中增加

B. 只能在库存管理中增加、修改，采购管理中只能查询

C. 只能在采购管理系统结点中增加采购入库单

D. 只能在库存管理中增加，可以在采购管理中修改

2. 在采购管理系统中，普通采购业务必有订单模式下，采购发票可以参照（　　）单据生成。

A. 采购订单　　B. 采购发票　　C. 采购入库单　　D. 请购单

3. 应付款管理系统中的功能正确的使用顺序应为：（　　）。

A. 日常发票处理、采购结算、付款处理、自动转账

B. 日常发票处理、付款处理、采购结算、自动转账

C. 采购结算、日常发票处理、付款处理、自动转账

D. 采购结算、付款处理、日常发票处理、自动转账

4. 在存货管理子系统中，不能根据（　　）生成会计凭证。

A. 材料出库单　　B. 采购入库单　　C. 销售出库单　　D. 存货调拨单

5. 期末结账处理时，（　　）系统的结账最后完成。

A. 采购管理　　B. 应付款管理　　C. 薪资管理　　D. 总账管理

二、判断题

1. 不管采购入库单上有无单价，采购结算后，其单价都被自动修改为发票上的存货单价，不包括运费发票。（　　）

2. 销售发票须在销售管理系统中进行复核后，才能在应收款管理系统中进行制单。（　　）

3. 在库存管理系统中即使不对入库单进行审核，也不会影响它在存货核算系统中记账。（　　）

4. 在存货核算系统中，如果存货成本选择全月平均法或计划价核算方式，当月业务完成后，用户要进行“期末处理”，计算存货成本。（　　）

5. 存货核算月末结账需要在采购管理、销售管理、库存管理、应收和应付款管理系统结账之后进行。（　　）

三、简答题

1. 简述普通销售业务的处理流程。

2. 什么是采购结算？其作用是什么？

3. 简述产成品入库业务和材料出库业务的处理流程。

4. 简述存货核算系统与其他子系统的主要关系。

5. 供应链管理系统进行期末处理时应注意哪些问题？

第十四章　综合模拟案例

第一节　总账及报表业务综合模拟案例

一、建立账套

1. 操作员资料，如表14-1所示。

表14-1　操作员资料列表

编号	姓名	口令	权限	所属部门
021	李娜	1	账套主管	财务部
022	王学	2	会计	财务部
023	谷时	3	出纳	财务部

2. 账套信息

账套号：100

账套名称：北京振兴药业有限公司

启用会计期：2016年1月1日至12月31日。

3. 单位信息

单位名称：北京振兴药业有限公司；单位简称：振兴药业；法人代表：张郝；单位地址：北京市朝阳区东四大街 8 号；邮政编码：100035；联系电话及传真：86012345；电子邮件：zhenxing2016@sina.com.cn；税号：100011010255689。

4. 核算类型

记账本位币：人民币（RMB）；企业类型：工业；新会计制度科目；账套主管：李娜；要求按行业性质预置会计科目。

5. 基础信息

进行经济业务处理时，要求对存货进行分类，、客户和供应商无需分类，无外币核算业务。

6. 分类编码方案

会计科目编码级次：42222；存货分类编码级次：223；部门编码级次：12；结算方式编码级次：12；其他项目编码级次采用默认值。

7. 数据精度

该账套在进行数量、单价、件数核算时数据精度定义小数位为2。

二、基础设置

基础档案资料如表14-2～表14-10所示。

表 14-2 部门档案

编码	部门名称	部门属性	编码	部门名称	部门属性
1	综合部	管理	301	采购部	采购
2	财务部	管理	302	销售部	销售
3	市场部	营销	4	生产车间	生产

表 14-3 职员档案

编码	职员姓名	所属部门	编码	职员姓名	所属部门
001	张郝	综合部	005	谷时	财务部
002	王晓莉	综合部	006	孙云峰	采购部
003	李娜	财务部	007	张海涛	销售部
004	王学	财务部	008	李远	生产车间

注：所有职员均设为“业务员”；人员类别均设为“正式工”；雇用状态设为“在职”。

表 14-4 客户档案

编码	供应商名称	开户银行	银行账号	发展日期
01	北京金辉大药房	工行	111222158743	2010 年 1 月 10 日
02	武汉九华医药公司	工行	222111329586	2013 年 6 月 30 日

表 14-5 供应商档案

编码	供应商名称	开户银行	银行账号	发展日期
01	北京同达有限公司	建行	100111256815	2010 年 5 月 20 日
02	辽宁海特有限公司	建行	100222135790	2014 年 9 月 10 日

表 14-6 存货分类

类 别 编 码	类 别 名 称
01	产成品
02	原材料

表 14-7 计量单位

计量单位组编码	计量单位组名称	计量单位组类别	计量单位编码	计量单位名称
1	数量	无换算率	101	件
			102	吨
			103	瓶

表 14-8 存货档案

存货编码	存货名称	计量单位	所属类别编码	存货属性
001	A 注射液	件	01	自制、内销
002	B 注射液	件	01	自制、内销

续表

存货编码	存货名称	计量单位	所属类别编码	存货属性
003	C注射液	件	01	自制、内销
004	药用葡萄糖粉	吨	02	外购、生产耗用
005	药用盐	吨	02	外购、生产耗用

表14-9　凭证类别

类型	限制类型	限制科目
收款凭证	借方必有	1001、1002
付款凭证	贷方必有	1001、1002
转账凭证	凭证必无	1001、1002

表14-10　结算方式

结算方式编码	结算方式名称	是否支票管理
1	现金	否
2	支票	是
201	现金支票	是
202	转账支票	是
3	汇兑	否

三、总账管理系统初始化

1. 建账向导

序时控制，支票控制，凭证编号为系统编号，出纳凭证必须有出纳签字，不允许修改、作废他人填制的凭证，可以使用应收、应付及存货系统的受控科目，排序方式为按编码排序，其他参数为软件系统默认方式。

2. 期初余额

会计科目及期初余额如表14-11所示。

表14-11　会计科目及期初余额

科目编码	科目名称	辅助账类型	方向	币别/计量	期初余额
1001	库存现金	日记账	借		8 200.00
1002	银行存款	日记账　银行账	借		330 800.00
100201	工行存款	日记账　银行账	借		152 800.00
100202	建行存款	日记账　银行账	借		178 000.00
1122	应收账款	客户往来	借		35 100.00
1221	其他应收款	个人往来	借		3 000.00
1231	坏账准备		贷		175.50
1402	在途物资				
140201	医用葡萄糖粉	数量核算	借	吨	

续表

科目编码	科目名称	辅助账类型	方向	币别/计量	期初余额
140202	药用盐	数量核算	借	吨	
1403	原材料		借		19 600.00
140301	医用葡萄糖粉	数量核算	借		14 000.00
				吨	3
140302	药用盐	数量核算	借		5 600.00
				吨	2
1405	库存商品		借		68 000.00
140501	A 注射液	数量核算	借		14 000.00
				件	350
140502	B 注射液	数量核算	借		21 600.00
				件	270
140503	C 注射液	数量核算	借		32 400.00
				件	1 200
1601	固定资产		借		1 845 043.00
1602	累计折旧		贷		311 600.00
2101	短期借款		贷		400 000.00
2202	应付账款	供应商往来	贷		16 380.00
2211	应付职工薪酬		贷		52 900.00
221101	工资		贷		46 400.00
221102	职工福利		贷		6 500.00
2221	应交税费		贷		2 340.00
222101	应交增值税				
22210101	进项税额				
22210103	销项税额				
222102	未交增值税		贷		2 340.00
4001	实收资本		贷		1 526 680.00
4104	利润分配		贷		10 320.00
410401	未分配利润		贷		10 320.00
5001	生产成本		借		10 652.50
6601	销售费用		借		
660101	广告费		借		
660102	其他		借		
6602	管理费用	部门核算	借		
660201	办公费	部门核算	借		
660202	差旅费	部门核算	借		
660203	其他	部门核算	借		

应收账款期初余额如表 14-12 所示。

表 14-12　应收账款期初余额

日期	凭证号	客户名称	部门	摘要	方向	期初余额
2015-12-25	转字-32	北京金辉	销售部	销售 B 注射液	借	35 100.00

其他应收款期初余额如表 14-13 所示。

表 14-13　其他应收款期初余额

日期	凭证号	部门名称	个人名称	摘要	方向	期初余额
2015-12-28	付字-56	采购部	孙云峰	出差借款	借	3 000.00

应付账款期初余额如表 14-14 所示。

表 14-14　应付账款期初余额

日期	凭证号	供应商名称	部门	摘要	方向	期初余额
2015-12-18	转字-19	辽宁海特	采购部	购进医用盐	贷	16 380.00

四、记账凭证业务处理

北京振兴药业有限公司 2016 年 1 月发生如下经济业务：（该企业所得税率为 25%；凭证所附单据均为 1 张）

（1）1 月 5 日，采购员孙云峰从北京同达有限公司购进医用葡萄糖粉 2 吨，单价 5200 元，发票号：8010。材料未到，款项尚未支付。

借：在途物资——医用葡萄糖粉　　10 400.00

　　应交税费——应交增值税——进项税　　1 768.00

　贷：应付账款（北京同达）　　12 168.00

（2）1 月 8 日，签发转账支票（支票号：2025），支付销售部广告费 5000 元。

借：销售费用——广告费　　5 000.00

　贷：银行存款—建行存款　　5 000.00

（3）1 月 20 日，销售部向武汉九华医药公司销售 A 注射液 400 件，单价 125 元，款项已存入银行（结算方式：汇兑，支票号：3012）。

借：银行存款——工行存款　　58 500.00

　贷：主营业务收入　　50 000.00

　　　应交税费—应交增值税—销项税额　　8 500.00

（4）1 月 26 日，从北京同达有限公司购进的医用葡萄糖粉 2 吨到货，已验收入库。

借：原材料——医用葡萄糖粉　　10 400.00

　贷：在途物资——医用葡萄糖粉　　10 400.00

（5）1 月 26 日，采购部孙云峰报销差旅费 3200 元。

借：管理费用——差旅费　　3 000.00

　贷：其他应收款　　3 000.00

借：管理费用——差旅费　　　　　　　　　　200.00
　贷：库存现金　　　　　　　　　　　　　　　200.00
（6）1月29日，结转销售A注射液400件的销售成本，单位成本为90元。
借：主营业务成本　　　　　　　　　　　　36 000.00
　贷：库存商品——A注射液　　　　　　　　　36 000.00

五、期末处理

（1）自动转账计提本月短期借款利息（年利息率为6%）。
（2）期间损益结转。
（3）对账并结账。

六、编制报表

（1）资产负债表（使用报表模板）。
（2）利润表（使用报表模板）。

参考答案

1. 总账参考值
凭证——10—11张
余额表——期初余额合计：2 320 395.50
　　　——发生额合计：178 218.00
　　　——期末余额合计：2 345 095.50
2. 报表参考值
资产负债表——年初数：2 008 620.00
　　　　　——期末数：2 033 320.00
利润表——税后利润：2 850.00

第二节　财务业务一体综合模拟案例

企业情况介绍：北京创远电子有限公司是一家专业生产、销售电脑整机的公司。企业性质为工业企业，随着公司业务的发展，财务工作用手工核算已经很难满足工作需要，现计划2016年1月开始使用“用友ERP-U8V10.1”中的财务管理模块，包括总账、网上银行、UFO报表、应收款管理、应付款管理、固定资产管理、薪资管理和存货核算管理。

一、模拟企业基础数据

模拟创远电子有限公司的基础数据，资料如表14-15～表14-38所示。

表 14-15　账套的用户档案

编号	说明	姓名	密码
011	账套主管	徐吉超	无
012	出纳	李敏	无
013	会计	张红	无
014	会计	赵丽	无

表 14-16　公司的基本信息

企业名称	北京市创远电子有限公司	企业名称	北京市创远电子有限公司
单位地址	北京市海淀区文汇路 19 号	电话	010-12345678
法人代表	张平	传真	010-12345678
邮政编码	100087	税号	111112222212345
电子邮件	hepinglove@sohu.com	本位币	人民币

说明：创远电子有限公司对存货、客户、供应商、外币均进行分类核算。会计“科目编码级次”设为 42222，其他分类编码方案和数据精度默认系统的定义值。

表 14-17　操作员的权限

操作员编号	姓名	权限
011	徐吉超	创远电子 2016 年度的账套主管权限
012	李敏	创远电子 2016 年度的账套出纳权限（包括“总账”权限中的出纳权限，“凭证”权限中的出纳签字权限。）
013	张红	创远电子 2016 年度的账套会计权限（包括“公共单据”权限，“公用目录设置”权限，“总账”“固定资产”“薪资管理”和“计件工资管理”权限）
014	赵丽	创远电子 2016 年度的账套会计权限（包括“公共单据”“共用目录设置”“应收款管理”“应付款管理”“存货核算”权限。）

表 14-18　公司组织框架

部门编码	部门名称	部门编码	部门名称
1	总经理室	7	采购部
2	行政部	8	销售部
3	人事部	801	销售一部
4	财务部	802	销售二部
5	工程部	9	生产部
6	库管部		

表 14-19　公司人员档案

人员编码	姓名	性别	所属部门	雇佣状态	人员类别	是否业务员	部门负责人
001	张平	男	总经理室	在职	正式工	是	总经理
002	黄燕	女	总经理室	在职	正式工	是	
003	徐吉超	男	财务部	在职	正式工	是	会计主管
004	张红	女	财务部	在职	正式工	是	
005	赵丽	女	财务部	在职	正式工	是	

续表

人员编码	姓名	性别	所属部门	雇佣状态	人员类别	是否业务员	部门负责人
006	李敏	女	财务部	在职	正式工	是	
007	陈立	男	工程部	在职	正式工	是	主任
008	袁枚	女	库管部	在职	正式工	是	仓管
009	李释然	男	采购部	在职	正式工	是	采购经理
010	王强	男	采购部	在职	正式工	是	
011	赵大为	男	销售一部	在职	正式工	是	销售经理
012	何亮	男	销售一部	在职	正式工	是	
013	马晓明	男	销售二部	在职	正式工	是	销售经理
014	高峰	男	生产部	在职	正式工	是	生产主管
015	李军	男	生产部	在职	正式工	否	
016	何国俊	男	生产部	在职	正式工	否	

表 14-20　公司业务地区分类

地区编码	地区名称	地区编码	地区名称
01	国内	02	国外
01001	华南	02001	美国
01002	华北	02002	越南
01003	华东		
01004	西南		

表 14-21　供应商分类

分类编码	分类名称	分类编码	分类名称
01	电脑配件供应商	03	包装材料供应商
02	散件供应商	04	其他供应商

表 14-22　供应商档案信息

供应商编码	供应商名称	所属地区	所属分类	发展日期
001	上海汇发电子有限公司	华东	电脑配件供应商	2012-12-01
002	北京芳威贸易有限公司	华北	电脑配件供应商	2012-12-01
003	北京飞宇包装材料厂	华北	包装材料供应商	2012-12-01
004	北京广源货运公司	华北	其他供应商	2012-12-01

表 14-23　客户分类

分类编码	分类名称	分类编码	分类名称
01	国有企业	03	私营企业
02	美资企业	04	其他企业

表 14-24　客户档案信息

客户编码	客户名称	所属地区	所属分类	发展日期
001	北京远东集团	华北	国有企业	2012-12-01
002	上海思源实业	华南	美资企业	2012-12-01

续表

客户编码	客户名称	所属地区	所属分类	发展日期
003	北京凯丰集团	华南	私营企业	2012-12-01
004	北京宏远公司	华东	私营企业	2012-12-01

表 14-25 存货分类

存货分类编码	存货分类名称	存货分类编码	存货分类名称
01	原材料	04	其他
02	半成品	05	应税劳务
03	产成品		

表 14-26 计量单位组

计量单位组编码	计量单位组名称	计量单位组类别
01	无换算关系	无换算

表 14-27 货物的计量单位

单位编码	名称	单位编码	名称
001	台	004	只
002	条	005	个
003	盒	006	块

表 14-28 存货档案

存货编码	存货名称	计量单位	所属类别	存货属性
001	电脑整机	台	产成品	销售、自制
002	显示器	台	原材料	销售、外购、生产耗用
003	键盘	只	原材料	销售、外购、生产耗用
004	鼠标	只	原材料	销售、外购、生产耗用
005	电脑主机（主机箱带电源、CPU、内存、硬盘、光驱、主板）	台	半成品	销售、生产耗用、自制、在制
006	1 号主机	台	原材料	销售、外购、生产耗用
007	2 号主机	台	原材料	销售、外购、生产耗用
008	包装纸箱	个	其他	外购、生产耗用
009	A 计算机	台	产成品	销售、外购、自制
010	B 计算机	台	产成品	销售、外购、自制

表 14-29 记账凭证类型

类别字	类别名称	限制类型	限制科目
自	创远公司凭证	无限制	
记	记账凭证	无限制	

表 14-30 外币设置

币名	美元	港元
币符	USD	HKD
汇率小数位	5	5
最大误差	0.00001	0.00001
汇率方式	固定汇率	固定汇率
折算方式	外币×汇率＝本位币	外币×汇率＝本位币
1 月汇率	6.50000	0.85000

表 14-31 会计科目设置

科目编码	科目名称	其他币种	计量单位	辅助账类型	银行科目	现金科目	银行账	日记账
1001	库存现金					是		是
100101	人民币					是		是
100102	美元	美元				是		是
100103	港元	港元				是		是
1002	银行存款				是		是	是
100201	工行账户				是		是	是
10020101	人民币				是		是	是
10020102	美元	美元			是		是	是
10020103	港元	港元			是		是	是
100202	招行账户				是		是	是
1122	应收账款			部门客户				
1123	预付账款			部门供应商				
1221	其他应收款							
122101	其他部门应收款			部门核算				
122102	其他个人应收款			个人往来				
1403	原材料		只	数量核算				
1405	库存商品		台	数量核算				
1409	包装物		个	数量核算				
1410	自制半成品		台	数量核算				
1604	在建工程			项目核算				
2202	应付账款			部门供应商				
2203	预收账款			部门客户				
2211	应付职工薪酬							
221101	工资							
221102	职工福利							
2221	应交税费							
222101	应交增值税							

续表

科目编码	科目名称	其他币种	计量单位	辅助账类型	银行科目	现金科目	银行账	日记账
22210101	进项税额							
22210103	销项税额							
5001	生产成本							
500101	直接材料							
500102	直接人工							
500103	制造费用							
500104	生产成本转出							
5101	制造费用							
510103	折旧费							
6601	销售费用							
660101	差旅费			部门核算				
660102	运输费							
660103	业务招待费							
660104	折旧费							
660105	房租							
660106	薪资							
660107	其他							
6602	管理费用							
660201	差旅费			部门核算				
660202	办公费			部门核算				
660203	水电费			部门核算				
660204	邮电费			部门核算				
660205	交通费			部门核算				
660206	会议费			部门核算				
660207	业务招待费			部门核算				
660208	通讯费			个人往来				
660209	薪资							
660210	房租							
660211	折旧费							
660212	其他							

表 14-32 项目核算信息

大项目	项目分类		项目档案		
	分类编码	分类名称	项目编码	项目名称	备注信息
在建工程	1	工厂厂房	001	科技园厂房	北京科技园
			002	小营厂房	属于旧城改造项目

表 14-33　结算方式

编码	结算名称	是否票据管理
1	现金结算	否
2	支票结算	是
201	现金支票	是
202	转账支票	是

表 14-34　公司银行账户信息

银行档案		本单位开户银行	
银行编码	01001	编码	001
银行名称	中国工商银行北京分行科苑支行	银行账号	111110000012
企业账号长度	12	开户银行	中国工商银行北京分行科苑支行
个人账号长度	11	所属银行编码	01001

表 14-35　创远电子有限公司的仓库档案

编码	名称	成本计价方法
01	材料库	全月平均
02	半成品库	全月平均
03	成品库	全月平均
04	杂品库	全月平均

表 14-36　创远电子有限公司的货物收发类别

1：入库类别	收发标志：收	2：出库类别	收发标志：发
11：材料采购入库		21：材料领用出库	
12：半成品入库		22：半成品出库	
13：产成品入库		23：成品销售出库	
14：其他入库		24：其他出库	

表 14-37　创远电子有限公司的采购类型

编码	名称	入库类型
1	普通采购	材料采购入库

表 14-38　创远电子有限公司的销售类型

编码	名称	出库类型
1	普通销售	成品销售出库

二、模拟企业各系统模块初始化信息

1．总账管理系统初始化（表 14-39 ~ 表 14-42）

表 14-39 总账管理系统初始化选项

凭证	制单序时控制，赤字控制（资金及往来科目），不可以使用应收、应付和存货受控科目，系统编号
权限	出纳凭证必须经由出纳签字，不允许修改、作废他人填制的凭证，可以查询他人凭证
其他	按编码排序
会计日历	数量小数位和单价小数位均设为 2
其他选项	默认系统设定值

表 14-40 创远电子有限公司 2016 年 1 月 1 日的会计科目期初余额

科目名称	方向	币别/计量	期初余额
库存现金	借	人民币	15 000.00
人民币	借	人民币	15 000.00
银行存款	借	人民币	116 387.20
工行账户	借	人民币	110 000.00
人民币	借	人民币	101 500.00
港元	借	人民币	8 500.00
		港元	10 000.00
招行账户	借	人民币	6 387.20
应收账款	借	人民币	53 010.00
原材料	借	人民币	65 300.00
		只	545
库存商品	借	人民币	70 000.00
		台	20
包装物	借	人民币	1 250.00
		个	250
自制半成品	借	人民币	80 000.00
		台	40
固定资产	借	人民币	129 500.00
累计折旧	贷	人民币	7 697.20
预收账款	贷	人民币	10 000.00
实收资本	贷	人民币	512 750.00

表 14-41 应收账款会计科目期初余额明细（部门客户往来核算）

日期	凭证号数	部门名称	客户名称	摘要	方向	本币期初余额
2015-12-01	自-1	销售一部	北京远东集团	销售电脑整机	借	53 010.00

表 14-42　预收账款会计科目期初余额明细（部门客户往来核算）

日期	凭证号数	部门名称	客户名称	摘要	方向	本币期初余额
2015-12-10	自-2	销售一部	北京远东集团	预收货款	贷	10 000.00

2. 应收款管理系统初始化（表 14-43～表 14-49）

表 14-43　应收款管理系统初始化选项

坏账处理方式	应收余额百分比法
控制操作员权限	否
其他选项	默认

表 14-44　基本会计科目设置

应收科目（本币）	应收账款
预收科目（本币）	预收账款
销售收入科目（本币）	主营业务收入
应交增值税科目（本币）	应交税费/应交增值税/销项税额

表 14-45　结算方式会计科目设置

结算方式	币种	科目
现金结算	人民币	100101
现金支票	人民币	10020101
转账支票	人民币	10020101

表 14-46　创远电子有限公司坏账准备设置

提取比例	2%
准备科目	坏账准备
坏账准备期初余额	0.00
对方科目	资产减值损失

表 14-47　账龄区间和逾期账龄区间设置

序号	起止天数	总天数
01	1～30	30
02	31～60	60
03	60 以上	

表 14-48　报警级别设置

序号	起止比例	总比例	级别名称
01	0～10%	10	A
02	11%～20%	20	B
03	21%～30%	30	C
04	30%以上		D

表 14-49　2016 年 1 月 1 日应收账款期初单据

单据类型	单据日期	客户名称	科目	币种	方向	本币金额	部门	业务员
销售专用发票	2015-12-01	北京远东集团	应收账款	人民币	借	53 010.00	销售一部	赵大为
预收款/收款单	2015-12-10	北京远东集团	银行存款/工行存款/人民币	人民币	贷	10 000.00	销售一部	赵大为

说明：销售专用发票中货物为计算机整机，数量为 15 台，含税单价为 3534 元。

3. 应付款管理系统初始化（表 14-50～表 14-52）

表 14-50　应付款管理系统初始化选项

控制操作员权限	否
其他选项	默认

表 14-51　基本会计科目设置

应付科目（本币）	应付账款
预付科目（本币）	预付账款
采购科目（本币）	在途物资
应交增值税科目（本币）	应交税费/应交增值税/进项税额

表 14-52　结算方式会计科目设置

结算方式	币种	科目
现金结算	人民币	100101
现金支票	人民币	10020101
转账支票	人民币	10020101

说明：应付账款系统初始化中，账龄区间、预警设置等参照应收账款系统初始设置值。

4. 固定资产系统初始化（表 14-53～表 14-56）

表 14-53　固定资产管理系统初始化选项

折旧信息	平均年限方（一），折旧汇总分配周期为 1 个月
编码方式	自动编码，类别编码+序号，序号长度为 3
对账科目	参照输入，在对账不平的情况下不允许固定资产月末结账
缺省入账科目	参照输入，业务发生后立即制单
备注	其他参数均为默认值

表 14-54　部门对应折旧科目设置

部门	折旧科目
总经理室、行政部、人事部、财务部、采购部、工程部、库管部	管理费用/折旧费
销售一部、销售二部	销售费用/折旧费
生产部	制造费用/折旧费

表 14-55　固定资产类别设置

编码	类别名称	折旧方法
01	办公设备	平均年限法（一）
02	车辆	平均年限法（一）
03	其他	工作量法

表 14-56　固定资产原始卡片列表

卡片编号	00001	00002	00003	00004
资产类别	办公设备	办公设备	办公设备	车辆
固定资产编号	01001	01002	01001	02001
固定资产名称	联想电脑 1	联想电脑 1	联想电脑 1	金杯汽车
使用部门	总经理室	财务部	工程部	人事部、财务部
存放地点	办公室	办公室	办公室	车库
增加方式	直接购入	直接购入	直接购入	直接购入
使用状况	在用	在用	在用	在用
使用年限(月)	36	36	36	90
开始使用日期	2015-05-12	2015-05-12	2015-05-12	2015-07-01
原值	3 500.00	3 500.00	3 500.00	119 000.00
累计折旧	641.90.00	641.90.00	641.90.00	5 771.50
预计净残值	200.00	200.00	200.00	15 000.00
对应折旧科目	管理费用/折旧费	管理费用/折旧费	管理费用/折旧费	管理费用/折旧费

5. 薪资管理系统初始化（表 14-57 ~ 表 14-63）

表 14-57　薪资管理系统初始化选项

参数设置	工资类别个数为单个，人民币，核算计件工资
扣税设置	从工资中代扣个人所得税

表 14-58　创远电子有限公司人员类别设置

人员类别	正式工
	合同工
	实习生

表 14-59　创远电子有限公司人员档案信息

人员编码	姓名	所属部门	银行名称	银行账号	中方人员	核算计件工资	是否计税
001	张平	总经理室	工行	11122233301	是	否	是
002	黄燕	总经理室	工行	11122233302	是	否	是
003	徐吉超	财务部	工行	11122233303	是	否	是
004	张红	财务部	工行	11122233304	是	否	是

续表

人员编码	姓名	所属部门	银行名称	银行账号	中方人员	核算计件工资	是否计税
005	赵丽	财务部	工行	11122233305	是	否	是
006	李敏	财务部	工行	11122233306	是	否	是
007	陈立	工程部	工行	11122233307	是	否	是
008	袁枚	库管部	工行	11122233308	是	否	是
009	李释然	采购部	工行	11122233309	是	否	是
010	王强	采购部	工行	11122233310	是	否	是
011	赵大为	销售一部	工行	11122233311	是	否	是
012	何亮	销售一部	工行	11122233312	是	否	是
013	马晓明	销售二部	工行	11122233313	是	否	是
014	高峰	生产部	工行	11122233314	是	否	是
015	李军	生产部	工行	11122233315	是	是	是
016	何国俊	生产部	工行	11122233316	是	是	是

表 14-60 工资项目设置

工资项目名称	类型	长度	小数	增减项
基本工资	数字	8	2	增项
交通补贴	数字	8	2	增项
计件工资	数字	10	2	增项
应发合计	数字	10	2	增项
代扣税	数字	10	2	减项
缺勤扣款	数字	8	2	减项
扣款合计	数字	10	2	减项
实发合计	数字	10	2	增项
缺勤天数	数字	8	2	其他

表 14-61 工资项目计算公式设置

1	应发合计=计件工资+基本工资+交通补贴
2	扣款合计=代扣税+缺勤扣款
3	实发合计=应发合计-扣款合计

表 14-62 计件要素设置

名称	类型	启用	备注
装配	标准	是	其他信息默认设置

表 14-63 生产部的计件工价设置表

序号	装配	工价
1	硬件组装	25.00000
2	软件安装	28.00000

6. 存货核算系统初始化（表 14-64～表 14-67）

表 14-64　存货核算系统初始化选项

所有选项	默认

表 14-65　存货科目设置

存货分类编码	存货分类名称	存货科目编码	存货科目名称
01	原材料	1403	原材料
02	半成品	1410	自制半成品
03	产成品	1405	库存商品
04	其他	1409	包装物

表 14-66　存货对方科目设置

收发类别编码	收发类别名称	对方科目编码	对方科目名称
11	材料采购入库	1402	在途物资
12	产成品入库	500104	生产成本转出
13	材料领用出库	500101	直接材料
14	成品销售出库	6401	主营业务成本

表 14-67　2016 年 1 月 1 日存货期初结存数据

仓库	存货名称	数量	成本单价	存货科目编码
成品库	电脑整机	20 台	3 500.00 元	1405
材料库	显示器	50 台	900.00 元	1403
材料库	键盘	260 只	60.00 元	1403
材料库	鼠标	235 只	20.00 元	1403
半成品库	电脑主机	40 台	2 000.00 元	1410
杂品库	包装纸箱	250 个	5.00 元	1409

三、模拟企业经济业务

1. 创远电子有限公司 2016 年 1 月 8 日业务数据

（1）支付销售部和管理人员房租。

借：销售费用—房租　　　　　2 500.00
　　管理费用—房租　　　　　1 350.00
　贷：库存现金—人民币　　　　　3 850.00

（2）采购部王强报销差旅费。

借：管理费用—差旅费　　　　5 000.00
　贷：库存现金—人民币　　　　　5 000.00

（3）财务部张红报销业务招待费。

借：管理费用—业务招待费 80.00

　贷：库存现金—人民币 80.00

（4）从工行提取人民币备用金。（现金支票号：201601001）

借：库存现金—人民币 5 000.00

　贷：银行存款—工行账户—人民币 5 000.00

（5）从工行提取港币备用金 3000 元港元。（现金支票号：201601002）

借：库存现金—港元 2 550.00

　贷：银行存款—工行账户—港元 2 550.00

（6）张平借差旅费，2 000 元人民币，3 000 元港元。

借：其他应收款—其他个人应收款—张平 4 550.00

　贷：库存现金—人民币 2 000.00

　　库存现金—港币 2 550.00

（7）收到北京宏远公司的预付货款人民币 30 000 元。（转账支票号：201601003）

1）填制收款单，如图 14-1 所示。

收款单

单据编号 0000000002　日期 2016-01-08　客户 北京宏远

结算方式 转账支票　结算科目 10020101　币种 人民币

汇率 1.00000　金额 30000.00　本币金额 30000.00

客户银行　客户账号　票据号 201601003

部门 销售一部　业务员 赵大为　项目

摘要

	收款类型	客户	部门	业务员	金额	本币金额	科目
1	预收款	北京宏远	销售一部	赵大为	30000.00	30000.00	2203
2							
3							
合计							

录入人 赵丽　审核人 赵丽　核销人

图 14-1 填制收款单

2）制单。

借：银行存款—工行账户 —人民币 30 000.00

　贷：应收账款（北京宏远） 30 000.00

（8）采购上海汇发电子有限公司“1 号主机”45 台，不含税单价 1 850 元，收到增值税专用发票。

1）填制采购专用发票，如图 14-2 所示。

采购专用发票

业务类型		发票类型	专用发票	发票号	0000000001
开票日期	2016-01-08	供应商	上海汇发	代填单位	上海汇发
采购类型		税率	17.00	部门名称	采购部
业务员	李释然	币种	人民币	汇率	1.00000
发票日期		付款条件		备注	

	存货编码	存货名称	主计量	数量	原币单价	原币金额	原币税额
1	006	1号主机	台	45.00	1850.00	83250.00	14152.50
2							
3							
合计				45.00		83250.00	14152.50

结算日期 2016-01-08　　制单人 赵丽　　审核人 赵丽

图 14-2　填制采购专用发票 1

2）制单。

借：在途物资　　83 250.00

　　应交税费—应交增值税—进项税额　　14 152.50

　贷：应付账款（上海汇发）　　97 402.50

（9）采购北京芳威贸易有限公司台式显示器 40 台，不含税单价 790 元，键盘 25 只，不含税单价 50 元，鼠标 30 只，不含税单价 21 元，收到增值税专用发票。

1）填制采购专用发票，如图 14-3 所示。

采购专用发票

业务类型		发票类型	专用发票	发票号	0000000002
开票日期	2016-01-08	供应商	北京芳威	代填单位	北京芳威
采购类型		税率	17.00	部门名称	采购部
业务员	李释然	币种	人民币	汇率	1.00000
发票日期		付款条件		备注	

	存货编码	存货名称	主计量	数量	原币单价	原币金额	原币税额
1	002	显示器	台	40.00	790.00	31600.00	5372.00
	003	键盘	只	25	50.00	1250.00	212.50
2	004	鼠标	只	30	21.00	630.00	107.10
3							
合计				95.00		33480.00	5691.60

结算日期 2016-01-08　　制单人 赵丽　　审核人 赵丽

图 14-3　填制采购专用发票 2

2）制单。

借：在途物资　　33 480.00

　应交税费—应交增值税—进项税额　　5 691.60

　贷：应付账款（北京芳威）　　39 171.60

（10）采购上海汇发电子有限公司“1 号主机”45 台，验收入库。

1）填制采购入库单，如图 14-4 所示。

采购入库单

入库单号	0000000001	入库日期	2016-01-08	仓库	材料库
订单号		到货单号		业务号	
供货单位	上海汇发	部门	采购部	业务员	李释然
到货日期		业务类型	普通采购	采购类型	
入库类别	材料采购入库	备注			

存货编码	存货名称	规格型号	主计量	数量	本币单价	本币金额
006	1 号主机		台	45.00	1850.00	83250.00
合计				45.00		83250.00

制单人 赵丽　　审核人　　记账人 赵丽

图 14-4　填制采购入库单 1

2）制单。

借：原材料　　83 250.00

　贷：在途物资　　83 250.00

（11）采购北京芳威贸易有限公司台式显示器 40 台，键盘 25 只，鼠标 30 只，验收入库。

1）填制采购入库单，如图 14-5 所示。

采购入库单

入库单号	0000000002	入库日期	2016-01-08	仓库	材料库
订单号		到货单号		业务号	
供货单位	芳威商贸	部门	采购部	业务员	李释然
到货日期		业务类型	普通采购	采购类型	
入库类别	材料采购入库	备注			

存货编码	存货名称	规格型号	主计量	数量	本币单价	本币金额
002	显示器		台	40.00	790.00	31600.00
003	键盘		只	25	50.00	1250.00
004	鼠标		只	30	21.00	630.00
合计				95.00		33480.00

制单人 赵丽　　审核人　　记账人 赵丽

图 14-5　填制采购入库单 2

2）制单。

借：原材料　　　　　　　　　　　　33 480.00

　贷：在途物资　　　　　　　　　　　　33 480.00

（12）生产部门为生产产品领用原材料。

填制材料领用出库单，如图 14-6 所示。

材料领用出库单

出库单号 0000000001　出库日期 2016-01-08　仓库 材料库

订单号 ＿＿＿＿　产品编码 ＿＿＿＿　产量 0.00

生产批号 ＿＿＿＿　业务类型 领料　业务号 ＿＿＿＿

出库类别 材料领用出库　部门 生产部　审核日期 ＿＿＿＿

备注 ＿＿＿＿

存货编码	存货名称	规格型号	主计量	数量	单价	金额
002	显示器		台	30.00		
003	键盘		只	28		
004	鼠标		只	25		
合计				83.00		

制单人 赵丽　审核人 ＿＿＿＿

图 14-6　填制材料领用出库单

（13）购买电脑一台。（转账支票号：201601004）

1）填制固定资产增加卡片，如图 14-7 所示。

固定资产卡片

卡片编号 00005

固定资产编号 01004　固定资产名称 台式电脑

类被编号 01　类别名称 办公设备

规格型号 ＿＿＿＿　使用部门 生产部

增加方式 直接购入　存放地点 ＿＿＿＿

使用状况 在用　使用年限（月） 60　折旧方法 平均年限法（一）

开始使用日期 2016-01-08　已计提月份 0　币种 人民币

原值 3200.00　净残值率 10%　净残值 320.00

累计折旧 0.00　月折旧率 0　月折旧额 0.00

净值 3200.00　对应折旧科目 510103　项目 ＿＿＿＿

录入人 张红　录入日期 2016-01-08

图 14-7　填制固定资产卡片

2）制单。

借：固定资产　　3 200.00

　贷：银行存款—工行账户—人民币　　3 200.00

2. 创远电子有限公司 2016 年 1 月 18 日业务数据

（1）发放职工工资。

1）提现备发工资。（现金支票号：201601005）

借：库存现金—人民币　　50 000.00

　贷：银行存款—工行账户—人民币　　50 000.00

2）发放职工工资。

借：应付职工薪酬—工资　　50 000.00

　贷：库存现金—人民币　　50 000.00

（2）销售北京远东集团 A 计算机 50 台，不含税单价 3 000 元，开出销售专用发票。

1）填制销售专用发票，如图 14-8 所示。

销售专用发票

发票号	0000000002	开票日期	2016-01-18	业务类型	
销售类型	普通销售	订单号		发货单号	
客户简称	北京远东	销售部门	销售二部	业务员	马晓明
付款条		客户地址		联系电话	
开户银行		账号		税号	
币种	人民币	汇率	1.00000	税率	17.00
备注					

	存货编码	存货名称	主计量	数量	含税单价	无税单价	无税金额
1	009	A 计算机	台	50.00	3510.00	3000.00	150000.00
2							
合计				50.00			150000.00

单位名称	北京市创远电子有限公司	本单位税号		本单位开户行	中国工商…
制单人	赵丽	复核人	赵丽	银行账号	111110000012

图 14-8　填制销售专用发票

2）制单。

借：应收账款（北京远东）　　175 500.00

　贷：主营业务收入　　150 000.00

　　应交税费—应交增值税—销项税额　　25 500.00

（3）销售北京远东集团 A 计算机 50 台出库，结转销售成本。

填制销售出库单，如图 14-9 所示。

（4）收到北京远东集团前欠货款 100000 元。（转账支票号：201601006）

1）填制收款单，如图 14-10 所示。

销售出库单

出库单号 0000000001　出库日期 2016-01-18　仓库 成品库

出库类别 成品销售出库　业务类型 普通销售　业务号

销售部门 销售二部　业务员 马晓明　客户 北京远东

审核日期　备注

存货编码	存货名称	规格型号	主计量	数量	单价	金额
009	A计算机		台	50.00		
合计				50.00		

制单人 赵丽　审核人

图 14-9　填制销售出库单

收款单

单据编号 0000000003　日期 2016-01-18　客户 北京远东

结算方式 转账支票　结算科目 10020101　币种 人民币

汇率 1.00000　金额 100000.00　本币金额 100000.00

客户银行　客户账号　票据号 201601006

部门 销售二部　业务员 马晓明　项目

摘要

	收款类型	客户	部门	业务员	金额	本币金额	科目
1	应收款	北京远东	销售二部	马晓明	100000.00	100000.00	1122
2							
合计					100000.00	100000.00	

录入人 赵丽　审核人 赵丽　核销人 赵丽

图 14-10　填制收款单

2）制单。

借：银行存款—工行账户　　100 000.00

　贷：应收账款—北京远东集团　　100 000.00

（5）核销北京远东集团部分应收款项。（应收账款余款：118 510.00 元）

1）手工核销（本次核销 110 000.00 元）

2）核销制单

借：预收账款（北京远东）　　10 000.00

　贷：应收账款（北京远东）　　10 000.00

（6）支付前欠上海汇发电子有限公司材料款。（转账支票号：201601007）

1）填制付款单，如图 14-11 所示。

付款单

单据编号	0000000001	日期	2016-01-18	客户	汇发电子
结算方式	转账支票	结算科目	10020101	币种	人民币
汇率	1.00000	金额	40000.00	本币金额	40000.00
供应商银行		供应商账号		票据号	201601007
部门	采购部	业务员	李释然	项目	
摘要					

	收款类型	供应商	科目	金额	本币金额	部门	业务员
1	应付款	汇发电子	2121	40000.00	40000.00	采购部	李释然
2							
合计				40000.00	40000.00		

录入人 赵丽　　审核人 赵丽　　核销人 赵丽

图 14-11　填制付款单

2）制单。

借：应付账款（上海汇发）　　　　40 000.00

　贷：银行存款—工行账户—人民币　　　　40 000.00

3）核销前欠上海汇发电子公司部分货款项。（该账户余款：57 402.50 元）

（7）生产部将完工产品入库，A 计算机 55 台，B 计算机 105 台。

填制产成品入库单，如图 14-12 所示。

成品入库单

出库单号	0000000001	入库日期	2016-01-18	仓库	成品库
生产订单号		生产批号		部门	生产部
入库类别	产成品入库	审核日期		备注	

产品编码	产品名称	规格型号	主计量	数量	单价	金额
009	A 计算机		台	55.00		
010	B 计算机		台	105.00		
合计				160.00		

制单人 赵丽　　审核人

图 14-12　填制产成品入库单

3. 创远电子有限公司 2016 年 1 月 31 日业务数据

（1）公司 1 月生产部计件工资数据，计算计件工资额，资料如表 14-68 所示。

表 14-68 计件工资资料

人员编号	人员姓名	日期	部门	装配	计件单价	数量	计件工资
015	李军	2016-01-31	生产部	硬件组装	25.00	100.00	2 500.00
016	何国俊	2016-01-31	生产部	软件安装	28.00	120.00	3 360.00
合计						220.00	5 860.00

（2）本月公司各职员的基本工资和交通补贴数据，计算分配本月工资。

1）录入基本工资和交通补贴，资料如表 14-69 所示。

表 14-69 职员基本工资和交通补贴数据

人员编码	姓名	所属部门	基本工资	交通补贴
001	张平	总经理室	5 000.00	1 500.00
002	黄燕	总经理室	2 500.00	200.00
003	徐吉超	财务部	4 000.00	600.00
004	张红	财务部	3 000.00	400.00
005	赵丽	财务部	3 000.00	400.00
006	李敏	财务部	3 000.00	400.00
007	陈成	工程部	4 000.00	600.00
008	袁枚	库管部	3 000.00	200.00
009	李	采购部	4 000.00	800.00
010	王强	采购部	3 000.00	400.00
011	赵大为	销售一部	4 000.00	800.00
012	何亮	销售一部	3 000.00	400.00
013	马晓明	销售二部	4 000.00	800.00
014	张平	生产部	4 000.00	200.00
015	李军	生产部	1 500.00	100.00
016	何国俊	生产部	1 500.00	100.00

2）将公司职员中交通补贴低于 600 元（不含 600 元）的人员的交通补贴增加 10%。

3）查看扣税设置（基数为 3 500 元）。

4）分配工资制单（合并科目）。

借：管理费用—薪资　　　　40 200.00
　　销售费用—薪资　　　　13 040.00
　　生产成本—直接人工　　13 300.00
　贷：应付职工薪酬—工资　　　　66 540.00

（3）计提本月固定资产折旧。

借：管理费用—折旧　　　　1 429.40
　贷：累计折旧　　　　　　　　1 429.40

（4）本月完工产成品成本分配计算，其中 A 计算机 55 台，总成本为 154 000 元（分配后的单位成本为每台 2 800 元）；B 计算机 105 台，总成本为 399 000 元（分配后的单位成本为每台 3 800 元），资料如表 14-70 所示。

表 14-70 产成品成本分配表

存货/分类编码	存货/分类名称	存货代码	规格型号	主计量单位	数量	金额
	存货合计				160.00	553 000.00
	产成品小计					553 000.00
009	A 计算机			台	55.00	154 000.00
010	B 计算机			台	105.00	399 000.00

借：库存商品　　553 000.00
　贷：生产成本—生产成本转出　　553 000.00

（5）计算期末存货的平均单价，并生成发出存货的记账凭证。

借：生产成本—直接材料　　27 691.41
　贷：原材料　　27 691.41
借：主营业务成本　　140 000.00
　贷：库存商品　　140 000.00

（6）期末结转损益。

借：本年利润　　53 599.40
　　主营业务收入　　150 000.00
　贷：主营业务成本　　140 000.00
　　销售费用　　15 540.00
　　管理费用　　48 059.40

（7）期末结账。（顺序为：工资、固定资产、应收、应付、存货、总账系统）

参考答案

1. 薪资管理系统参考值

个人所得税总额：462.00
应付工资总额：66540.00
代扣款总额：462.00
凭证：1 张

2. 固定资产管理系统参考值

固定资产与总账对账——固定资产账套原值：132 700.00
——财务账套原值：132 700.00
——固定资产账套累计折旧：9 126.60
——财务账套累计折旧：9 126.60

固定资产卡片：5 张
凭证：2 张

3. 应收款管理系统参考值

销售专用发票：1 张

收款单：1 张

凭证：4 张

应收款管理系统与总账系统对账：平衡

4. 应付款管理系统参考值

采购专用发票：2 张

付款单：0 张

凭证：3 张

应付款管理系统与总账系统对账：平衡

5. 存货核算系统参考值

采购入库单：4 张

产成品入库单：2 张

销售出库单：1 张

材料出库单：3 张

凭证：5 张

存货核算系统与总账系统对账：平衡

6. 总账系统参考值

共计：24 张凭证

余额表——期初余额合计：530 447.20

——发生额合计：1 715 294.31

——期末余额合计：1 182 655.19

7. 资产负债表参考值

年初数：522 750.00

期末数：607 920.60

8. 利润表参考值

净利润：-53 599.40